面向工业产品设计师

Rhino 3D 4.0
产品造型设计学习手册

[韩] 崔成权 著　　武传海 译

人民邮电出版社

北　京

图书在版编目（CIP）数据

Rhino3D 4.0产品造型设计学习手册／（韩）崔成权
著；武传海译. -- 北京：人民邮电出版社，2010.6（2022.7重印）
ISBN 978-7-115-22693-8

Ⅰ．①R… Ⅱ．①崔… ②武… Ⅲ．①工业设计：造型
设计：计算机辅助设计－应用软件，Rhino3D 4.0 Ⅳ．
①TB47-39

中国版本图书馆CIP数据核字（2010）第060497号

版权声明

Rhino 3D 4.0 Advanced by Sung Kwon, Choi

Copyright © 2008 by Sung Kwon, Choi
Originally published in Korea by HyeJiWon Publishing House. Seoul.

All rights reserved.

本书中文简体字版由韩国 HyeJiWon 出版公司授权人民邮电出版社出版。未经出版者书面
许可，对本书的任何部分不得以任何方式复制或抄袭。

版权所有，侵权必究。

内 容 提 要

本书全面介绍了Rhino 3D这一强大的工业设计软件，包括它的功能和它在日常生活中的应用。

本书共分为四个部分，从Rhino 3D的基础知识开始，通过一系列示例介绍这一款三维造型软件中的基本工具、使用技巧和运用方法。结合这些实际产品设计实例，读者就可以逐渐掌握这一软件，不断提高产品设计技巧和建模能力。

本书结构清晰、可操作性强，是工业设计师的必备手册，也是初学者的入门参考书。

Rhino 3D 4.0 产品造型设计学习手册

◆ 著　　[韩]崔成权
　　译　　武传海
　　责任编辑　俞　彬

◆ 人民邮电出版社出版发行　北京市丰台区成寿寺路 11 号
　　邮编　100164　电子邮件　315@ptpress.com.cn
　　网址　http://www.ptpress.com.cn
　　三河市君旺印务有限公司印刷

◆ 开本：787×1092　1/16
　　印张：24.25　　　　2010 年 6 月第 1 版
　　字数：662 千字　　2022 年 7 月河北第 23 次印刷

著作权合同登记号　图字：01-2009-6597 号

ISBN 978-7-115-22693-8

定价：55.00 元（附光盘）

读者服务热线：（010）81055410 印装质量热线：（010）81055316
反盗版热线：（010）81055315

广告经营许可证：京东市监广登字 20170147 号

Writer Profile

崔成权

E-Mail : toolslab@hanmail.net
网址: www.toolslab.co.kr

简历
— 弘益大学 产业美术研究生院 硕士
— （株）LG Industrial Systems设计研究所 研究员
— 历任弘益大学、檀国大学、诚信女子大学、瑞逸大学、国立公州大学讲师
— 现韩国产业人力公团 国家考试 产业设计出题、咨询委员
— 获美国Robert McNeel Associates认证（RATP）
— 现Rhino 3D官方培训中心Toolslab（toolslab.co.kr）代表

获奖情况
第28届大韩民国工业设计展览会特别奖
2001大韩民国优秀设计奖（Good Design）
韩国设计振兴院大师奖
2001 第3届韩国千禧奖（KMP）-创意设计奖

著作及连载
Rhino3D珠宝设计圣经（蕙智苑）
Rhino3D产品与珠宝设计
Rhino3D珠宝高级设计技法-1
月刊WEB DESIGN文章连载
月刊CAD&Graphics Rhino3D珠宝设计连载
月刊CAD&Graphics Rhino3D 产品设计连载

答疑
在阅读本书过程中，遇到任何疑问，请按照下面的联系方式，提出您的疑问。
E-mail： toolslab@hanmail.net
网站： www.toolslab.co.kr

前言

现在对一名工业设计师（Industrial Designer）而言，始终不变的要求有两个方面：第一，创意；第二，合理地组织，实现创意的表现方式。在创意的表现方法中，包含两个重要的方面：一是手绘技术（Sketch）；二是利用电脑 3D CAD 软件，进行建模与渲染的技术。这两个方面在设计制作实体模型（Design Mock-up）中缺一不可，任何一名工业设计师都必须具备这两方面的能力。

基于这种认识，本人写作并出版了本书，感到无比兴奋，同时也希望本书成为读者学习工业设计的必备参考书。

翻阅一下本书，可以发现本书大致分为两大块内容，第一，讲解 Rhino 3D 软件的安装、环境设置、基本术语、RP（Rapid Prototyping）等基础知识；第二，依据建模实例的难易程度，分为 Level-1、Level-2、Level-3，分别讲解各种实务建模技术。本书中讲解的各个建模实例，看似简单，但是要真正做起来并不容易，即使是中级用户，也需要耗费一定的时间与精力。希望通过这些实例的学习，进一步提高读者的设计水平。

市面上的 Rhino 3D 书籍大多侧重于讲解建模的基本技术，而本书则更多地通过实例来具体讲解各种建模技术，是目前已有书籍的强有力补充。在写作本书时，以制作实体模型（Design Mock-up）为着眼点，重点讲解实体模型制作的各种方法与技术。从这个角度来看，本书对初学者而言具有一定的难度，但是有一个道理很明白，那就是若想提高自身的设计水平，就必须迎难而上，不断与困难作斗争，克服了这些困难后，您的设计水平自然而然地会得到大幅提高。

最后，对购买本书的朋友表示感谢。本书倾注了本人大量的心血，是我多年经验的结晶，涵盖了各种实用的设计技术，希望本书成为读者学习的有利助手，对读者进一步提高设计水平有一定的帮助。

感谢语

感谢我的亲人，特别是我的妻子，正是他们默默无闻的关心与支持不断激励着我，帮助我最终完成本书的写作。

在写作本书的过程中，也得到了同仁以及朋友的大力支持与帮助，他们是：我的恩师、弘益大学产业美术研究生院的崔大石、任值浩、李根、李顺仁教授，首尔产业大学工业设计专业的申学守、高乙函、韩锡禹、禹兴龙教授，国民大学工业设计专业的张中值教授，国立公州大学工业设计的曹宗浩、李东锡、朴太荣教授以及助教李宗均，首尔大学产业设计专业的李成培、魏景浩、周恩玉，仁德大学工业设计学科的刘石舜、崔贤昌、宋昌浩教授，市立仁川大学产业设计系的朴宗赞教授，鸟山大学鞋类设计专业的崔舜福教授，国民大学珠宝设计研究所的南宫铎所长、尹施奈先生，东信大学吴京英博士，长安大学珠宝设计系的朴仁浩教授，诚信女子大学工艺系的金宗胜教授，艺苑艺术大学图形影像博士姜孝舜教授，在此一并表示感谢。

同时，本书在写作中也得到了相关组织与机构的大力支持，这些组织机构有：SNS Korea（www.prototyping.co.kr）、韩国技术（www.ktech21.com）、韩国Archives（www.hankooka.com）、CepTech（www.ceptech.co.kr）、KTC（www.ktcmet.co.kr）、韩国Materialize（www.materialise.com）、Maru International（www.maru.co.kr）、Cadalog Korea（www.cadalog.co.kr）、Alchemy I&C（www.dez.co.kr），感谢他们的帮助与支持。

最后，感谢以下各位提供的建议，他们热心的关爱给我巨大的力量，他们分别是：春川大学产业设计张容益教授、崔柄斗教授、韩国技术的尹炳贤部长、仁德大学珠宝设计的姜申一代表、湖西大学的金钟焕研究员、釜山R&D中心的李汝白组长、LG生活健康的姜英哲次长，以及Toolslab的金贤哲，在此表示特别感谢。同时还要感谢图书出版蕙智苑的朴正谋、姜准九、朴佳英、金景美等，在他们的帮助下，本书才得以最终出版，再次感谢他们。

于弘益大学研究室　　崔成权

网站：www.toolslab.co.kr ／ E-mail：toolslab@hanmial.net

本书组织结构

Part 01 了解Rhino 3D的基础知识是学习的第一步。在这一部分，读者将会学到Rhino 3D是何种软件、它诞生的历史及其特征等知识。掌握这些基础知识能够加深对Rhino 3D的理解，为成为高级用户打下坚实的基础。同时，还介绍了一些与Rhino 3D相关的网站，利用这些网站能够获得更多的知识，帮助我们正确地使用Rhino 3D，避免学习中走弯路，节省宝贵的时间。在最后一部分中，读者将会学习Rhino 3D中常用的术语，这对初次接触Rhino 3D的朋友有些难度，但是这些术语是学习Rhino 3D必不可少的组成部分。

Part 02 掌握Rhino3D绝非一朝一夕之功，需要读者付出巨大的努力，夯实Rhino3D的基础知识，灵活地运用软件中的基本工具，以及基本的建模技术。在Part02中，共设计了5个主题，希望读者通过这5个主题的学习掌握基本工具与基本建模技术。这些知识与技术是学习Rhino3D的基础，希望读者认真学习，掌握它们，为进一步提高设计水平做好准备。

Part 03 掌握Rhino 3D，不仅要求读者理解基本的概念，熟练掌握基本的工具，还需要读者具有灵活运用各种工具与建模技术的能力，建模时能够迅速地查找到相应的工具与技术。在本部分中，精选了5个建模实例，这5个实例有一定的难度。读者可通过学习这些实例培养灵活运用各种工具与建模技术的能力。

Part 04 要成为Rhion 3D高手，必须培养勤思考、勤动手的良好习惯，从多个角度、多个视角考虑问题，通过对同一模型的反复制作掌握各种知识与技能，并达到融会贯通的境界。在本部分中，将继续学习一些常见物体的建模方法，通过这些学习进一步提高读者对基本知识与基本技术的掌握程度，进一步提高建模水平。

・进入
简单介绍各章要学习的内容

・菜单说明
介绍基本的功能菜单

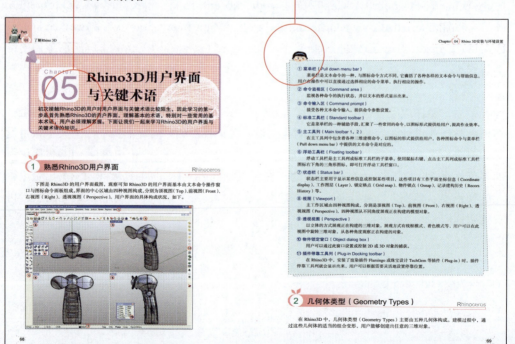

• 最终渲染效果图
预览各章要创建对象的最终效果图

• Part

• 跟我做
详细的制作步骤

• Chapter

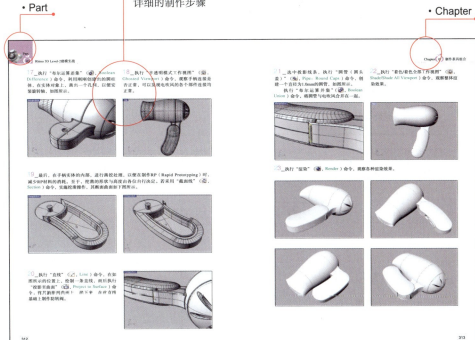

本书CD结构

将CD放入光驱,自动运行,即可打开光盘文件夹。若电脑没有自动打开CD,可以在"我的电脑"中双击CD-ROM驱动器图标,打开CD文件,如下图所示。

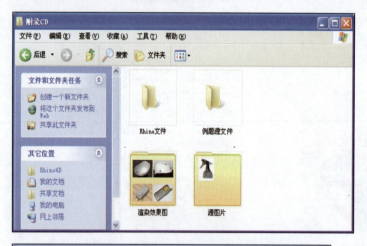

Rhino文件

Rhino文件夹内包含本书例题需要用到的线条(Line)、曲线(Curve)等素材文件。

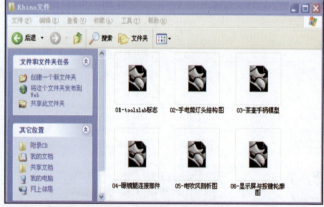

图像

此文件夹收录了实例操作时需要用到的背景图像文件。

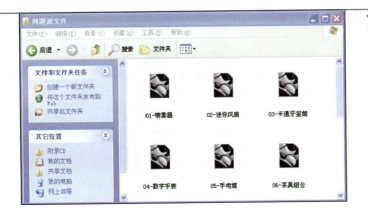

例题源文件

此文件夹包含本书中的所有例题的源文件，总共 13 个

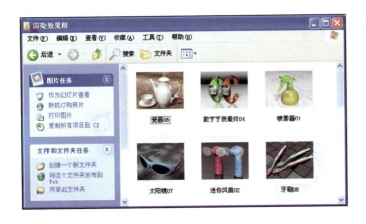

渲染效果图

此文件夹包含 13 个建模效果图，通过此文件夹，读者可以查看最终建模效果。

部分精彩范例（索引）

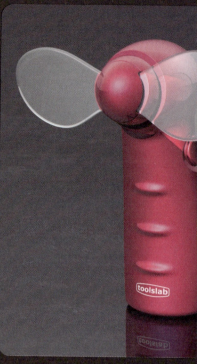

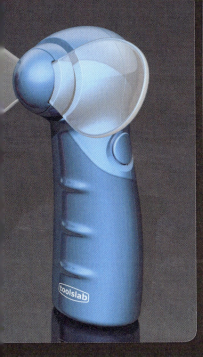

部分精彩范例

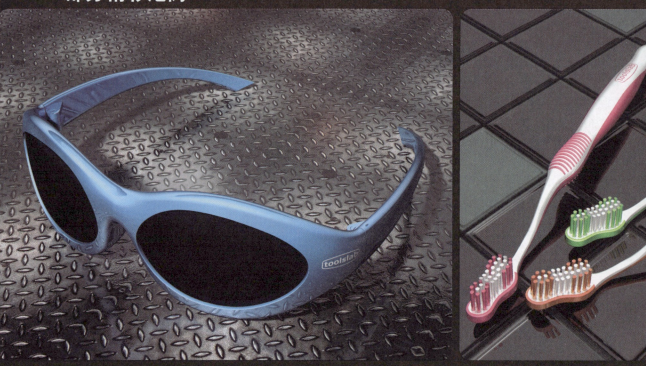

目录

Part 01 了解Rhino 3D

Chapter 01　Rhino 3D介绍与特征

1. Rhino 3D介绍 ………………………………… 20
2. Rhino 3D的特征 ……………………………… 21
3. 经济实惠的价格 ………………………………… 22
4. 优秀的文件兼容性 ……………………………… 23
5. 多样化的插件支持 ……………………………… 23
6. 逼真的实物输出 ………………………………… 25

Chapter 02　Rhino 3D的应用领域

1. 利用快速成形（Rapid Prototyping）设备制作实体模型 ……………………………… 26
2. 通过3D扫描（Scanning）转换成NURBS网格数据 …………………………… 38

Chapter 03　Rhino 3D有关网站

1. Rhino 3D培训中心与开发公司网站 ………… 44
2. Rhino 3D插件网站 …………………………… 46

Chapter 04　Rhino 3D安装与环境设置

1. 安装Rhino 3D V4.0 ………………………… 49
2. 下载Rhino 3D V4.0试用版 ………………… 52
3. Rhino 3D 4.0环境设置 ……………………… 54

Chapter 05　Rhino3D用户界面与关键术语

1. 熟悉Rhino 3D用户界面 ……………………… 64
2. 几何体类型（Geometry Types）………… 65
3. 理解Rhino 3D的关键术语 …………………… 67

Part 02 | Rhino3D Level-1 基本建模技术

Chapter 01　制作喷雾器

1. 绘制喷雾器平面图……………… 77
2. 以平面截图为基础，建造三维对象…… 82
3. 向筒体贴附立体花纹……………… 92

Chapter 02　制作便携式迷你风扇

1. 风扇电机盒与扇片建模…………… 96
2. 制作迷你风扇手柄……………… 101
3. 在风扇手柄上创建凸出部位……… 104
4. 制作迷你风扇开关、分型线与电池盒… 108

Chapter 03　制作卡通牙签筒

1. 制作牙签筒体…………………… 115
2. 制作胳膊与筒脚………………… 118
3. 制作眼睛与嘴唇………………… 125
4. 制作产品标志，并将它凹雕到牙签筒… 129

Chapter 04　制作数字手表

1. 制作手表轮廓曲线……………… 133
2. 编辑手表轮廓曲线的CP控制点
   并制作实体模型………………… 135
3. 制作手表显示屏与操作按钮……… 139

Chapter 05　制作手电筒（Flashlight）

1. 制作手电筒主体………………… 145
2. 增加手电筒主体曲面的厚度并修改错误… 150
3. 制作手电筒灯头部分（平面透光玻璃、灯泡、锥形反光杯、外侧护盖）……… 158
4. 在灯头护罩外围，制作凹陷螺纹效果… 160
5. 制作手电筒开关按钮…………… 162
6. 在手电筒尾部制作凸出的
   螺纹线与便携绳………………… 169

Part 03 Rhino3D Level-2 建模实战

Chapter 01　制作茶具组合（茶杯、托盘、椭圆形盘子、茶壶）

1. 制作茶杯与托盘…………………175
2. 制作茶杯手柄并编辑CP控制点…………176
3. 制作椭圆形盘子…………………182
4. 制作茶壶壶身……………………185
5. 制作茶壶盖………………………189
6. 制作茶壶嘴………………………192
7. 制作茶壶手柄……………………194

Chapter 02　制作太阳镜

1. 绘制太阳镜轮廓线………………199
2. 创建太阳镜的轮廓曲面…………203
3. 制作并编辑鼻托曲面……………205
4. 制作眼镜腿………………………207
5. 制作眼镜腿与眼镜主体的连接部件……212
6. 自然地连接眼镜框的左右两部分……213

Chapter 03　制作牙刷

1. 制作牙刷头………………………217
2. 制作牙刷毛………………………225
3. 绘制牙刷手柄……………………227
4. 利用"混接曲面"命令将牙刷头与牙刷柄自然地衔接在一起……………229
5. 制作螺纹与雕印牙刷商标………230

Chapter 04　制作玩具直升飞机

1. 制作直升飞机机身………………236
2. 制作直升飞机的分模线（Parting line）……243
3. 制作组装与结构部件……………246
4. 制作螺旋桨………………………252
5. 制作直升飞机舷窗与起落架……257

Chapter 05　制作电吹风

1. 制作电吹风机身…………………262
2. 制作分模线（Parting Line）……265
3. 制作通风口………………………269
4. 制作出风口………………………271
5. 制作电吹风手柄…………………275
6. 制作操作按钮……………………280
7. 制作电吹风机身与手柄的连接部件……283
8. 制作手柄分模线（Parting Line）以及圆柱形结合部件………………286

Part 04

Rhino 3D Level-3 建模实务

Chapter 01　制作直板手机（Bar Type）

1. 绘制直板手机轮廓图……………………295
2. 制作直板手机的各个曲面………………300
3. 曲面偏移问题与修正……………………306
4. 制作凸出分型线…………………………311
5. 制作显示屏与功能按键…………………314
6. 制作输入按键与天线……………………321

Chapter 02　制作翻盖手机（Folder Type）

1. 绘制翻盖手机轮廓线……………………330
2. 制作旋转轴（Hinge）左右两侧的结合部件………………………………………334
3. 制作手机的底部曲面……………………338
4. 制作手机的翻盖部件……………………339
5. 在机身两侧设计凹槽……………………345
6. 制作显示屏与扬声器……………………349
7. 制作手机按键面板………………………351

Chapter 03　制作安全帽（Helmet）

1. 绘制安全帽轮廓线图……………………356
2. 编辑安全帽的基本曲面…………………365
3. 制作渐隐曲面……………………………374
4. 制作侧面及后面的曲折面………………379
5. 制作通风孔………………………………383
6. 转换成网格对象，并向安全帽添加
   厚度……………………………………386

Part 01 Chapter

Chapter 01
Rhino 3D介绍与特征

Chapter 02
Rhino 3D的应用领域

Chapter 03
Rhino3D有关网站

Chapter 04
Rhino3D安装与环境设置

Chapter 05
Rhino3D用户界面与关键术语

了解Rhino 3D

Part.01

了解Rhino 3D的基础知识是学习的第一步。在这部分，我们会学到Rhino 3D是何种软件、它诞生的历史及其特征等知识。掌握这些基础知识能够加深对Rhino 3D的理解，为成为高级用户打下坚实的基础。同时，本部分也介绍了一些与Rhino 3D相关的网站，利用这些网站能够获得更多的知识，帮助我们正确地使用Rhino 3D，避免学习中走弯路，节省宝贵的时间。在最后一部分中，我们会学习Rhino 3D中常用的术语，这对初次接触Rhino 3D的朋友有些难度，但是这些术语是学习Rhino 3D必不可少的组成部分，并且随着学习的不断深入，我们对这些术语的掌握会越来越好，所以希望读者不要被这小小的困难吓倒，努力、认真地学习，以后慢慢就会熟练起来。

还等什么？让我们开始吧！

了解Rhino 3D

Chapter 01 Rhino 3D 介绍与特征

在本章中我们会学习到以下内容，如下：
- Rhino 3D是何种软件？   • Rhino 3D大受青睐的原因
- Rhino 3D的特征

1 Rhino 3D介绍 — Rhinoceros

　　Rhino 3D 是美国 Robert McNeel & Associates 公司在 1992 年针对 PC 开发的强大的专业 3D 造型软件。借助它，用户可以创建、编辑、分析和转换 NURBS 曲线、曲面与实体，并且在复杂度、角度和尺寸方面没有任何限制。Rhino 3D 是基于 NURBS 的三维建模软件，NURBS（Non-Uniform Rational B-Spline）指非均匀有理 B 样条曲线。在 Rhino 3D 中，曲线、曲面、实体等三维对象均通过数学计算准确定义，表现力极其优秀。Rhino（Rhinoceros）名称来源于一个 ZOO（动物园）的开发项目，在软件开发完毕后，便以 Rhino（犀牛）命名。

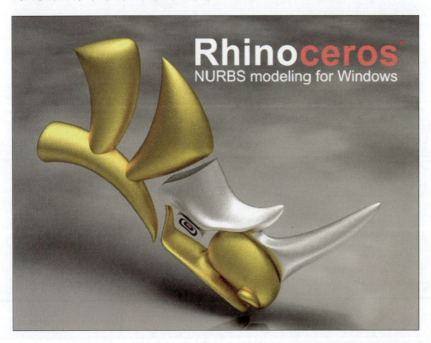

Rhino 测试版发布初期，并未引起广泛的关注，只有一些动画、产品设计师对其感兴趣。事实上，在动画设计领域，有两款更优秀的软件 3DS MAX 与 MAYA，它们均采用多边形细分建模技术，设计动画效果更好，效率更高，因此 Rhino 3D 慢慢淡出了动画设计领域。但是 Rhino 3D 具有非常多的优势，它能轻易整合 3DS MAX 与 Softimage 的模型功能部分，对要求精细、弹性与复杂的 3D NURBS 模型，有点石成金的效能，现在主要应用在珠宝、建筑、鞋类、汽车、船舶、航空器设计，以及快速原型制作、工程学、金融等领域中，受到众多用户的青睐。

在 2007 年 3 月，Rhino 3D 最新版本 4.0 发布，3D 4.0 具备了数百个新功能以及原工具的加强与改善，内置有 800 多个工具，拥有强大的功能、全新的工具，以及大量的资源，是 Rhino 诞生以来最重大的升级版本。

2 Rhino 3D的特征

① 易学易用的用户界面

Rhino 3D 是一款专业的 3D 建模软件，容易上手，操作简便。它能够直接接受用户的文本命令，也支持图标操作方式，具备记录建构历史（Smart Tracking）与卓越的显示功能，能通过鼠标操作轻松地控制对象等。

现在，Rhino 3D 支持多种平台，除了 Windows 系统，它在 Apple Mac OS X 系统中也能够完美地运行。

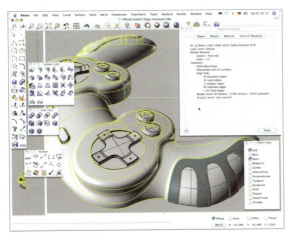

运行在Apple Mac OS X系统下的Rhino 3D/出处：www.flexicad.com

② 高品质曲面与精确建模

Rhino 3D 运用多种技术帮助用户制作出高品质的曲面，以实现精确建模。利用 G-Infinity 混接技术，使用者能够以实时的互动方式调整混接的两端的转折形状，并维持所设定的几何连续条件，几何连续最高可以设定到 G4。UDT 通用变形技术（Universal Deformation Technology）能够让使用者无限制地对曲线、曲面、多边形网格以及实体物件做变形作业，同时能保持物件的完整条件。此外，Rhino 3D 还包括布尔运算、RP（Rapid Prototyping）制作、网格（Mesh）文件编辑与修改、强大的多混合（Blend）功能、多样化的圆角技术（Filleting）、多种显示模式等，并且提供了许多强大、准确、几乎涵盖了所有常见工业格式的数据接口（如 IGES、STEP、DWG、DXF、3DS、STL 等），这使 Rhino 文件可以完好准确地导入到其他软件中。

了解Rhino 3D

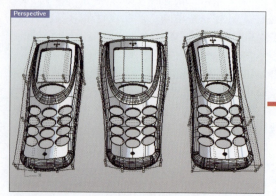

在UDT命令中，应用Cage Edit Object

在UDT命令中，应用Cage Edit Object

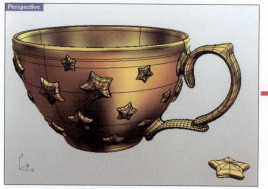

在UDT命令中，应用Splop

在UDT命令中，应用Splop

多种Advanced Display模式/出处：www.flexicad.com

3 经济实惠的价格

Rhinoceros

Rhino 3D 自推出以来，一直秉承经济实惠的价格策略与专业级的建模技术，是一个"平民化"的高端软件，无数的 3D 专业制作人员及爱好者都被其强大的建模功能深深迷住并折服。

Chapter 01 Rhino 3D介绍与特征

与Maya、SoftImage XSI等体积庞大的"贵族"软件相比，Rhino 3D体积小、轻巧方便，但功能丝毫不比它们逊色，着实地诠释着"麻雀虽小，五脏俱全"的精神，并且价格经济实惠，它是一款三维设计高手必须掌握的、具有特殊实用价值的高级建模软件。Rhino 3D采用灵活的插件机制，弹性高，用户可以根据设计需要自由地选择并添加新的功能，以满足个性设计的需要。总之，Rhino 3D是一款性能卓越、价格低廉、性价比高的三维建模软件，它以其经济性与建模的便利性深受企业与教育机构的欢迎。Rhino 3D在极短的时间内在全世界汇聚了大批用户绝非偶然。

Rhino 3D拥有11种语言版本，在全球70多个国家销售，无论是3D建模新手，还是专家级设计人员，都被其经济实惠的价格与强大的功能吸引折服。

4 优秀的文件兼容性   Rhinoceros

Rhino 3D支持约35种文件保存格式，具体的支持格式如下图（左）所示，导入文件时，支持的文件格式约为28种，几乎兼容现存的所有CAD数据。Rhino 3D所具备的优秀文件兼容性方便用户把Rhino 3D产生的建模数据导入其他程序或从其他程序导入建模数据进行二次加工，同时也进一步拓宽了Rhino 3D的应用领域。

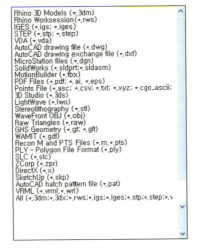

可导出的文件格式（Format）　　可导入的文件格式（Format）

5 多样化的插件支持   Rhinoceros

Rhino 3D是一款专业级的三维建模软件，采用灵活的插件设计机制，支持多样化的插件。目前市面上存在着各种插件，分别对应于不同的应用领域，用户可以根据设计需要购买相应的插件，并把它们导入到Rhino 3D中使用，满足制作动画或进行颜色渲染等多种处理需要。现在世界上活跃着大量插件开发者，大量的插件正在开发并陆续面世，用户只需要付一定的费用便可以使用它们来满足特定设计需要。

在众多插件中，具有代表性的有 Flamingo、V-Ray、Maxwellrender、Brazil、HyperShot、Penguin 等渲染插件，还有动画插件 Bongo、船舶设计插件 Rhino Marin、珠宝设计插件 TechGems 与 Rhino Gold、鞋类设计插件 RhinoShoe 等。这些各个领域中的插件功能强大，极大地增强了 Rhino 3D 的功能。

Modeling in Rhino,Rendered in Rhino V-Ray/尹炯宇

Modeling in Rhino,Rendered in Flamingo/尹英石

Modeling in Rhino,Rendered in Penguin/Jakob Normand

Modeling in Rhino/TechGems

Modeling in Rhino,Rendered in Rhino V-Ray/裴泰亮

6 逼真的实物输出

在使用Rhino 3D软件完成三维建模后,可以通过数控机床(CNC,Computer Numeric Control)或快速成形(RP,Rapid Prototyping)设备,将三维建模数据加工成实物,而后把输出的RP模型利用硅或橡胶模进行批量复制生产。若RP材料具有完全的可塑性,则可以采用直接浇铸法(Direct Casting),使用指定的金属进行加工。RP设备是产品设计领域中的常用设备,利用它能够制作出各种各样的形态,对设计研究与产品制作具有非常重要的意义。

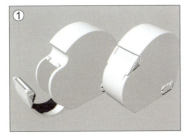

①②在Rhino 3D中,进行胶带分割器建模　　　　　③④Flamingo渲染效果

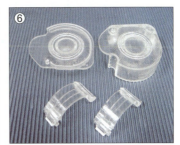

⑤⑥利用快速成形设备(RP,Rapid Prototyping)制作产品各个部分

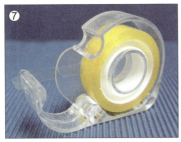

⑧实用性测试-最终设计检验(Inspection)
● 使用日本SOUP RP设备/3M公司的胶带分割器/南宛锡

⑦产品组装与最终设计检验(Inspection)

▶ 关于RP制作的疑问与信息请访问 ◀
www.toolslab.co.kr/toolslab@hanmail.net

⑨使用美国FDM设备/照明,弘益大学产业设计专业/尹善华　　⑩使用日本SOUP RP设备/扬声器,公州大学/李株浩

Part 01 了解Rhino 3D

Chapter 02 Rhino 3D 的应用领域

Rhino 3D不仅应用在3D建模与高质渲染领域中,还应用在实体模型制作Mock-up(通过快速成形)与逆向模型制作(通过3D扫描)领域中。在本章我们将具体学习Rhino 3D在这两个领域中的应用。

1 利用快速成形(Rapid Prototyping)设备制作实体模型

① 在Rhino 3D中进行吹风机建模

产品设计师利用2D产品设计草图在CAD软件中进行建模,并通过渲染评估建模质量,经过多次反复,最终确定3D建模方案,获得准确的建模数据。在产品建模过程中,注意精确控制模型尺寸,力求使模型与最终产品差别不大。同时在3D建模过程中,可能会发现一些在设计产品草图时没有考虑到的问题,设计者应当密切注意这些问题,并根据要求做出相应调整。请看下图:在Rhino 3D中设计的吹风机模型,具体的建模方法请参照本书后面的内容,那里有吹风机建模的详细步骤。

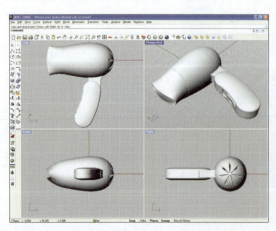
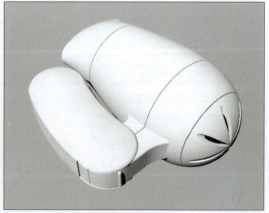

Chapter 02 Rhino 3D的应用领域

② 对产品的各部分建模

在完成产品 3D 建模后，还要对吹风机的各个组成部分的连接部件进行建模，制作好组装部件，以便制作三维实体模型（Mock-up），如图所示。在操作过程中，我们可以对吹风机的各个部件应用不同的图层颜色，把它们清晰地区分开来，避免各个组成部件间相互影响。

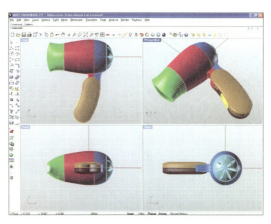

在实体模型制作好后，接着给模型上色，涂抹在模型上的涂料一般具有一定的厚度，考虑到这一因素，我们在产品建模时，一般在各个连接部件之间预留出 0.05~0.1mm 左右的空隙，以保证实体模型的各个部分能够顺利地组装在一起。

③ 转换成STL文件，排错

在使用 Rhino 3D 等三维 CAD 建模软件完成建模后，需要把 Rhino 3D NURBS 文件转换成基于网格的 STL（Stereolithograpy）文件，以便把虚拟的 3D 模型转换成 RP 实体对象。

在 Rhino 3D 中，有 3 种方式可以完成这种转换，方式一：在工具列中，单击"转换曲面/多重曲面为网格"（Mesh from Surface-Polysurface）图标（ ）；方式二：在菜单栏中，依次选择"文件"＞"另存为"＞"立体成型（*.stl）"（File>Save As>Stereolithograpy）菜单；方式三：在菜单栏中，依次点击"文件"＞"导出选取物体"＞"立体成型（*.stl）"（File>Export Selected>Stereolithograpy）菜单。

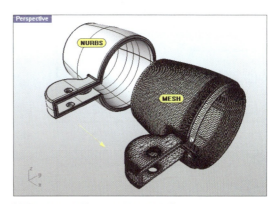

转换NURBS文件为STL>MESH文件

在实施转换前，首先需要检查 NURBS 模型是否存在缺陷或问题。如果检查中发现模型中存在外露边界（Naked Edge，表现为红色线条），则表明模型并非一完整的实体，在 RP 制作过程中会发生问题，并且在转换成网格（MESH）时也会出现问题。

27

在制作中,务必要把未封闭的面完全关闭起来,而后再转换成实体,即当出现"没有外露边界"(No Naked Edge)提示信息后,才可以把文件以 STL 文件格式保存起来。当然,在 Rhino 3D 中,这种转换作业与错误修正都是允许的。

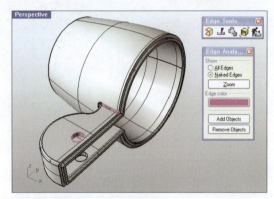

在NURBS文件中,出现外露边线

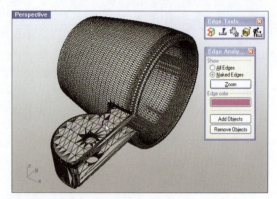

在MESH文件中,发现问题

Mesh 数据通过汇聚多个小三角形面计算出近似面的方法来定义整个模型。如果在转换过程中,Mesh 解析度过低,则很容易导致所输出对象的表面显得十分粗糙,因此在进行 Mesh 转换时,要根据不同的模型形状进行相应的设置。事实上,我们可以把 STL 文件转换理解成调整或设置与输出模型解析度相关的网格(Mesh)。但是,应当注意解析度设置得不宜过高,否则在文件运算与处理时会耗费大量时间。

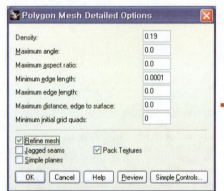

在保存为STL文件时,设置Mesh为低解析度

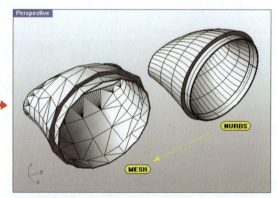

设置Mesh解析度为低解析度后的结果

在保存为STL文件时,设置Mesh为高解析度

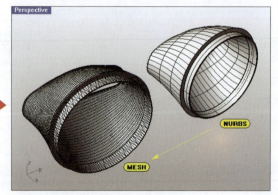

设置Mesh解析度为高解析度后的结果

④ 利用RP设备软件检查STL文件，建立支座

产品设计师在制作RP数字实体模型前，必须事先了解RP设备的相关知识，预先认识所使用的RP设备所属的种类，以及使用的材料等。如果是初次接触RP设备，首先应当对设备做些调查了解，并通过试验的方法利用RP设备制作出样本，从而掌握RP设备的特点，而后再进行正式的制作作业。

在把STL文件传输到RP设备前，还需要使用设备的专用软件建立好模型支座，进一步检查模型中的错误。当然，在Rhino 3D中通过检查的文件在RP设备中大部分都能顺利通过检查。

但是仍然建议大家使用RP设备软件再次检查一番，以彻底消除其中的隐患。请看下图，图中红色的部分是模型支座，它能够保证模型在成形的过程中不发生移动与偏移，在完成作业后，我们能够把它们移除或溶解掉。

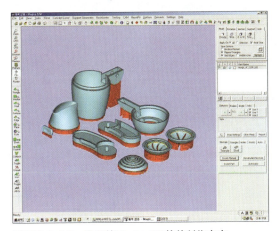
采用Materialize公司的Masics RP软件制作支座

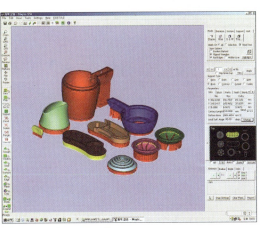
准备向RP设备传输数据

⑤ 向RP设备传输数据

在制作吹风机RP (Rapid Prototyping)时，采用了日本CMET公司的RM-3000快速成形系统。日本CMET公司的RM (Rapid Meister)设备与美国3D Systems公司生产的SLA (Stereolithography Apparatus）设备类似，依据Stereolithography激光造型技术制作实体模型。现在RM技术与Photomasking（光刻）技术是光造型工程中最具代表性的两种技术。

在采用CMET公司的Stereolithography光造型技术制作模型时，首先向装有感光丙烯树脂或光固化树脂的槽体内（Vat）注入UV激光束（Laster Beam），计算机根据三维模型各层截面的轮廓数据控制激光器（或喷嘴）有选择性地烧结一层接一层的粉末材料（或固化一层又一层的液态光敏树脂，或切割一层又一层的片状材料，或喷射一层又一层的热熔材料或粘合剂）形成一系列具有一个微小厚度的的片状实体，再采用熔结、聚合、粘结等手段使其逐层堆积成一体，便可以制造出所设计的新产品样件、模型或模具。虽然不同种类的快速成型系统因所用成形材料不同，成形原理和系统特点也各有不同。但是，其基本原理都是一样的，那就是"分层制造，逐层叠加"，类似于数学上的积分过程。形象地讲，快速成形系统就是一台"立体打印机"。

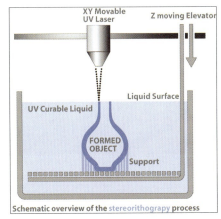
SLA原理图/插图-崔成权2008

Part 01 了解Rhino 3D

日本 CMET 公司的快速成形设备主要分为 RM3000 与 RM6000 Ⅱ 两种,两者的成形尺寸各不相同,几乎成两倍关系,分别是 $300(x) \times 300(y) \times 270(z)\text{mm}^3$ 与 $610(x) \times 610(y) \times 500(z)\text{mm}^3$,并且成形速度很快。在制作吹风机模型时,采用 TSR-821-a 树脂材料,这种材料与 ABS 类似,具有较好的弹性与柔软性,对实体模型(Mock-up)的后期加工非常有利。

当把三维建模数据传输到 RP 设备中时,在 RP 设备的监视器中显示出要加工的模型,如下图所示。作业格线上显示的红色线条即为等待加工模型,并且在加工过程中,监视器会实时地显示出当前正在加工的部件。

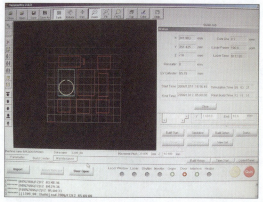

RP作业中的监视画面

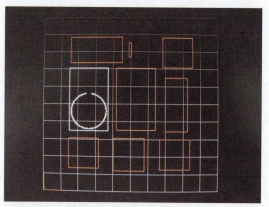

RP作业中的监视画面

⑥ 在RP设备中制作模型

在 RP 设备中制作模型时,激光束会投射进盛满液态树脂(TSR-821-a)的槽体中,而后层层固化,形成最终模型。

在 RP 设备工作时,不建议打开设备盖,以保持适当的温度,防止异物进入设备中。与传统的 CNC 制作工艺相比,采用 RP 设备制作模型,噪声非常小,成形速度更快。

向光固化树脂投射激光(Laster)

在RP设备中,成形工作基本完成

在成形作业完成后,不要把模型直接取出来,还需要在常温下进行干燥、硬化等处理,保证成形的稳定性。

Chapter 02　Rhino 3D的应用领域

成形完毕后，打开RP设备

模型的各个部分黏着在支座上

　　在模型干燥后，利用锋利的刀片把模型与设备底板分离开来，注意用力不可过度，尽量避免损伤模型。此时模型的各个部分与支座一同被剥离下来，它们的材料完全相同。

　　然后，小心地剥离模型与支座，剥离时，可以直接用手轻微撕扯，也可以使用刀具或柔软的砂布。接着，将模型分别放入 UV 喷火枪下，使模型各个部分完全硬化。

利用刀片进行剥离操作

模型的各部分完全从成形底板上剥离

⑦ 模型的后期处理>表面研磨

　　在对模型上色前，需要先对模型进行一些处理。

　　首先，把硬化模型的各个部分放入清水中，对模型各个部分的表面进行仔细清理。

　　这一步处理工作相当重要，通过清洗，可以去除模型表面的油膜与异物。

　　经过初步清洗后，模型的各个部分沾有水珠，此时再使用具有 600~1000 颗粒的细砂布以画圆的方式在模型的表面进行轻轻研磨。砂布也叫研磨纸，在打磨模型表面时，建议使用碳化硅砂布。

　　这类砂布常常用于打磨塑料、橡胶、铜、铝、木材等，采用 CC-220Cw 或 CC 区分。

利用砂布打磨模型表面

研磨后再次清洗

⑧ 模型的后期处理>表面干燥

在打磨完成后,把模型的各个组成部分全部放入烘烤箱中,设置好温度与时间,进行干燥处理。建议选用具有自动定时与调温功能的烘烤箱,这样能够准确地控制烘烤的温度,避免模型破裂或变形。

放入烘烤箱中

正在进行烘烤

烘烤完毕

⑨ 上色处理>第一次上色

从烘干箱中取出模型的各个部分,稍微冷却后,检查模型各个部分,确认是否出现变形等问题。

在上色之前,先把模型的各个部分组装起来,检查模型各个部分连接的是否存在问题。

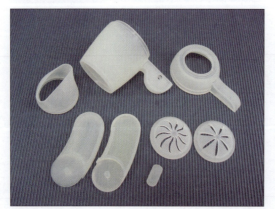

完全干燥后

组装测试,检查连接问题

在向模型进行第一次上色前，首先在模型各部分的内侧粘附上一对卫生筷，在上色时充当把手，方便上色，如图所示。注意在固定卫生筷时，尽量将其固定住，避免上色时脱落。

接着，在上色室中进行第一次上色，底色一般是白色或灰色系列的颜色。在使用喷枪（Spray Gun）向模型上色时，一定要戴上防尘罩与橡皮手套，防止颜料喷洒到各处。

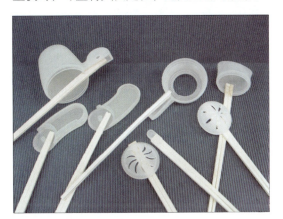

在模型的各部分粘附卫生筷

第一次上色

第一次上色完成后，将模型的各个部分放入烘烤箱中，进行干燥处理。而后取出模型的各个部分，检查模型各部分的表面上色是否均匀。

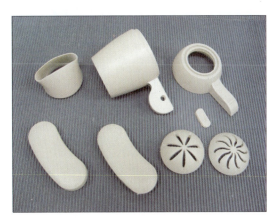

第一次上色完毕

⑩ 初次上色完成后，模型表面再处理

初次上色后，观察模型表面，某些部分会显得比较粗糙，需要涂抹油灰进行填充。制作涂抹剂时，把油灰与硬化剂按一定的比例混合在一起，充分搅拌，硬化剂与油灰的比例约为100/1~3。这些材料在油漆销售店都可以买到。

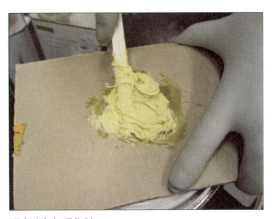

混合油灰与硬化剂

油灰是化学材料，不建议直接用手涂抹，涂抹时可以借助一些简单的工具，避免直接用手接触。

涂抹油灰

涂抹油灰

而后再次把涂抹油灰的模型放入烘烤箱中，烘烤干燥后，使用砂布在涂抹油灰的部位进行细细打磨，使其变得光滑，有光泽。

使用砂布打磨

使用砂布打磨

打磨完毕后，把所有模型放入清水中，仔细进行清洗。

清洗

⑪ 二次上色（Painting）处理

清洗完毕后，再次把模型放入烘烤箱中，烘烤干燥，而后取出，在常温下冷却，准备二次上色处理。

Chapter 02 Rhino 3D的应用领域

在烘烤箱中，烘烤干燥

取出冷却

再次进入上色室，进行二次上色处理。

在对模型的各个部分进行上色时，可以选择自己喜欢的颜色。在使用喷枪（Spray Gun）向模型上色时，一定要戴上防尘罩与橡皮手套，防止颜料喷洒到各处。有时候，上色效果不理想，需要反复进行上色。

二次上色完毕后，把模型的各个部分小心地放入烘烤箱中，再次进行烘烤干燥，如图所示。在聚氨酯涂料上涂抹高光泽透明的材料时，烘烤干燥所需要的时间比较长，注意根据涂抹的材料合理地控制烘烤时间。

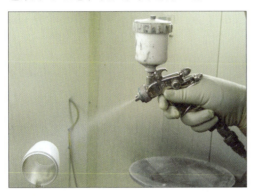
二次上色（Painting）

二次上色后，放入烘烤箱

⑫ 模型组装

模型烘烤干燥后，从烘烤箱中取出，仔细观察模型表面，检查涂抹层是否存在问题。在向模型上色后，模型的表面会形成薄薄的一个涂抹层，涂抹层具有一定的厚度，组装模型时，应当注意这个问题。当然，在制作模型时就应当考虑到这个问题，预留出一定尺寸，约为0.1mm，以便于模型组装顺利地完成。

二次上色后

二次上色后，模型的各个部分

01 了解Rhino 3D

首先，准备一瓶瞬间粘合剂，将其倒入一个器皿中，如图所示。

瞬间粘合剂遇到空气时，会凝固硬化，在附着点附近形成白化现象，因此在模型的各个部分涂抹时，每次应当取少量，涂抹工具建议采用刀片或小镊子。

将瞬间粘合剂倒入器皿中　　　　　　取微量粘合剂，沿重力方向涂抹

在较深的部分涂抹粘合剂时，建议采用长铁丝或小镊子，如图所示。在涂抹粘合剂时，千万注意不要使粘合剂飞溅到眼睛或手指上。

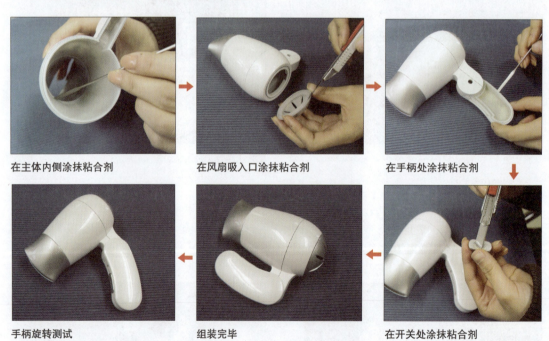

在主体内侧涂抹粘合剂　　在风扇吸入口涂抹粘合剂　　在手柄处涂抹粘合剂

手柄旋转测试　　组装完毕　　在开关处涂抹粘合剂

⑬ 向模型印刷商标

有一种印刷方法，叫"Colorease"，运用这种方法，用户能够快速地印刷出多种文字、图案、商标。采用这种方法，首先要在2D处理软件中设计出所需要的文字、图标，而后制作好胶版，再去专业的Colorease公司制作出Colorease。这种方法非常适合于小规模印刷作业，操作简便、安全，并且可以印刷在产品的任意部位上。

Chapter 02 Rhino 3D的应用领域

胶版制作与Colorease

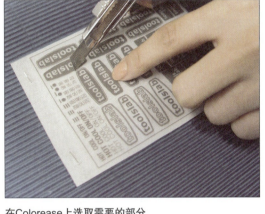

在Colorease上选取需要的部分

在选取的图标上,利用透明胶带将其提取出来,注意胶带的粘着力不应过强。

在模型指定的部位,粘附上提取的图标,并利用玻璃棒或锥形工具轻轻按压,确保图标紧紧地贴附在模型上。

在提取的图标背面有一层粘着剂,用户能够非常容易地把图标粘附在模型上。

在模型上粘贴图标时,要做到准确、完整,确保一次成功,避免二次撕帖。

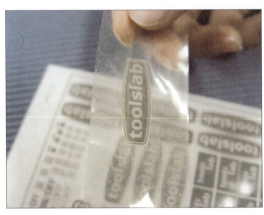

利用透明胶带提取图标

在模型上粘贴图标

商标印刷完毕后,轻轻地把透明胶带揭下来,如图所示,商标清晰地被贴附到模型上。

粘贴商标-揭去透明胶带

了解Rhino 3D

使用同样的方法，把功能性文字印刷到模型上。采用这种方法印刷出的文本或图案一般比较脆弱，用手指甲或锐器很容易让它们脱落。在图标部位，可以涂抹一些油性透明膜，增强其强度。

贴印功能文字

⑭ 实体模型制作完毕

到此为止，吹风机的实体模型全部制作完毕，从建模到实体模型完成，总共需要2天左右的时间。在产品设计领域，RP（Rapid Prototyping），即快速成形技术应用越来越广泛，快速性、准确性在模型制作中非常重要，关乎设计的竞争力。现在在产品设计学校或机构中，RP技术越来越受到重视，有一大批人专门从事这个工作，这一点非常鼓舞人心。在珠宝设计中，RP技术应用越来越多，正在形成一股RP浪潮，非常有利于RP技术的发展。

在设计模型时，建议并用RP与CNC两种技术，实现最大的设计效果。需要指出的是：设计师在设计时应当把着力点放在建模的准确性与严密性上，请牢记这一点。

 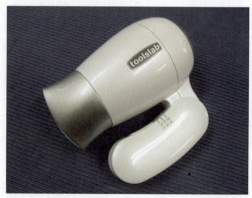

吹风机实体模型制作完毕

上述模型是由一款商用产品模型变化而来，仅供学习之用，在此特别声明。关于RP技术与实体模型制作的疑问，请访问 www.toolslab.co.kr 或发邮件到 toolslab@hanmail.net 询问，笔者会给予详细的解答。

2 通过3D扫描（Scanning）转换成NURBS网格数据

① Last原型与扫描仪

在逆向产品设计中，第一步就是进行3D扫描，通过扫描把产品实物或三维实体转换成计算机可用的数据，以便进行二次处理加工。在设计鞋样等具有人体工学特征的模型时，需要有准确的数据。

本实例的扫描的对象是运动鞋鞋样模型，尺寸是255mm，扫描仪是日本Roland公司生产的3D Laser Scanner LPX-600。LPX-600扫描仪具有轻巧的硬盘结构、一键轻松扫描、扫描速度快、精度高等优点，非常适合初级用户使用。

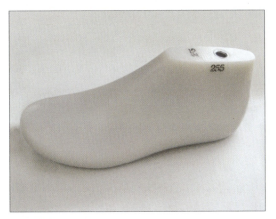

鞋模原型-尺寸255mm

日本Roland公司产的3D Laser Scanner LPX-600扫描仪

② 固定扫描对象-鞋模

扫描时，鞋模在扫描仪的旋转盘上左右旋转达几个小时，因此在扫描之前，必须确定鞋模在扫描仪旋转盘上的位置，并且牢牢地固定住。固定时，可以使用打孔机在鞋模上钻几个孔，以使鞋模紧紧地固定在旋转盘上。

扫描对象-鞋模255mm

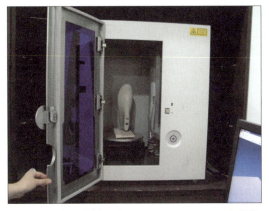

日本Roland公司产的3D Laser Scanner LPX-600扫描仪

③ 利用LPXZStudio软件设置扫描选项

LPXZStudio软件是扫描仪搭载的专业扫描软件，通过它，用户能够灵活地设置扫描选项，准确地控制扫描。

利用LPXZStudio软件，用户能够轻松地设置分割面数（Num plane）、扫描宽度（Width pitch）、扫描高度（Height pitch）、扫描面的角度（Face Angle）等，扫描选项设置完成后，单击"扫描"（SCAN）按钮开始扫描。

利用LPXZStudio软件，设置扫描项

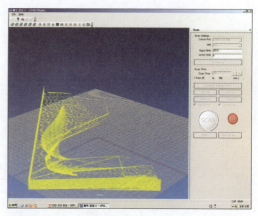
扫描中

④ 扫描完成

扫描完成后，在扫描仪的监视器中，能够看到扫描的结果。扫描时，解析度设置得并不高，一是为了节约扫描时间，二是低解析度并不会影响到最终数据，在把扫描结果转换成Rhino 3D网格数据时，允许存在一定的误差，不影响获得扫描对象的截面曲线，并且通过NURBS建模能够进一步减小误差，获得更为准确的数据。

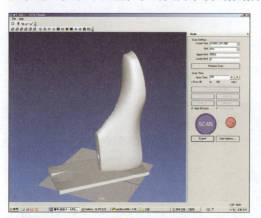
扫描结束

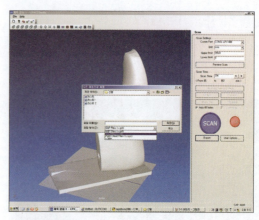
保存扫描数据

若想获取更加准确的扫描数据，可以在扫描软件的"用户设置"对话框中修改相应的参数，重新进行扫描，如图所示。

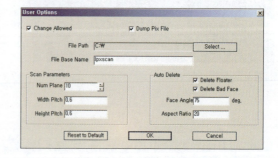

⑤ 在Rapidform软件中，修正扫描结果

扫描时，根据设置的精度不同，可能会得到不同的扫描结果，并且扫描对象的形状也会对扫描结果产生一定的影响。因此在扫描完成后，一般还需要使用Rapidform等软件对扫描的数据进行相应的修正。RapidForm是韩国INUS公司出品的全球四大逆向工程软件之一，它提供了新一代运算模式，可实时根据点云数据运算出无接缝的多边形曲面，使它成为3D Scan后处

理的最佳化接口。RapidForm 也将使您的工作效率提升，使 3D 扫描设备的运用范围扩大，改善扫描品质。在鞋模扫描完毕后，需要在 Rapidform 软件中，修复扫描数据中不规则的区域以及断裂的曲面，获得最佳的数据。

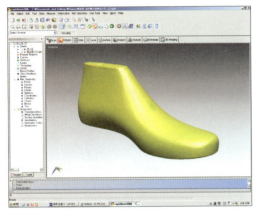 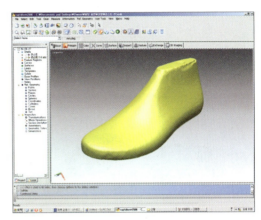

在Rapidform软件中，修复扫描数据

⑥ 在Rapidform软件中，变换扫描数据

在 Rapidform 中，提供了多种网格数据处理方法，其中之一是精确分割模型的截面，并把相应信息保存起来，如下图所示。这意味着在把扫描数据转换成 IGES、STL、NURBS 数据时，转换过程将变得非常简单，并且非常适合把这些数据导入到 Rhino3D 中。

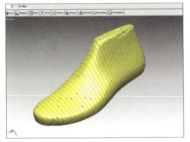 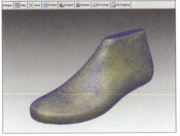 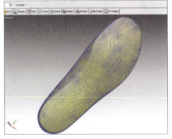

在Rapidform中，统计截面　　在Rapidform软件中，把Mesh变换成IGES　　转换成IGES后，鞋模鞋底的样子

⑦ 在Rhino3D中打开STL（Stereolithography）文件，获取断面曲线

在 Rapidform 中，两次修正扫描数据后，得到 STL 文件。在 Rhino3D 中，打开 STL 文件，如图所示。扫描时，设置的分辨率较低，但是从扫描的结果来看，扫描得十分整洁、干净。在 Rhino3D 中，打开 STL 文件，由于数据量很大，很难进行编辑。

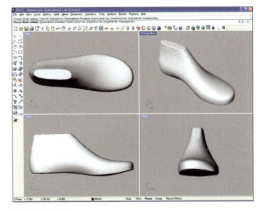

打开STL文件

了解Rhino 3D

因此在 Rhino3D 中，首先借助 Section 工具，提取断面曲线，而后重构成 NURBS 曲线。

当然也可以采用 Contour 断面分割法，在具体操作中，最终分割成几份，由操作者决定，一般为 8~10 等分。在 Rhino3D 中，采用不同的面构成命令，截面 Section 的方向与形态各不相同。

当获得断面曲线后，可以把 Mesh 数据隐藏或清除。但是考虑到曲面的准确性，建议不要丢弃 Mesh 数据。

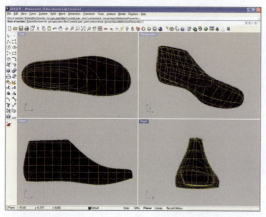

生成断面曲线

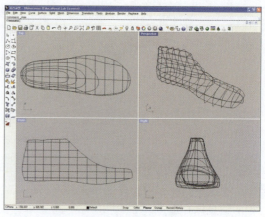

在Rhino3D中，提取的断面曲线

⑧ 在Rhino3D中，将曲线转换为NURBS曲面

在 Rhino3D 中，一个最重要的处理步骤就是把断面曲线进行改装重整，转换成 NURBS 曲面，如图所示。NURBS 数据属于轻量级数据，在 Rhino3D 中非常容易进行二次编辑，涉及的命令有放样（Loft）、混接曲面（Blend Surface）、网线曲面（Network Surface）等。

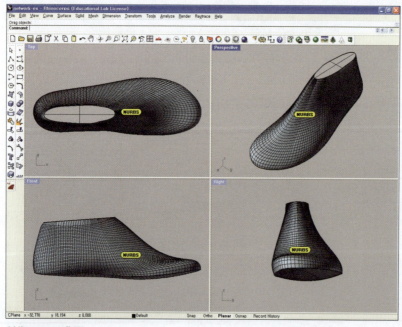

制作NURBS曲面

⑨ 在Rhino3D中,完成鞋底(内外)、鞋面建模

在 NURBS 曲面基础上,继续对鞋底与鞋面建模。在建模过程中,需要设计者具备多种建模技术知识,尚未掌握相关知识的朋友,在此了解一下建模过程即可。在制作运动鞋模型时,还要充分考虑鞋模与外侧面的空白,比如在鞋头翘度(Toe Spring)部分,应当预留出 2mm 左右的空间,在鞋跟端点(Heel Point)部分,应当留出 4.5mm 左右的空间,这些事项是设计鞋类模型的基本知识。

在Rhino3D中进行NURBS建模

Rhino3D中的运动鞋外形

转换成IGES后,运动鞋外形

⑩ 在Rhino3D中进行最终渲染

在 Rhino3D 中,向运动鞋模型添加材质与颜色,进行第一次渲染,如图所示。

继续调整材质与色彩,直到满意为止,获得最终渲染效果,如图所示。到现在为止,我们已经了解了从扫描到最终渲染的整个过程,希望大家记住这些步骤。

第一次渲染

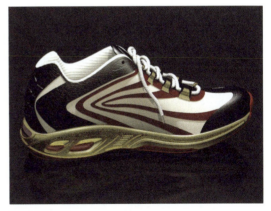
最终渲染效果

在建模过程中,得到了釜山 Asics R&D 研究中心的李宇白研究员、权炳学建模师,以及韩国 Archives 的大力协助,在此一并感谢。

如果您有任何疑问,请访问 www.toolslab.co.kr 或发邮件到 toolslab@hanmail.net 询问,笔者会给予详细的解答。

Part 01　了解Rhino 3D

Chapter 03　Rhino 3D 有关网站

在学习Rhino3D过程中，不仅要研读Rhino3D的帮助文件，还要访问各种与Rhino3D学习有关的网站。访问这些网站，我们能够获得更多的知识，提高Rhino3D的应用水平，更加高效地使用Rhino3D。同时在这些网站中，还能看到最新的插件，获得最新的信息。

1　Rhino3D培训中心与开发公司网站

① http://www.toolslab.co.kr

　　Toolslab 是韩国国内唯一一家集产品设计、珠宝设计、教育培训于一身的 Rhino3D 培训中心，于 2002 年 10 月设立，与美国 Robert McNeel&Associates 公司合作，迄今为止，已经培养出大量 Rhino3D 设计人才，并且在多家企业与学校中从事教育培训活动。Toolslab 不仅献身于 Rhino3D 教育，还积极研究 RP（Rapid Prototying）技术、产品及珠宝领域中的数码设计工具，投身于新设计技术的开发等。现在正在构建更专业的教育培训体系，每年出版大量的培训书籍与影像学习资料。

② http://www.rhino3d.com

此网站是 Rhino3D 软件开发公司 Rovert McNeel Associates 官方网站，内有与 Rhino3D 相关的庞大资料，是一个全球性的网络。此官方网站支持多种语言，在菜单中有一个 language 项，在该菜单项下有十几种语言，访问者选择相应的语言即可访问到相应的页面。在网站下，各种资料被分门别类地组织在一起，主要分类有 Rhino3D 最新信息、插件（Plug-in）、支持、教学、资源、作品等。无论是 Rhino3D 学习新手，还是专家，都能从此网站中获得大量有用的信息。

③ http://cn.wiki.mcneel.com

Rovert McNeel Associates 公司的 Wiki 页面，支持英语、中文等多国语言。在此 Wiki 页面中，用户能够获得 AccuRender、Bongo、Brazil r/s、Flamingo、Rhino、Rhino Labs 等信息，同时用户可以直接上传内容到页面中，任何人都可以自由地编辑 Wiki 页面。当然，用户也可以通过 RSS 订阅最新的信息，了解最新的技术与知识。

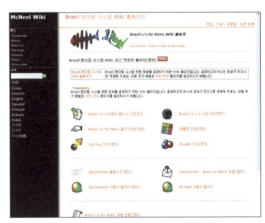

④ http://www.rhino3d.tv

此网站汇聚了 Rovert McNeel Associates 公司的视频使用指南以及各种视频学习资料，对 Rhino3D 初级学习用户非常有帮助。用户在注册为会员并安装 QuickTime 后，能够免费获得这些视频学习资料。

了解Rhino 3D

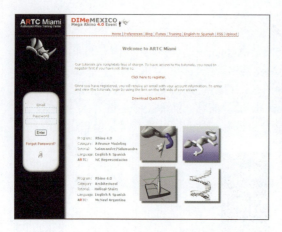

2 Rhino 3D插件网站

① http://www.tsplines.com

此网站是 T-Splines 插件的官方网站，T-Splines 是由 Alias 公司领导开发的一种革命性的崭新建模技术，它结合了 NURBS 和细分表面建模技术的特点，虽然和 NURBS 很相似，不过它极大地减少了模型表面上的控制点数目，可以进行局部细分和合并两个 NURBS 面片等操作，使得建模操作速度和渲染速度都得到提升。T-Splines 在塑造角色自然的面部特征以及表现汽车等流线型的产品时，表现非常卓越。用户在此网站中能够找到此插件使用方法的各种资料，比如 PDF 格式的用户指南、视频学习资料等。

② http://www.sensable.com

此网站是 ClayTools 的官方网站，用户通过该网站能够获得与 ClayTools 有关的信息、作品以及实例等资料。

ClayTools 美国软件公司 SensAble 所开发的三维设计工具，运用独有的触感雕刻笔即可在电脑中建立立体雕塑，而且雕刻笔压感强，操作简单，容易上手，是三维设计的好助手。借助此工具能够弥补单独使用 Rhino3D 带来的不足，帮助用户轻松而清晰地表达设计观念，应用领域非常广泛。

Chapter 03 Rhino 3D 有关网站

③ http://www.flamingo3d.com

此网站是 Rhino3D 专业渲染插件 Flamingo 的官网，通过该网站，用户能够获得 Flamingo 插件的最新信息以及相关知识。

 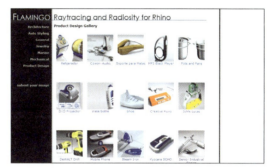

④ http://www.asgvis.com

Rhino3D 渲染插件 V-Ray 的官网，它是由专业的渲染器开发公司 CHAOSGROUP 开发的渲染软件，是目前业界最受欢迎的渲染引擎。用户在此网站中能够获得 V-Ray 渲染插件的相关信息与知识，还能获得各种材质资源等。在产品设计中，用作 GI（Global Illumination）全局照明渲染器。除此之外，V-Ray 也可以提供单独的渲染程序，方便使用者渲染各种图片。

⑤ http://www.maxwellrender.com

此网站是 Rhino3D 专业渲染插件 Maxwell Render 的官网，通过该网站，用户能够获得 Maxwell Render 插件的最新信息以及相关知识。

47

⑥ http://www.bunkspeed.com

Rhino3D 即时渲染插件 HyperShot 的官方网站。HyperShot 是由 Bunkspeed 公司出品一款即时着色渲染插件。该插件采用即时渲染技术，可以让使用者更加直观和方便地调节场景的各种效果，在很短的时间内制作出高品质的渲染效果图，甚至是直接在软件中表达出渲染效果，大大缩短了传统渲染操作所需要花费的大量时间。

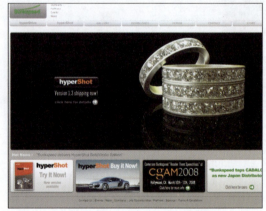

Chapter 04 Rhino 3D安装与环境设置

Chapter 04 Rhino 3D安装与环境设置

在本章中,您会学到Rhino3D安装与环境设置的相关知识,以及试用版下载与帮助文件的使用方法,这些都是学习Rhino3D的基础知识,希望大家认真学习。

1 安装Rhino 3D V4.0

Rhinoceros

01_ 取出Rhinoceros 4.0 CD安装光盘,放入光驱中,弹出Rhinoceros 4.0安装界面,单击"安装Rhinoceros 4.0"项目。

02_ 弹出"Rhinoceros 4.0安装向导"对话框,单击"下一步(N)"按钮。

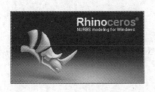

03_ 在弹出的授权合同对话框中,阅读授权内容,而后单击"同意(A)"按钮,进入下一步。

04_ 在使用者信息对话框中,输入个人与组织名称,再在CD中查找到授权码,输入产品授权码。注意用户应当妥善保存好产品授权码,切勿转让给他人或丢失。输入完毕后,单击"下一步(N)"按钮。

49

05_弹出选择目标文件夹选项，默认程序安装路径为C:/Program File/Rhinoceros4.0。若想安装到其它文件夹，请按"浏览（R）"按钮，选择其他文件夹。而后单击"下一步（N）"按钮。

06_在选择安装方式对话框中，从"推荐（T）"与"自定义（U）"两种方式中，选择一种安装方式，单击"下一步（N）"按钮进入下一步。

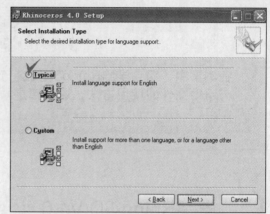

07_若用户在上一步中选择"自定义（U）"安装方式，程序在安装时会提示用户选择安装语言，提供多语言支持。在安装方式选择中，选择"自定义（U）"，单击"下一步（N）"按钮。

08_在功能选择对话框中，选中需要安装的语言，点击X右侧的下拉箭头，弹出下拉菜单，选择所有功能安装到本地硬盘中。

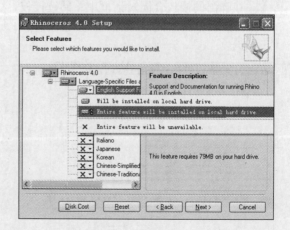

选中需要安装的语言后，在相应条目之前的 X 图标变成磁盘图标，在安装过程中，选中的语言会同时被安装到电脑中。

09_设置完毕后，单击"下一步（N）"按钮，开始安装。

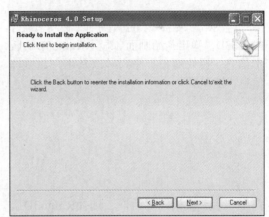

10_弹出系统更新对话框，安装条不断滚动，安装程序在运行。

11_安装程序在电脑中，不断安装程序所需文件，稍等几分钟。

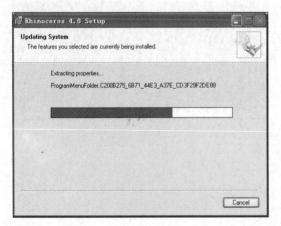
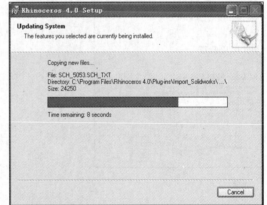

12_安装完成后，弹出安装成功对话框，单击"完成"按钮，退出安装程序。

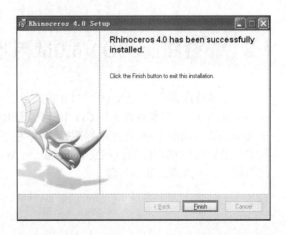

了解Rhino 3D

13_ 安装完成后，在桌面上出现犀牛图标，退回到安装程序初始界面，单击"完成"，结束程序安装。

14_ 双击桌面上的犀牛图标，运行Rhino3D，弹出初始画面，显示Rhino3D的版本信息、授权对象、序列号以及用户数量等信息，随即消失。

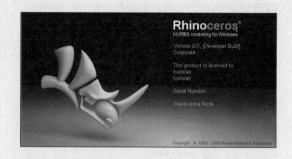

弹出"启动模板"对话框，选择Rhino3D启动时使用的模型尺寸与单位，单击"打开"（Open）按钮。

15_ 打开Rhinoceros4.0用户视图界面，现在用户可以在视图中进行建模工作了。

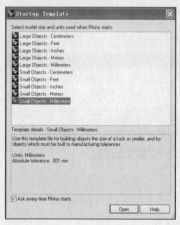
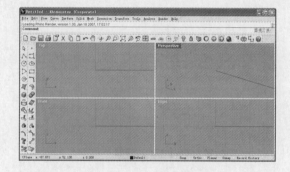

② 下载Rhino3D V4.0试用版

Rhinoceros

　　如果各位尚未购买 Rhino3D V4.0 正式版，可以到 http://www.rhino3d.com 网站下载试用版本（Evaluation）。在本书的附录 CD 中，附带着 Rhino3D 试用版本，读者朋友可以直接单击安装。在 Rhino3D 试用版本中，存在某些限制，剪贴板不可用，并且只能保存导出 25 次文件，除此之外，其他功能都可以正常使用。在安装 Flamingo 渲染插件时，会遇到同样的问题。初学者在下载试用版时，应当遵循如下步骤。

01_访问http://www.rhino3d.com网站，在菜单中，依次单击Download>Rhino Evaluation菜单。

下载Flamingo渲染插件，采用相同的方法。

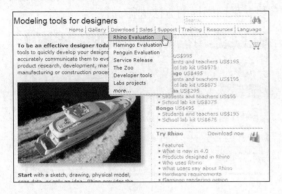

02_打开下载Rhino4.0试用版页面，填写电子邮件地址，选择所在国家/地区，单击"下一步"（Next）。

03_在问卷调查页面中，填写问卷调查，单击"下一步"（Next）。

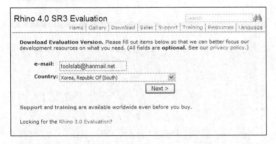

04_选择Rhino语言版本，单击"下一步"（Next）。

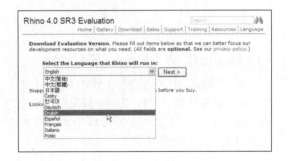

05_弹出下载链接页面，单击下载链接。

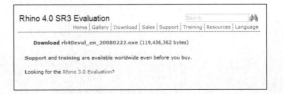

了解Rhino 3D

06_ 在文件下载对话框中,指定下载文件的保存位置。

07_ 单击"保存",进行下载。下载完成后,单击Rhinoceros4.0的安装文件,即可进行安装。关于Flamingo渲染插件的下载安装,采用同样的方法进行。

3 Rhino3D 4.0环境设置

■ 设置文件属性(Document Properties)

初次运行Rhino3D时,有些选项需要首先设置,这些选项往往与Rhino3D的使用息息相关,而其他一些选项不会影响到作业过程,不必另外设置,保持默认设置即可。在Rhino3D的标准工具栏中,点击"选项"(Options)图标(),打开Rhino选项对话框。

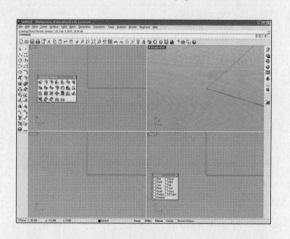

① Rhino渲染(Rhino Render)

在把Rhino3D安装到电脑中后,打开Rhino选项对话框,选择"Rhino 渲染"(Rhino Render)项,在对话框右侧区域中,用户可以看到有关渲染的默认设置。

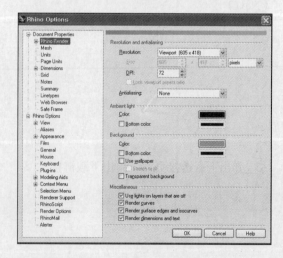

若在 Rhino3D 中安装了 Flamingo 渲染插件，在对话框右侧区域中出现的渲染设置会有所不同。

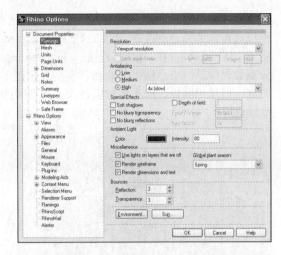

在渲染设置中，首先需要关注的是"抗锯齿"（Antialiasing）选项。在模型渲染中，背景色与物体色的边界处常常会出现锯齿现象，"抗锯齿"功能通过采样算法，把在图形边缘会造成锯齿的像素与其周围的像素作一个平均运算，增加像素的数目，达到像素之间平滑过渡的效果。但是抗锯齿技术不是万能的，仅仅依靠抗锯齿选项，我们仍然无法得到高质量的渲染效果。

抗锯齿技术不能消除模型曲面的凹凸现象。

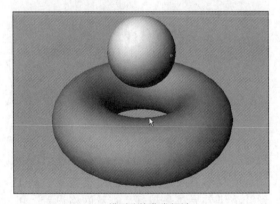
Antialiasing=None，模型边缘非常粗糙

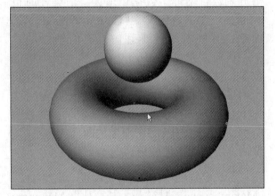
Antialiasing=High 10 X，模型边缘比较平滑

设置"抗锯齿"（Antialiasing）选项会影响到模型的渲染速度。建议开始采用默认设置，在最终渲染时，再根据渲染效果进行相应调整。

② 网格（Mesh）选项

在最终渲染与制作 RP（Rapid Prototyping）模型转换 STL 文件时，网格设置相当重要。在对渲染要求不高的场合下，网格设置保持默认即可。但是如果想获得高质量的渲染效果，必须同时设置"抗锯齿"（Antialiasing）与网格选项。

在网格（Mesh）选项设置中，有一渲染网格品质（Render mesh Quality）项目，其下有3种模式可供选择，分别是"粗糙、较快"（Jagged&faster）、"平滑、较慢"（Smooth&slower）、"自定义"（Custom）。在"粗糙、较快"（Jagged&faster）模式下，渲染速度非常快，但是网格（Mesh）分割数目少，渲染品质差。而在"平滑、较慢"（Smooth&slower）模式下，渲染比较平滑，品质高，但是速度慢，产生的数据量大，耗费时间长。

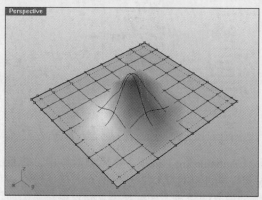

"粗糙、较快"（Jagged&faster）

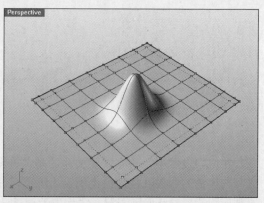

"平滑、较慢"（Smooth&slower）

若想获得高质量的渲染效果，最好选择"自定义"（Custom）选项。设置此选项，网格分割数目增加，数据量增大，渲染耗时也会更长。在"自定义"（Custom Options）选项中，有些术语较难理解，下面辅以图片一一讲解。密度（Density）指多边形网格的数量，决定着多边形边缘与原曲面的距离，当密度等于0时，渲染效果最差，设置密度为1，能够获得比较理想的渲染效果。如右图所示，在渲染图中，各个对象的曲面非常平滑、整洁，看不到任何棱角。

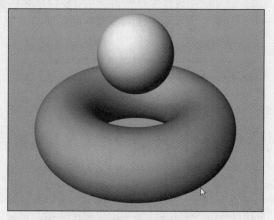

若想设置更高的数值，请设置"最大角度"（Maximum angle）与"最大长宽比"（Maximum aspect ratio）等选项。详细内容，请参考本书其他章节中的内容。

请观察下面透视图中的渲染效果，从①到③渲染效果越来越好，查看网格设置，可以发现密度值为0，保持不变，而"最大角度"（Maximum angle）值越来越小，网格数量逐渐增加，其中③渲染效果已经非常好了，接近于原来的模型。

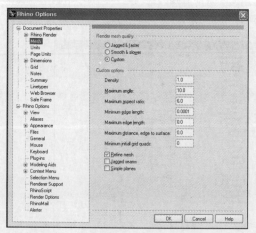

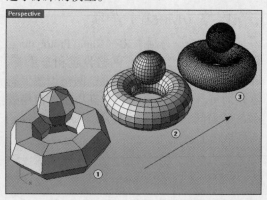

③ 单位（Unit）

在 Rhino3D 中，默认单位是毫米（mm），根据设计需要，用户可以灵活地更改度量单位。绝对公差（Absolute tolerance）影响建模的准确程度，用户可以根据建模准确程度的要求调整绝对公差数值。此外，还有相对公差（Relative tolerance）、角度公差（Angle tolerance）等选项，根据需要，灵活调整即可。

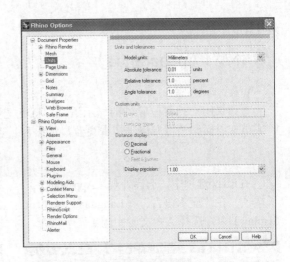

④ 尺寸标注（Dimension）>Default

在此选项设置面板中，用户可以设置字型、数字格式、尺寸标注箭头、标注引线箭头、文字对齐方式等项目，在绘制平面图时，必须进行相应设置。

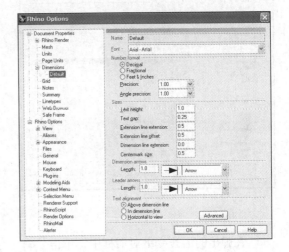

⑤ 格线（Grid）

此选项用于控制视图中格线的外观，用户可以通过修改相应的参数，控制视图中格线的展现方式。在默认状态下，子格线（Minor Line）横纵向间隔均为 1mm，每两条主格线（Major line）之间存在 9 条子格线，即相距 10mm。根据设计需要，用户可以自行修改格线的各种参数。

每条格线间隔默认为 1mm，若想在格点锁定状态下，在 1mm 的中间位置绘制线条，则需要将"锁定间隔"设置为 0.5mm。在坐标中心点（0，0，0）绘制基准线或调整对象的位置时，需要格线辅助。若想隐藏格线，按 F7 键即可。

了解Rhino 3D

■ Rhino选项

① 外观（Appearance）

・更改显示语言

如果用户想更改软件的显示语言，将英文界面转换成中文界面，或者把中文界面转换成英文界面，请按照以下步骤更改显示语言。当然本书的讲解是以英文界面为基础的。

01_ 在Rhino选项中，选择外观（Appearance）子选项，在"显示语言"（Language used for display）中，选择"中文（中国）"。

02_ 选择"中文（中国）"后，单击"确定"（OK）按钮。

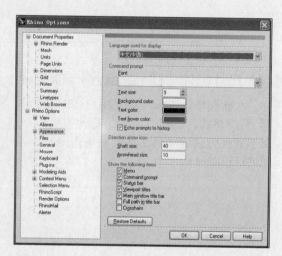

03_ 在弹出的语言变更对话框中，单击"确定"（OK）按钮。注意语言更改需要重启Rhino3D才能生效。

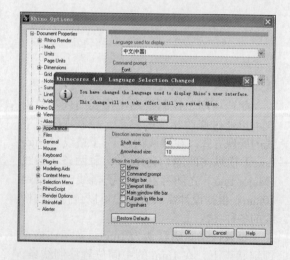

04_ 返回桌面，双击Rhinoceros 4.0图标，重启Rhino3D。

05_ 重新启动Rhino3D后，您会发现界面语言由英文变成中文了。

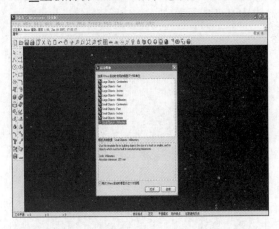
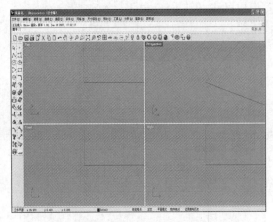

• 更改中文界面为英文界面

01_ 在Rhino选项中，选择外观（Appearance）子选项，在"显示语言"（Language used for display）中，选择"英文（美国）"。

02_ 选择"英文（美国）"后，点击"确定"（OK）按钮。在弹出的语言变更对话框中，点击"确定"（OK）按钮。注意语言更改需要重启Rhino3D才能生效。

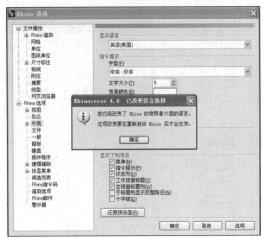

03_ 返回桌面，双击Rhinoceros 4.0图标，重启Rhino3D。

04_在"启动模板"选择对话框中,选择相应的模板,而后单击"打开"(Open)按钮。

05_启动Rhino3D后,可以发现界面语言又由中文变成了英文。

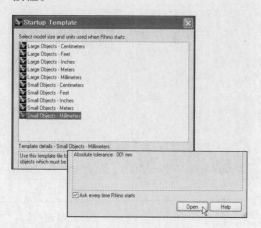

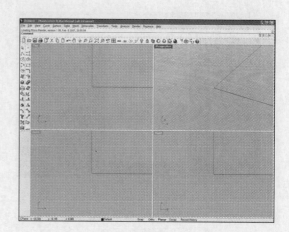

- 更改指令窗中的字型、文字颜色与背景颜色

如界面语言设置一样,在软件使用中,有时需要修改指令窗口中命令文本的字型、颜色、尺寸、背景色等,这些修改在"指令提示"区域中都能办到。

② 外观>颜色(Appearance> Color)

在此选项下,可以设置的项目有工作视窗颜色、格线颜色、坐标轴颜色、选取的物件颜色等,根据需要进行相应设置即可。

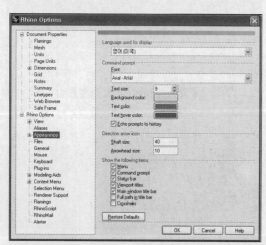

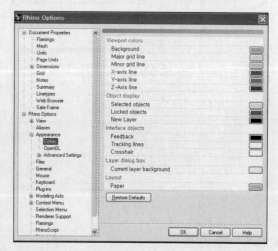

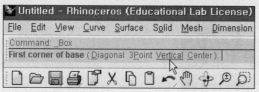

③ 外观>高级设置（Appearance>Advanced Setting）

- 线框模式>设置作业背景颜色

前面设置的工作视图背景的颜色都是单色的，用户可以通过外观项目下的高级设置选项更改作业区域背景的色彩，实现彩色效果。

01_ 在Rhino选项对话框中，依次选择"高级设置">"线框模式"（Advanced settings>Wireframe），在"工作视窗设置"（Viewport Setting）中，选择"双色渐层"（Gradient 2 Colors），而后分别在"上方颜色"（Top Color）与"下方颜色"（Bottom Color）中指定喜欢的颜色，其他选项保持默认即可。

在"线框模式"（Wireframe）下，视图背景（Viewport Background）已经设置好了两种颜色。

02_ 在Rhino选项对话框中，依次选择"Rhino选项">"外观">"高级设置">"着色模式"（Rhino Options>Appearance>Advanced settings>Shaded），在"工作视窗设置"（Viewport Setting）中选择"双色渐层"（Gradient 2 Colors），而后分别在"上方颜色"（Top Color）与"下方颜色"（Bottom Color）中指定与上一步相同的颜色，其他选项保持默认即可。在"着色模式"（Shaded）下，视图背景（Viewport Background）颜色设置好了。

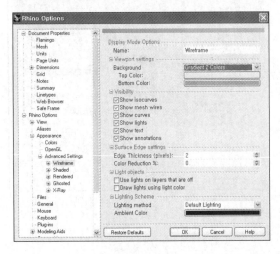

03_ 最后，在Rhino选项对话框中，依次选择"Rhino选项">"外观">"高级设置">"渲染模式"（Rhino Options>Appearance>Advanced settings>Rendered），在"着色设置"（Shading settings）中点选"着色物体"（shade objects），而后在"颜色&材质显示"中选择"渲染材质"（Rendered Material），设置"背面设置"（Backface settings）为"使用正面设置"（Use front face setting），其余选项保持默认值不变。至此，"渲染模式"（Rendered）设置完毕。

04_退出并保存设置,返回到软件中,可以看到各个视图的背景颜色已经发生了变化。视图根据设置时选取颜色的不同而呈现不同的颜色。注意在设置视图背景颜色时,不要使用过于刺眼的色彩,尽量选择与模型区分明显的颜色。

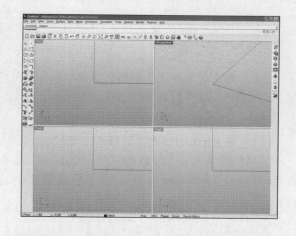

• 设置模型内侧面与外侧面的颜色

在Rhino选项对话框中,依次选择"Rhino选项">"外观">"高级设置">"渲染模式"(Rhino Options>Appearance>Advanced settings>Rendered),在"着色设置"(Shading settings)中点选"着色物体"(shade objects),而后在"颜色 & 材质显示"(Color&Material usage)中选择"全部物件使用单一颜色"(Single Color for all objects),在"单一物件颜色"(Single object color)中指定喜欢的颜色,而后设置"背面设置"(Backface settings)为"全部背面使用单一颜色"(Single Color for all backface),在"单一背面颜色"(Single backface color)中设置喜欢的颜色。

设置模型内外侧面的颜色,能够帮助我们清晰地区分模型的内外两侧,特别是在设计复杂的物件时,这样设置尤其有用,有利于提高设计效率。

当然,也可以在设计过程中使用"分析方向"(, Analyze Direction)命令,更改内外侧面的颜色,如图所示。

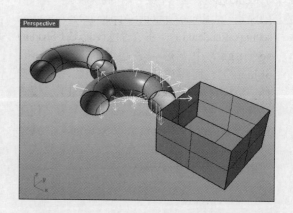

Chapter 04 Rhino 3D安装与环境设置

④ 文件设置（File）

在"Rhino 选项"（Rhino Options）对话框中，选择"文件"（File）项，右侧显示有关文件设置的项目。在"自动保存"（Autosave）项目下，有一"保存间隔，每（E）"子选项，通过此选项，用户可以设置自动保存的间隔时间，一般设置为 10~20 分钟，即每隔 10~20 分钟作业数据自动保存一次。当电脑突然宕机或程序意外退出时，自动保存功能能够尽量保存数据，最大限度地减少数据丢失的风险。但是在设置间隔时间时，应当充分考虑作业的流畅性，保存间隔切勿设置过密，以免影响到作业的正常进行。

⑤ "一般"（General）选项

选择"一般"（General）选项，在右侧显示出"一般"（General）选项的各种设置选项，其中有一"复原"（Undo）子选项，通过它设置可复原的次数，在此将其设置为 100，内存保持 16MB 不变。在这种设置下，作业可以退回 100 步之前的状态。如果用户不设置复原次数，则默认复原次数为 1，这意味着作业仅能复原一次，显然这很难满足实际需要。因此，用户在进行正式作业前，必须设置该选项，以便在作业出现问题时能随时回滚到之前的状态。

"复原"（Undo）与"重做"（Redo）的快捷键分别为 Ctrl + Z 与 Ctrl + Y。

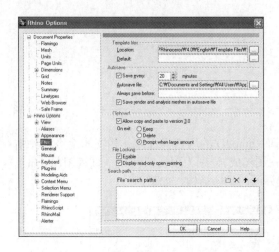

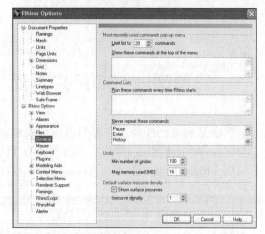

■ 参考：Rhino3D菜单与帮助

在 Rhino3D 运行过程中，若想查看一些环境设置以及命令的使用方法，可以在点击相应的命令图标后，按 F1 键，打开帮助文件，并定位到指定的命令处。当然，用户也可以在工具栏中直接单击"帮助主题"（ , Help Topic），打开帮助文件或即时联机说明。帮助文件对于初次学习 Rhino3D V4.0 的用户非常有用，用户应当养成在遇到困难时，随时查阅帮助文件的习惯。

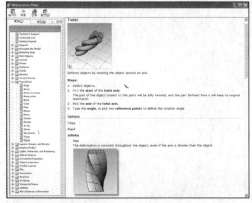

按 F1 键打开帮助文件

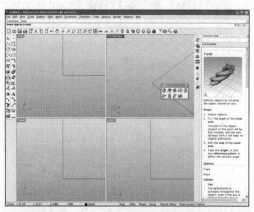

按"帮助主题"（Help Topic）打开即时联机说明

Chapter 05 Rhino3D用户界面与关键术语

初次接触Rhino3D的用户对用户界面与关键术语比较陌生，因此学习的第一步是先熟悉Rhino3D的用户界面，理解基本的术语，特别对一些常用的基本术语，用户必须理解掌握。下面让我们一起来学习Rhino3D的用户界面与关键术语的知识。

1 熟悉Rhino3D用户界面

Rhinoceros

下图是 Rhino3D 的用户界面截图，观察可知 Rhino3D 的用户界面基本由文本命令操作窗口与图标命令面板组成，界面的中心区域由 4 种视图构成，分别为顶视图（Top）、前视图（Front）、右视图（Right）、透视视图（Perspective）。用户界面的具体结构，如下。

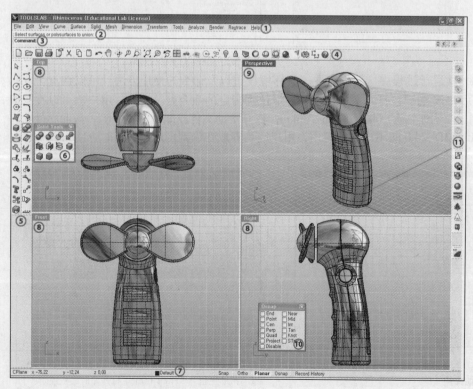

① 菜单栏（Pull down menu bar）

菜单栏是文本命令的一种，与图标命令方式不同，它囊括了各种各样的文本命令与帮助信息，用户在操作中可以直接通过选择相应的命令菜单来执行相应的操作。

② 命令监视区（Command area）

监视各种命令的执行状态，并以文本形式显示出来。

③ 命令输入区（Command prompt）

接受各种文本命令输入，提供命令参数设置。

④ 标准工具栏（Standard toolbar）

它是菜单栏的一种辅助手段，汇聚了一些常用命令，以图标形式提供给用户，提高作业效率。

⑤ 主工具列（Main toolbar 1，2）

在主工具列中包含各种三维建模命令，以图标的形式提供给用户，各种图标命令与菜单栏（Pull down menu bar）中提供的文本命令是对应的。

⑥ 浮动工具栏（Floating toolbar）

浮动工具栏是主工具列或标准工具栏的子菜单，右键单击主工具列或标准工具栏图标右下角的三角形图标，即可打开浮动工具栏窗口。

⑦ 状态栏（Status bar）

状态栏主要用于显示某些信息或控制某些项目，这些项目有工作平面坐标信息（Coordinate display）、工作图层（Layer）、锁定格点（Grid snap）、物件锁点（Osnap）、记录建构历史（Recors History）等。

⑧ 视图（Viewport）

主工作区域由 4 种视图构成，分别是顶视图（Top）、前视图（Front）、右视图（Right）、透视视图（Perspective），4 种视图从不同角度展现正在构建的模型对象。

⑨ 透视视图（Perspective）

以立体方式展现正在构建的三维对象，展现方式有线框模式、着色模式等，用户可以在此视图中旋转三维对象，从各种角度观察正在构建的对象。

⑩ 物件锁定窗口（Object dialog box）

用户可以通过此窗口设置或控制 2D 或 3D 对象的捕获。

⑪ 插件停靠工具列（Plug-in Docking toolbar）

在 Rhino3D 中，安装了渲染插件 Flamingo 或珠宝设计 TechGem 等插件（Plug-in）时，插件停靠工具列就会显示出来，用户可以根据需要灵活地设置停靠位置。

2 几何体类型（Geometry Types）

在 Rhino3D 中，几何体类型（Geometry Types）主要由 5 种几何体构成。建模过程中，通过这些几何体的适当的组合变形，用户能够创建出任意的三维对象。

了解Rhino 3D

① 点（Points）

在Rhino3D中，常常被称为点物件，是个头最小的一个几何体。点物件应用范围非常广，在坐标系的任一位置都能绘制出点物件，其类型包括单点、多点、抽离点、最接近点、点云等。

② 曲线（NURBS Curves）

曲线是线条的一种形式，具有类似直线或弯曲线条的形态，操作中，通过曲线接合能够创建出各种形状。借助曲线，用户也能够创建出封闭或半封闭的Polycurve线条。当然，通过曲线，用户也可以创建出曲面（Surface），曲线决定着曲面的质量。

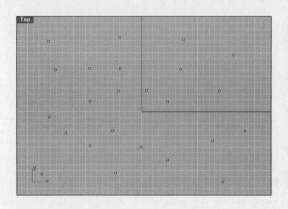

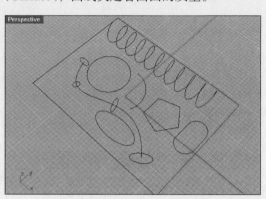

③ 曲面（Surface）

曲面（Surface）就像一块可伸展的橡皮板，在Rhino3D中，一切曲面都是NURBS曲面。通过NURBS曲面，用户能够创建出从简单平面到自由形态的各种曲面。在Rhino3D中，曲面（Surface）大体分为两类，单曲面与多重曲面。

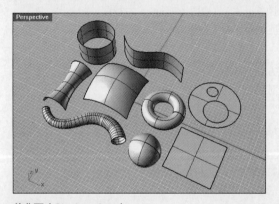

单曲面（Singlesurface）

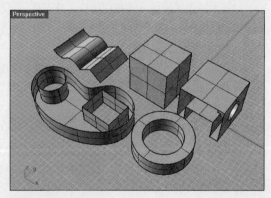

多重曲面（Polysurface）

④ 实体（Solid）

在Rhino3D中,实体（Solid）大致分为两种，一种是由单曲面（Single Surface）构成的实体，另一种是由多重曲面(Polysurface)构成的实体。球体（Sphere）、环状体（Torus）、椭圆（Ellipsoid）等都是单曲面实体，开启控制点（CP=Control Point），用户能够通过拖动或移动控制点改变曲面的形状，使单曲面实体的外形发生变化。

多重曲面（Polysurface）实体没有控制点，编辑前，需要采用炸开功能，炸开由多重曲面构成的实体，编辑后，再把各个曲面接合成一个实体。在实体工具中，立方体、圆柱体、棱锥体等都是多重曲面（Polysurface）实体。

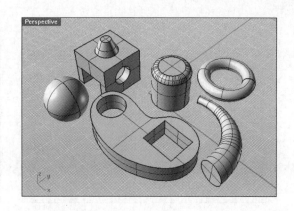

⑤ 多边形网格物体（Polygon Mesh Objects）

多边形网格物体是由多个多边形面构成的组合体。在进行渲染或保存为 STL 文件制作 RP 原型时，需要把物体转换成网格结构进行保存，这样才能制作出三维实物。

从 Rhino3D 4.0 开始，软件内置了基本的网格形状（Mesh Sphere，Mesh Torus..）与进行二次编辑的 Mesh Tools，还支持 Mesh Trim，Mesh Split，Mesh Offset，Mesh split 等操作，进一步拓展了 Rhino3D 的应用领域。但是 Rhino3D 本身不是多边形网格建模器。

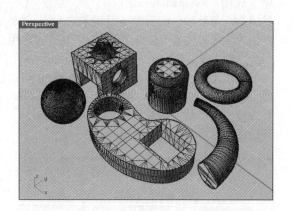

3 理解Rhino3D的关键术语

① 非统一有理B样条（NURBS）

Rhino 3D 是以 NURBS 为理论基础的 3D 造型软件，在其中创建的一切对象都是由 NURBS 定义的。NURBS 是 Non-Uniform Rational B-Splines 的缩写，即非统一有理 B 样条，NURBS 是一种非常优秀的建模方式，在高级三维软件当中都支持这种建模方式，它能够比传统的网格建模方式更好地控制物体表面的曲线度，从而能够创建出更逼真、生动的造型。简单地说，NURBS 就是专门做曲面物体的一种造型方法，NURBS 造型总是由曲线和曲面来定义的，所以要在 NURBS 表面生成一条有棱角的边是很困难的。借助这一特点，我们可以用它做出各种复杂的曲面造型和表现特殊的效果，如人的皮肤，面貌或流线型的跑车等。

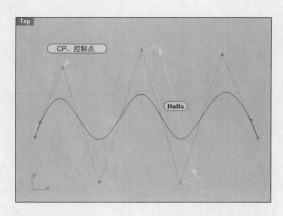
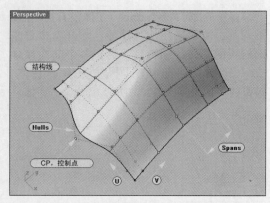

(2) 度数（阶数，Degree）

一条 NURBS 曲线有 4 个重要的定义项：度数（Degree）、控制点（Control Point）、节点（Knot）、评定规则（Evaluation rule）。其中，度数（Degree）在表现所使用的等式中是最主要的指数，其值是一个整数。度数为 1 的线条有 Line、Polyline，度数为 2 的线条有 Circle、Ellipse、Arc，度数为 3~5 时是 Freeform 形状。在 Rhino 3D 中，NURBS 的度数在 1~32 之间。

一般来说，度数值越高，曲线越光滑，计算所需时间也越长。度数不应设置过高，以免给编辑造成困难。在设计过程中，若想增加 NURBS 曲面的度数，运行改变曲面度数命令（，Change Surface Degree）即可。请看下面两幅图，图中的 4 条直线度数各不相同，依次为 1、2、3、5，改变直线度数的命令是（，ChangeDegree）。4 条直线的度数不同，控制点的数目也不相同，各控制点的管辖范围也不相同。

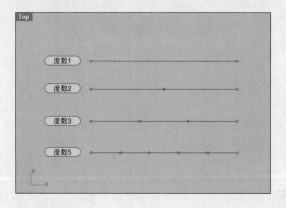
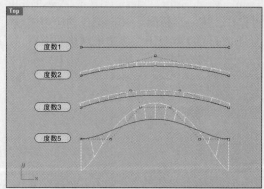

(3) 控制点（CP：Control Point）

在 Rhino 3D 中，控制点是曲线编辑经常使用的对象。控制点是指附着在 Hull 虚线上的点群，移动控制点，能够修改曲线的形状编辑曲线。在此需要区分一下控制点与编辑点（Edit Point），控制点附着在控制点的连接虚线之上，而编辑点则位于曲线之上，并且在向一个方向移动控制点时，控制点左右两侧的曲线同时随控制点移动的方向移动，而在拖动编辑点时，曲线始终脱离不了编辑点。

曲线上控制点是一串，至少是曲线的度数加 1。所有的控制点都具有权重（Weight，一般为 1）属性，并且权重值与个数都是整数。如果一条曲线的所有控制点权重相同，则称此曲线为非有理（Non-Rational）线条，反之，则称为有理线条。大部分 NURBS 曲线都是非有理线条，少数 NURBS 曲线、圆、椭圆属于有理线条。当然，曲线的权重是可变的。

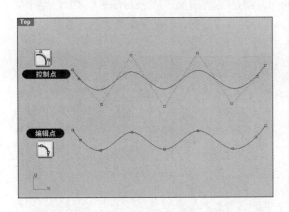
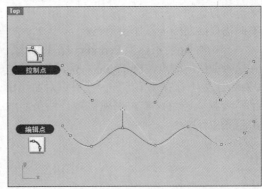

(4) 节点（Knot）

曲线上节点的数目等于度数加 N 再减去 1，其中，N 为控制点的数量。曲线上控制点依据节点来增加或减少，即添加节点（Knot），控制点也会被添加，删除节点，控制点也会被删除。但是控制点与节点并非一对一的关系。请看右图，图中标出了节点（Knot）。

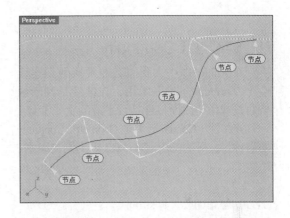

以图中的曲线为基础创建一个曲面，可以发现节点与结构线的位置是一致的，如图所示。

如果两个节点发生重叠，则重叠处的 NURBS 曲面就会变得不平滑起来。

当节点的多样性值与其度数值一样时，我们将之称为全复节点（Full Multiplicity Knot），这种节点会在 NURBS 曲线上形成锐角点（Kink）。

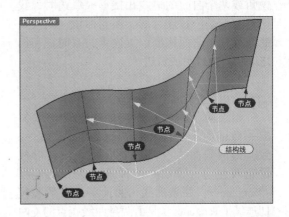

⑤ 锐角点（Kink）

一条曲线可能由两条曲线接合而成，结合点两侧的切线方向（与法线方向一致）各不相同，当拖动接合点时，曲线会出现弯曲，我们把这个接合点称为锐角点（Kink）。由含有锐角点的曲线所形成的曲面并非单一曲线（Single-surface），而是多重曲面（Polysurface）。曲线上的锐角点可以通过 Rebuild（ ）、Rebuild Curves NonUniform（ ）、Fair 等命令去除。在作业中，有时需要向曲线上添加锐角点。

有一种曲线，被称为 Periodic（循环）曲线，在这种曲线的端点（Endpoint）所形成的接缝（Seam）处不存在锐角点，因此可以对曲线作平滑变换。锐角点常常出现在接合两条曲线的过程中。

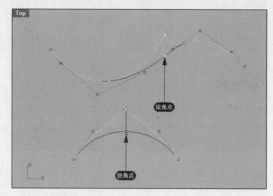

⑥ 连续性（Continuity）

在 Rhino3D 中，我们会经常接触到连续性（Continuity）这一术语，连续性是判断两条曲线或两个曲面接合是否平滑的重要参数。

连续性（Continuity）是 Geometric Continuity 的简称，它分为 G0、G1、G2 等不同的级别。

(1) G0=位置连续（Position）

位置连续：当两条曲线的端点相接形成锐角或两个曲面的边线相接形成锐边时，我们称它们是位置连续的。换句话说，当两条曲线或两个曲面构成位置连续关系时，它们之间会形成锐角或锐边。

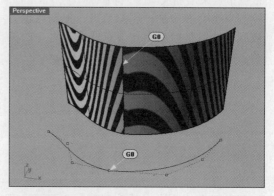

G0=位置连续（Position）

(2) G1=相切连续（Tangency）

如果两条曲线在相接的端点处切线方向一致或两个曲面相接边缘的切线方向一致，即两条曲线或两个曲面之间没有形成锐角或锐边，我们称这种连续为相切连续（Tangency）。两条曲线（曲面）是否形成相切连续（Tangency）是由两条曲线端点的（两个曲面相接边线的）切线方向决定的。

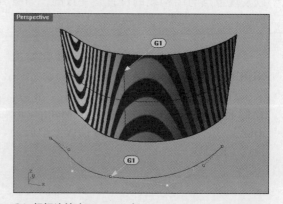

G1=相切连续（Tangency）

(3) G2=曲率连续（Curvature）

曲率连续：若两条曲线的相接端点或两个曲面的相接边缘不仅切线方向一致，曲率圆的半径也一致，则称这两条曲线或两个曲面呈曲率连续关系，即曲率连续不仅要求满足 G0 与 G1 两个条件，还要求连接处的曲率圆的半径必须一致。

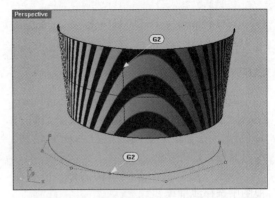

G2=曲率连续（Curvature）

▷引入"连续性"的必要性◁

在 NURBS 中，若拖动一个控制点，只有邻近的几个曲线段受到影响，而其余曲线段保持不变。B 样条曲线段的连续性是基底函数的阶数函数，设计者在选择阶数时，必须以连续性作为基础。在设计柔韧性好的自由曲线时，一般都把 B 样条曲线的连接线设置为曲率连续，即 G2 连续。在设计船舶、飞机、汽车等流体力学或空气动力学模型时，需要所使用的曲线具有高级别的连续性，以便创建出更加平滑的曲面。

简单地说，在制作流线型产品、高光泽反射板、冲压件等需要光滑曲面的物体时，要求所使用的曲面的连续性至少是 G2。

⑦ 接缝（Seam）

如图所示，曲面与曲面（或曲线与曲线）彼此接合的部位被称为"接缝"（Seam）。在作业中，可以使用"调整封闭曲面的接缝"（ , Adjust Closed Surface Seam）或"调整封闭曲线的接缝"（ , Adjust Closed Curve Seam）命令调整接缝的位置。

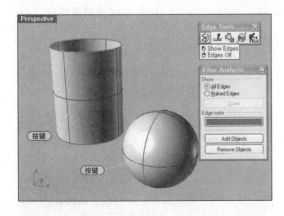
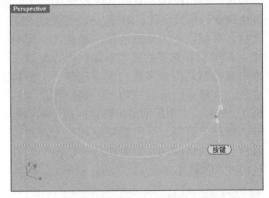

⑧ 结构线（Isocurve）、线框（Wireframe）、边缘线（Edge-curve）

Isocurve（结构线）是 Surface Isoparametric Curves 的简称，也称为 Isoparm 线。当进行着色时，结构线主要用来区分曲面的轮廓，没有其他特别的功能。

线框以曲线的形态展示构造体，需要在视图中选择线框模式。

边缘线（Edge-curve）指截面的边缘曲线或指实体的边缘。

⑨ 方向指示（Direction）

法线方向（Normal Direction）指曲面法线的曲率方向，垂直于着附点，表现为一组白色箭头。在曲面中，称为曲面方向（Surface Direction），在曲线中，称为曲线方向（Curve Direction）。在工作区中选中物体，执行"分析方向"（ , Analyze Direction）命令，即可显示出白色的方向指示箭头。在单曲面或多重曲面中，根据线条绘制的方向，指示箭头方向也不相同。在曲面方向的指示下，运行"偏移曲面"（ , Offset Surface）命令，能够产生出新的曲面。

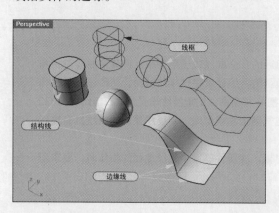

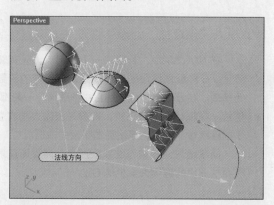

⑩ STL文件格式与网格（Mesh/Meshes）

STL 是文件的扩展名，来源于 Stereolithography 这一名称，是快速成型 RP（Rapid Prototyping）中使用的一种文件格式。在使用 Rhino3D 等建模软件，完成建模（NURBS 文件格式）后，需要把建模文件转换成 STL 文件格式，才能应用到 RP 原型制作中。

STL 文件格式是 3D Systems 公司在 1996 年开发出来的，它使用三角形面片来表示三维实体模型，现已成为 CAD/CAM 系统接口文件格式的工业标准之一，绝大多数造型系统能支持并生成此种格式文件。RP 设备能够识别 STL 文件，并能以它为基础制作出逼真的三维对象。观察 STL 格式的模型对象，可以发现三维对象模型是由众多多边形（三角形）面构成的，这些多边形或三角形，我们称之为网格（Mesh）。三角形网格集群比四边形网格集群，精确度更高，建模效果更理想。若想查看模型的网格结构，需要执行"切换平坦着色模式"（ , Toggle Flat Shade Mode）命令。

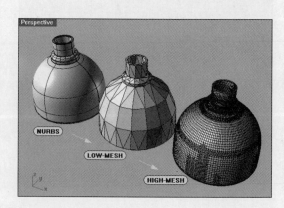

Rhino 3D 中提供了强大的支持，帮助用户轻松地把 NURBS（Non Uniform Rational B-Spline）数据转换为 STL 文件，方便在快速成型设备中制作 RP 原型。关于转换的方法，在前面讲述 RP 制作的知识时已经提到过，最简单的方法是执行"转换曲面/多重曲面为网格"（ ，Mesh from Surface-Polysurface）命令，但是这种转换略微粗糙，不推荐采用此命令进行转换。

一种更精确的网格转换方式是利用"网格高级选项"（Polygon Mesh Detailed Options）对话框准确设置转换参数，获得更精细的转换效果。

初次接触 RP 制作的朋友对网格变换的知识有限，在"网格高级选项"（Polygon Mesh Detailed Options）对话框中设置参数时，往往会力不从心。

在"网格高级选项"（Polygon Mesh Detailed Options）对话框中设置参数，需要用户理解参数的含义，使精密度与数据量保持最优化。在设置相应参数时，精度设置不应过高，避免耗费大量时间与金钱。

在"网格高级选项"对话框中，对模型的精密度与数据量影响最大的要素有密度（Density）、最大角度（Maximum angle）、最大长宽比（Maximum aspect ratio）、最大边缘长度（Maximum edge length）、边缘到曲面的最大距离（Maximum distance edge to surface）。

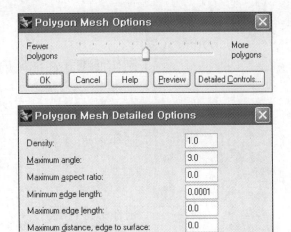

下图是经过转换后的结果，图中有两种曲面，即 NURBS 曲面与 Mesh 曲面。在转换过程中，若想获得最优的 Mesh 数据量，需要在"网格高级选项"对话框中认真地设置最大角度（Maximum angle）与最大长宽比（Maximum aspect ratio）两个选项，同时也要考虑 RP 设备的解析度，调整好最大距离比。用户还要根据物体的形状，分别进行设置与保存，最大限度地减少数据量，同时又保证模型具有较高的精确度。

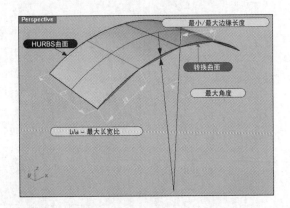

在进行 STL 转换前，必须认真检查 3D 模型自身是否存在缺陷，确保模型在转换前是一个完全封闭的实体对象。

在 Rhino3D 中提供了大量的工具，帮助用户检查与修正 NURBS 文件中的错误（Check Object、Select Bad Objects、Show Naked Edges、Split Edge 等），同时还提供 STL 文件检查、Mesh 文件检查与修正等多种功能（Mesh Tools>Join、Weld、UnifyMeshNormals、SelNakedMeshEdgePt）。

Part 02 Chapter

Chapter 01
制作喷雾器

Chapter 02
制作便携式迷你风扇

Chapter 03
制作卡通牙签筒

Chapter 04
制作数字手表

Chapter 05
制作手电筒（Flashlight）

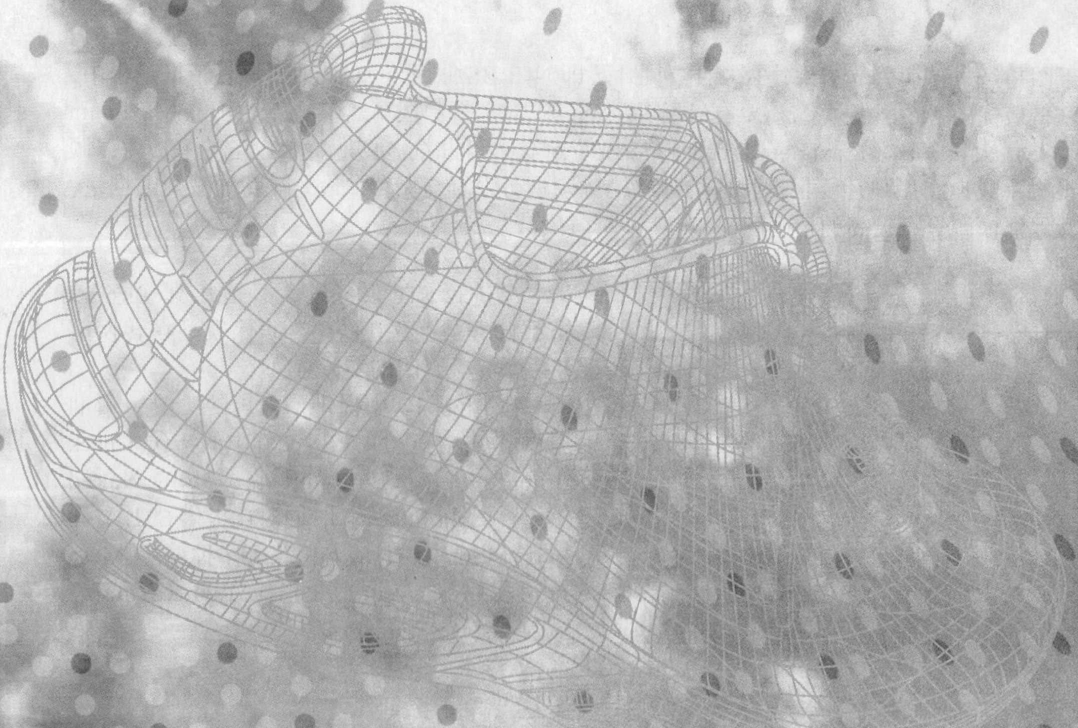

Rhino3D
Level-1 基本建模技术

Part.02

掌握Rhino3D绝非一朝一夕之功,需要读者付出巨大的努力,夯实Rhino3D的基础知识,灵活地运用软件中的基本工具,以及基本的建模技术。在Part02中,共设计了5个主题,希望大家通过这5个主题的学习掌握基本工具与基本建模技术。这些知识与技术是学习Rhino3D的基础,希望大家认真学习,掌握它们,为进一步提高设计水平做好准备。

让我们开始学习吧!

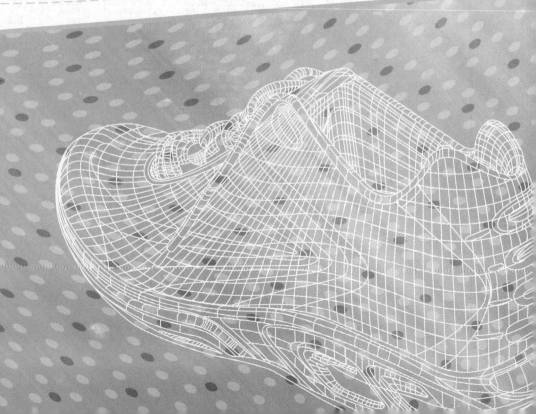

Chapter 01 制作喷雾器

本章首先学习喷雾器的建模方法，通过制作喷雾器模型，帮助大家了解3D建模的整个流程。在本章中，大家将要学习的知识点整理如下：
- 以草图或图片为基础绘制喷雾器结构图
- 了解建模的整个流程
- 了解Rhino3D基本工具及其使用方法

Rhinoceros *Rendering*.

1 绘制喷雾器平面图

Rhinoceros

在 Rhino3D 视图中打开喷雾器原图，绘制出喷雾器的平面结构图。

01_ 运行 Rhino3D，在状态栏中开启"锁定格点"（Grid Snap）与"正交"（Ortho）功能，执行"直线：从中心点"（ ，Line:From Midpoint）命令，在前视图中，以格线轴为中心绘制一条垂直的直线（预设图层设置为红色），长度为140mm，如图所示。

开启"物件锁定"功能，选择"端点"（End Object Snap），从刚刚绘制的直线的底部端点向右绘制一条水平线，长度为46mm，如图所示。

02_ 按 F7 键，暂时隐藏前视图中的网格线（Grid）。在菜单栏中，依次单击"查看"、"背景图"、"放置"（ ，View-Place Background Bitmap）菜单，在附录CD的"图片"文件夹下选择"01-喷雾器图片.jpg"文件，单击"打开"按钮。

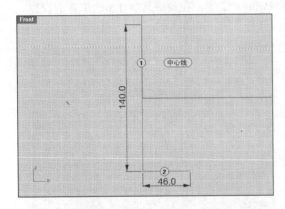

在前视图中，沿对角线的方向拖动鼠标，选中的图片被自动置入矩形框之中。注意置入的图片默认为灰阶，在菜单栏中，依次单击"查看"、"背景图"、"灰阶"（View-Background Bitmap-Grayscale）菜单，取消默认灰阶选择，可以以彩色的方式显示置入的图片。在此，喷雾器图片本身是黑白的，灰阶选择与否意义不大。

03_ 在菜单栏中，依次单击"查看"、"背景图"、"移动"（ ，View-Background Bitmap-Move）菜单，把背景图片向中心轴移动，如图所示。

在菜单栏中，依次单击"查看"、"背景图"、"缩放"（ ，View-Background Bitmap-Scale）菜单，以中心轴为基准，调整背景图片尺寸。在缩放背景图时，建议以水平线为基础进行调整。

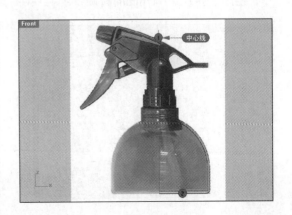

04_ 反复执行"直线"(Line)命令,以背景图为基础绘制出喷雾器筒体的轮廓图,如图所示,直线两两之间可以出现略微交叉。

05_ 在菜单栏中,依次单击"查看"、"背景图"、隐藏"(, View-Background Bitmap-Hide)菜单,暂时隐藏背景图片,如图所示。

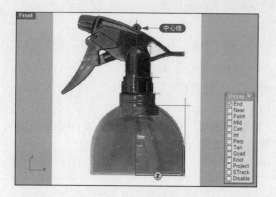

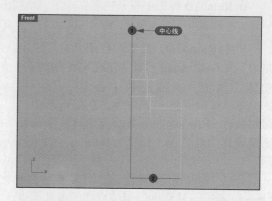

06_ 在工具列中选择"修剪"(, Trim)命令,修剪掉交叉线中溢出的部分,如图所示。

07_ 在"物件锁点"中选择"最近点"(Near Snap),执行"单点"(, Single Point)命令,在离底边24mm的位置上设置一个单点,如图所示。

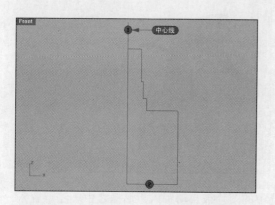

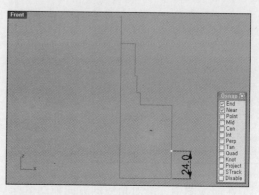

08_ 在"物件锁点"中选择"端点"与"点"(Point),执行"圆弧:起点、终点、半径"(, Arc-Start,End,Radius)命令,绘制一条半径为47mm的圆弧。

09_ 在工具列中选择"修剪"(, Trim)命令,修剪多余的线条(Line),如图所示。

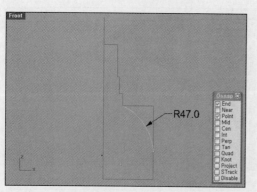

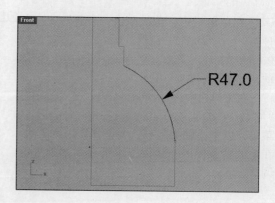

10_ 执行"两条曲线的几何连续性"（ , Geometric Continuity of 2 Curves）命令，同时选中第一条与第二条线条，检查两曲线的连续性，检查结果是Position=G0，表明在两条曲线的接合处存在锐角，需要把两条曲线接合处的连续性更改为G1（相切连续性）。

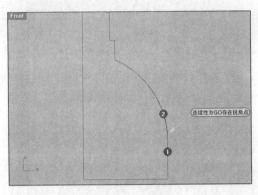

11_ 执行"圆弧：与数条直线相切"（ , Arc-Tangent to Curves）命令，同时选中第一条与第二条曲线，设置半径（Radius）为46mm，创建出一条满足G1（相切连续性）的圆弧，如图所示。

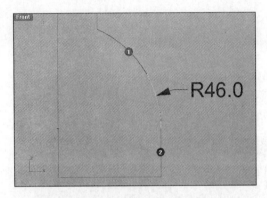

12_ 在工具列中选择"修剪"（ , Trim）命令，剪除重叠的圆弧的外侧边，放大视图，确认修剪结果。

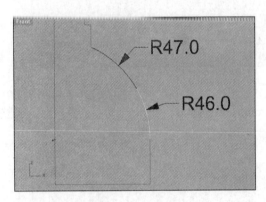

13_ 执行"曲线圆角"（ , Fillet Curves）命令，分别选择建立圆角的第一条曲线与第二条曲线，设置半径（Radius）为11~12mm，建立圆角，如图所示。

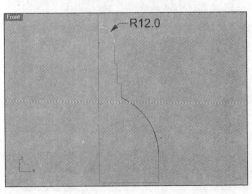

14_ 执行"曲线圆角"（ , Fillet Curves）命令，分别选择建立圆角的第一条曲线与第二条曲线，设置半径（Radius）为3mm，建立圆角，如图所示。

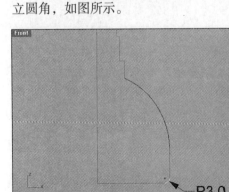

15_ 执行"组合"（ , Join）命令，把所有的轮廓线条组合成一条曲线，注意组合的曲线中不包括中心轴。

而后，执行"偏移曲线"（ , Offset Curve）命令，把外部轮廓线条（Polyline）向内侧偏移2mm。

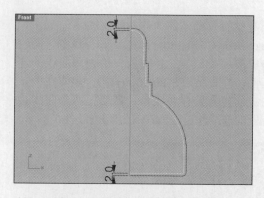

16_ 执行"矩形：角对角"（ , Rectangle-Corner to Corner）命令，在筒盖与筒体的交界处绘制一矩形，如图所示。

17_ 在工具列中选择"修剪"（ , Trim）命令，进行修剪处理，如图所示。

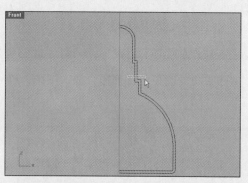

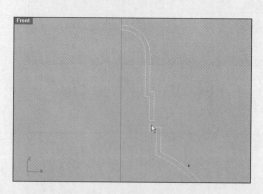

18_ 执行"开启控制点"（ , Control Point On）命令，打开曲线控制点（CP-Control Point），按 Shift 键，向上拖动曲线控制点，调整成如图所示的形状。

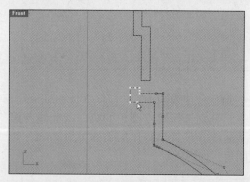

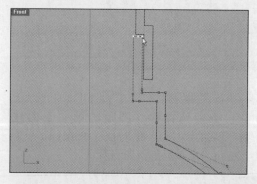

19_ 在菜单栏中，依次单击"查看"、"背景图"、"显示"（ , View-Background Bitmap-Show）菜单，在前视图中重新显示出背景图片，如图所示。

20_ 反复执行"内插点曲线"（[icon]，Curve-Interpolate）与"直线"（[icon]，Line）命令，绘制出喷头形状，如图所示。

21_ 在菜单栏中，依次单击"查看"、"背景图"、"隐藏"（[icon]，View-Background Bitmap-Hide）菜单，暂时隐藏背景图片，其他无关对象也一起隐藏起来，如图所示。

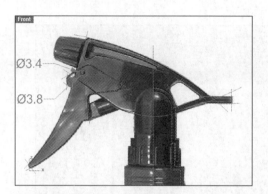

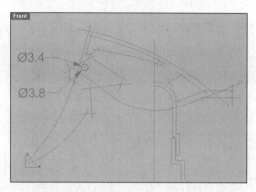

22_ 在工具列中选择"修剪"（[icon]，Trim）命令，进行修剪处理，如图所示。

23_ 执行"曲线圆角"（[icon]，Fillet Curves）、"圆弧：与数条直线相切"（[icon]，Arc-Tangent to Curves）、"修剪"（[icon]，Trim）命令，塑造出圆角，如图所示，但是图中黄色圆圈内的尖角暂不作处理。

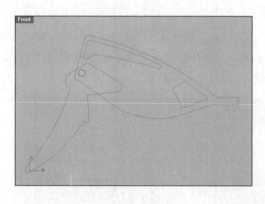

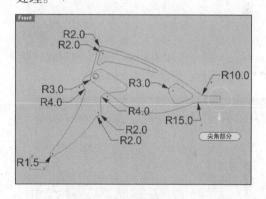

24_ 执行"直线"（[icon]，Line）与"偏移曲面"（[icon]，Offset Curve）命令，绘制喷嘴局部，如图所示。

25_ 在工具列中选择"修剪"（[icon]，Trim）命令，清除多余的线条，如图所示。

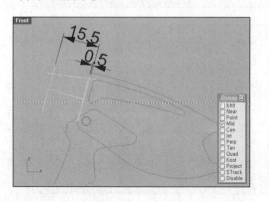

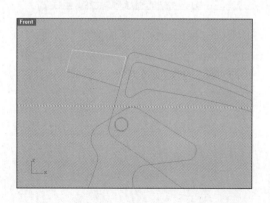

26_ 执行"直线"（ , Line）命令，在喷头的活动轴部分绘制一条直线，如图所示。

27_ 到此为止，喷雾器的截面图绘制完毕。执行"组合"（ , Join）命令，把各个部分的曲线与线条分别组合起来。当然，为了更好地区分开各个部分，可以设置不同的图层颜色。

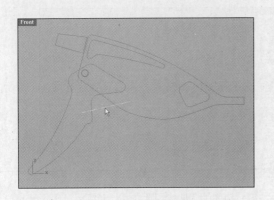

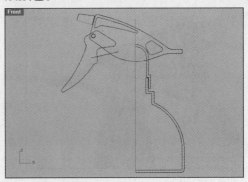

2 以平面截图为基础，建造三维对象

在绘制完喷雾器的平面截图后，利用曲面（Surface）与实体（Solid）等工具进行三维建模。

01_ 在"物件锁点"中选择"最近点"（Near Snap），执行"旋转成形"（ , Revolve）命令，以中心轴为基准分别旋转筒体与筒盖部分，形成三维立体对象。

02_ 在"物件锁点"中选择"最近点"（Near Snap），执行"旋转成形"（ , Revolve）命令，以喷嘴的中心轴为基准旋转曲线，建造出喷嘴对象。

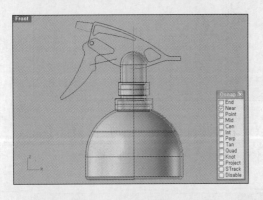

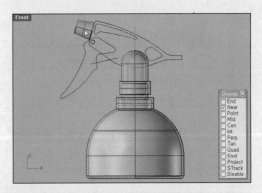

03_ 执行"挤出封闭的平面曲线"（ , Extrude closed planar curve）命令，同时选中1、2、3对象，创建实体对象。

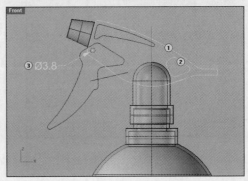

在命令执行过程中设置如下参数:"挤出距离"(Extrusion distance)=7,"两侧"(Both-Side)="是"(Yes),"加盖"(Cap)="是"(Yes),总厚度为14mm。

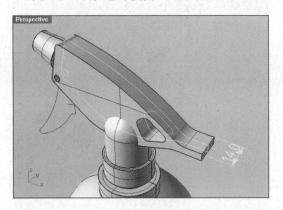

04_ 执行"挤出封闭的平面曲线"([图标],Extrude closed planar curve)命令,选中4对象,创建出实体对象。

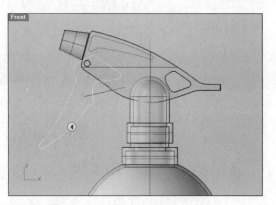

在命令执行过程中设置如下参数:"挤出距离"(Extrusion distance)=5.5,"两侧"(Both-Side)=Yes,"加盖"(Cap)=Yes,总厚度为11mm。

05_ 执行"挤出封闭的平面曲线"([图标],Extrude closed planar curve)命令,选中5对象,创建出实体对象。

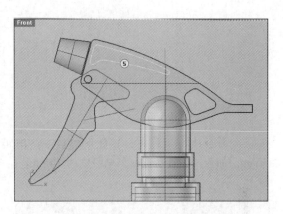

在命令执行过程中设置如下参数:"挤出距离"(Extrusion distance)=1.5,"两侧"(Both-Side)=Yes,"加盖"(Cap)=Yes,总厚度为3mm。

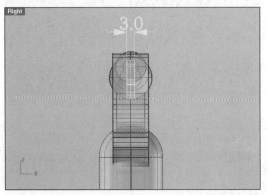

06_ 向边侧移动刚刚创建的中心对象,而后执行"镜像"([图标],Mirror)命令,复制出另一对象,两个对象的位置分布如图所示。

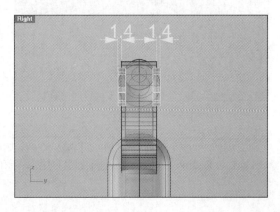

07_ 执行"布尔运算差集"（ , Boolean Difference）命令，进行打洞操作。在选择布尔差集运算的曲面时，应当注意选择的顺序，先选择被打洞的曲面，再选择用于打洞的曲面。

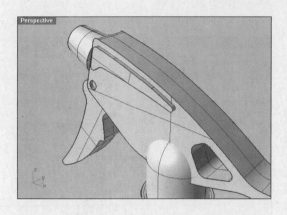
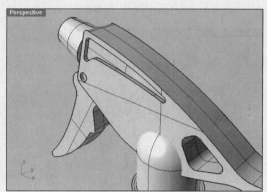

08_ 执行"挤出封闭的平面曲线"（ , Extrude closed planar curve）命令，选中6号对象（它是一个内侧圆），创建实体对象（Solid）。

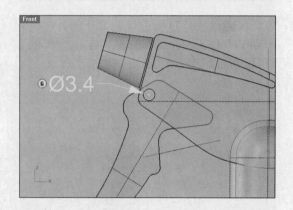

在命令执行过程中设置如下参数：挤出距离（Extrusion distance）=7，两侧（BothSides）=Yes，加盖（Cap）=Yes，总厚度为14mm。

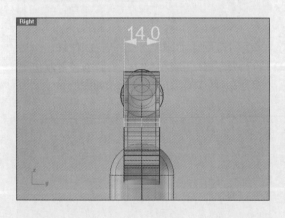
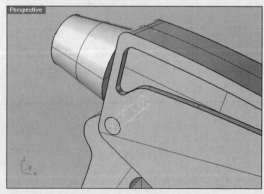

09_ 执行"不等距边缘圆角"（ , Variable Radius Fillet）命令，设置"目前的半径"（Current Radius）为6.5mm，圆化喷头尾部棱角，如图所示。

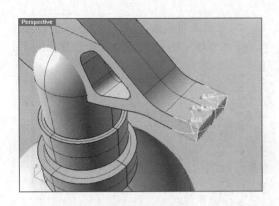 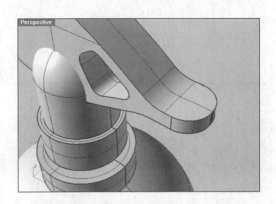

10_执行"不等距边缘圆角"（ ，Variable Radius Fillet）命令，设置"目前的半径"（Current Radius）为1mm，圆化喷头主体部分，如图所示。

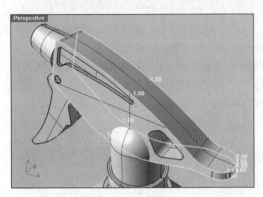 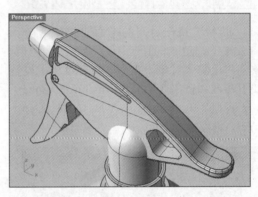

11_执行"不等距边缘圆角"（ ，Variable Radius Fillet）命令，设置"目前的半径"（Current Radius）为0.5~1mm，圆化喷头手柄以及镂空部分，如图所示。

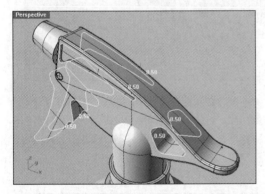 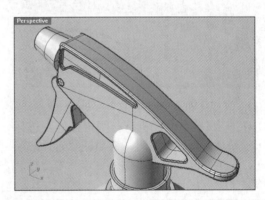

12_执行"不等距边缘圆角"（ ，Variable Radius Fillet）命令，设置"目前的半径"（Current Radius）为0.2mm，圆化喷头螺丝轴部分，如图所示。

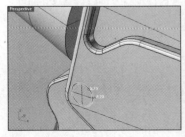  

13_ 接下来，在1号与2号对象内侧打洞。

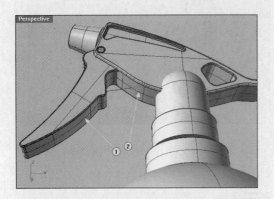

14_ 执行"多重直线"（, Polyline）命令，在如图所示的位置上绘制两个封闭的多边形。

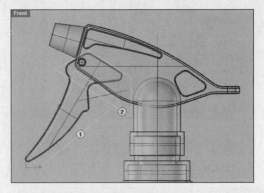

15_ 执行"挤出封闭的平面曲线"（, Extrude closed planar curve）命令，选中1对象创建出实体对象。在命令执行过程中设置如下参数：挤出距离（Extrusion distance）=4，两侧（Both-Sides）=Yes，加盖（Cap）=Yes，总厚度为8mm。

再次执行"挤出封闭的平面曲线"（Extrude closed planar curve）命令，选中2对象创建出实体对象。在命令执行过程中设置如下参数：挤出距离（Extrusion distance）=5，两侧（Both-Sides）=Yes，加盖（Cap）=Yes，总厚度为10mm。

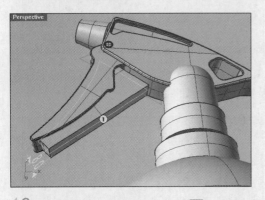

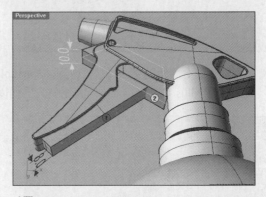

16_ 执行"布尔运算差集"（, Boolean Difference）命令，进行打洞操作。在选择布尔差集运算的实体时，应当注意选择的顺序，先选择被打洞的实体，再选择用于打洞的实体。

17_ 执行"圆管（平头盖）"（, Pipe, Flat caps）命令，以伸缩轴线条为基础创建出一个直径为4mm的圆管实体，如图所示。

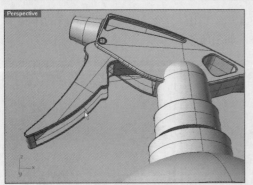

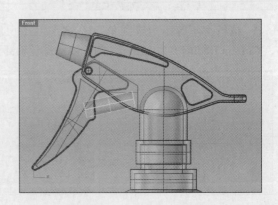

18_执行"直线"（ , Line）命令，在前视图中绘制一条直线，如图所示。注意绘制时，在"物件锁点"（Osnap）中选择"最近点"（Near Snap）选项。

19_执行"圆管（圆头盖）"（ , Pipe, Round caps）命令，以刚刚绘制的线条为基础创建出一个直径为2mm的圆头盖圆管，如图所示。

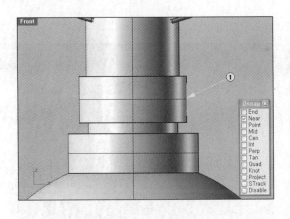
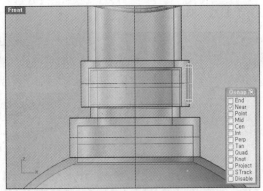

20_执行"环形阵列"（ , Polar Array）命令，在顶视图中按环形排列24个圆头盖圆管。注意操作时，在"物件锁点"（Osnap）中选择"中心点"（Cen）选项。

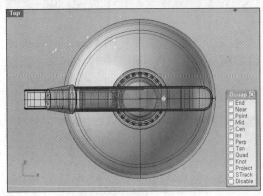

24个圆头盖圆管呈环形排列，如图所示。

21_选择喷嘴断面的上端曲线，若上端曲线与其他曲线组合在一起，请执行"炸开"（ , Explode）命令，把组合曲线炸开成几条曲线。

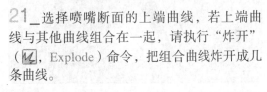
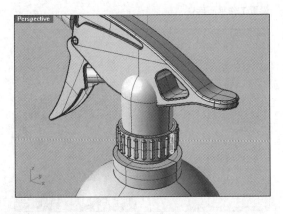
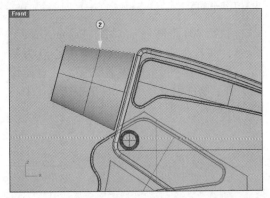

22_ 执行"单点"（ · , Single Point）命令，在"物件锁点"（Osnap）中选择"最近点"（Near）选项，在刚刚选中的曲线上创建两个单点，而后执行"分割"（ , Split）命令，以两个单点分割曲线，获得一条子曲线，如图所示。

23_ 执行"圆管（圆头盖）"（ , Pipe, Round caps）命令，以分割获取的子曲线为基础创建一个直径为2.4mm的圆头盖圆管，如图所示。

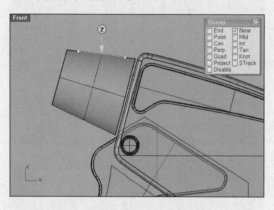

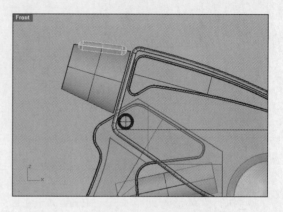

24_ 接下来，把创建好的圆头盖圆管实体沿喷嘴曲面方向按环形结构排列起来。执行"设置工作平面至物件"（ , Set CPlane To Object）命令，选择喷嘴前面圆对象。

执行"设置工作平面至物件"命令后，工作平面与选中的喷嘴前面圆保持一致。

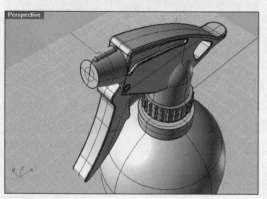

设置工作平面前

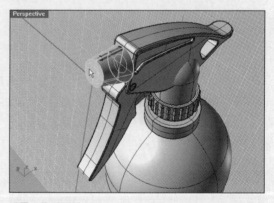

设置工作平面后

25_ 执行"环形阵列"（ , Polar Array）命令，在透视视图中，以喷嘴中心点为基准，呈环形排列6个圆头盖圆管。注意操作时，在"物件锁点"（Osnap）中选择"中心点"（Cen）选项。

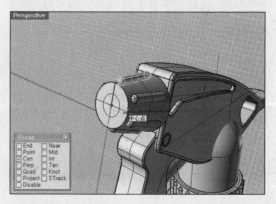

环形排列圆头盖圆管

26_ 执行"布尔运算差集"（ , Boolean Difference）命令，在喷嘴侧面进行打洞操作，如图所示。在选择布尔差集运算的对象时，应当注意选择的顺序，先选择被打洞的对象，再选择用于打洞的对象。

27_ 执行"圆管（平头盖）"（ , Pipe, Flat caps）命令，以喷嘴的中心线条为基础创建一个圆管实体，如图所示。

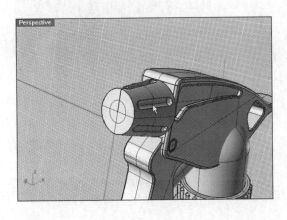

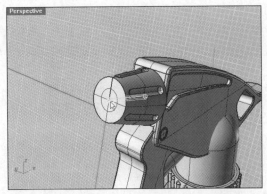

28_ 执行"布尔运算差集"（ , Boolean Difference）命令，利用刚刚创建的平头盖圆管在喷嘴中心实施打洞操作，如图所示。

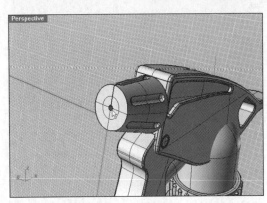

29_ 执行"不等距边缘斜角"（ , Variable Radius Chamfer）命令，在喷嘴正面的边缘创建倾斜面。在命令执行过程中，设置"目前的斜角距离"（CurrentChamferDistance）为0.5mm。

若取消"设置工作平面至物件"（ , Set CPlane To Object）命令，则在"设置工作平面"工具栏中单击"上一个工作平面"（Previous CPlane）图标（ ），返回到上一个工作平面视图中。

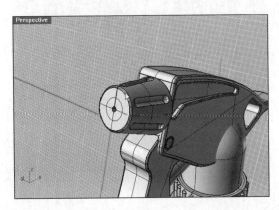

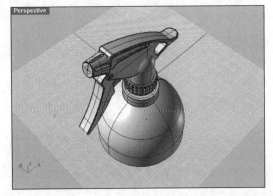

30_ 执行"弹簧线"（ , Helix）命令，在"物件锁点"（Osnap）中选择"最近点"（Near）选项。在命令执行过程中设置"圈数"（Turns）为2，在筒体与喷头的接合处，绘制出一条弹簧状螺丝线，如图所示。

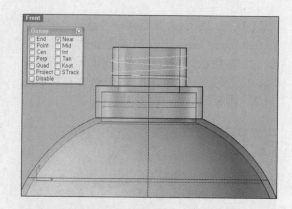

在绘制螺丝线时，螺丝线应当略微伸出到筒壁之外，如图所示。

31_ 执行"多边形：中心点、半径"（ , Polygon-Center, Radius）命令，在"物件锁点"（Osnap）中选择"端点"（End）选项，设置"边数"（NumSides）为3，在螺丝线末端绘制出一个三角形，如图所示。

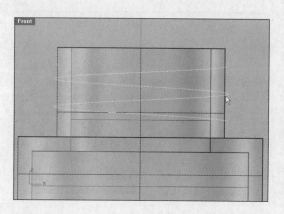

32_ 执行"复制"（ , Copy）命令，在"物件锁点"（Osnap）中选择"端点"（End）选项，在螺丝线的另一端复制出一个三角形。

33_ 执行"单轨扫掠"（ , Sweep 1 Rail）命令，依次选择对象1、对象2、对象3，采用单轨扫掠创建曲面，如图所示。

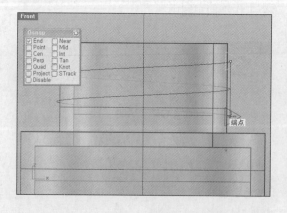

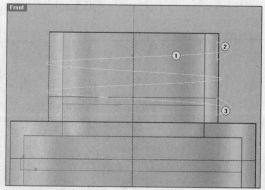

调整箭头方向，如图所示，调整时，用户可以根据自己的思路来调整，但是一定要保证单轨扫出的曲面不会挤压在一起。

在弹出的"单轨扫掠"（Sweep 1 Rail）对话框中设置"造型"（Style）为"走向Top"（Roadlike Top），设定好螺丝线的走向，如图所示。

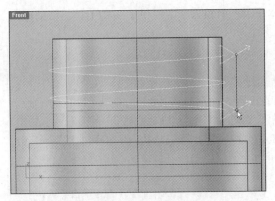

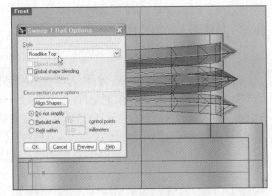

34_执行"将平面洞加盖"（ , Cap Planar Holes）命令，在螺丝线末端加盖。

35_执行"不等距边缘圆角"（ , Variable Radius Fillet）命令，设置"目前的半径"（Current Radius）为0.3mm，圆化螺纹丝棱角，如图所示。

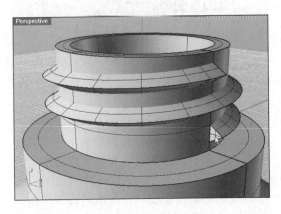

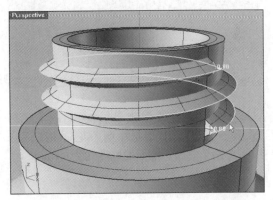

36_执行"布尔运算并集"（ , Boolean Union）命令，选中对象1、对象2，将它们并成一个实体对象。

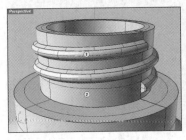
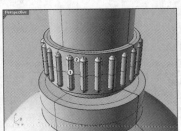

3 向筒体贴附立体花纹

下面,我们开始向喷雾器的筒体上贴附立体花纹。Rhino3D 中提供了一些工具,帮助用户在特定的曲面上贴附实体对象。

01_ 首先制作立体花纹,分为三步,第一步执行"圆:中心点、半径"(, Circle:Center, Radius)命令,绘制一个直径为12mm的正圆,而后在其上环形排列(Polar Array)5个小正圆(直径8.1mm);第二步执行"修剪"(, Trim)与"曲线圆角"(, Fillet curves)命令,创建好花纹形状并将它们组合(Join)在一起;第三步执行"偏移曲线"(, Offset Curve)命令,在创建好的花纹曲线内侧2mm处创建出另一花纹,如图所示。

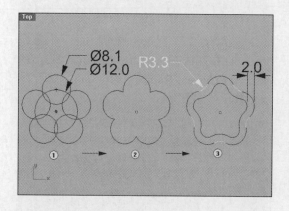
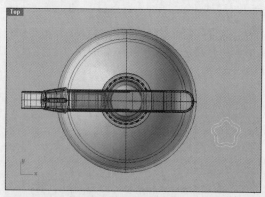

02_ 执行"直线挤出"(, Extrude Straight)命令,同时选中两条花纹曲线,直线挤出两个曲面,曲面的厚度约为1.4mm。

03_ 执行"混接曲面"(, Blend Surface)命令,选择两个曲面的上边线,在弹出的"调整混接转折"对话框中选中"一样的高度形状"(Same height shapes)选项,在它们之间创建一个平滑的连接曲面,如图所示。

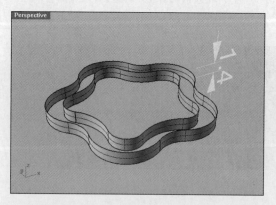
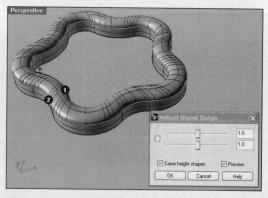

04_ 顶面的连接曲面创建完成后,执行"组合"(Join)命令,把所有曲面组合在一起,而后执行"将平面洞加盖"(, Cap Planar Holes)命令,在花纹形状的底面加盖。

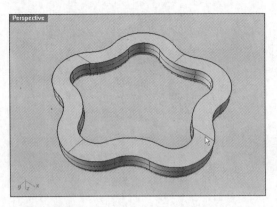
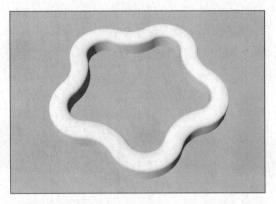

05_ 执行"体积重心"（ , Volume Centroid）命令，选择花纹对象，在其中心创建一个中心点，如图所示。

06_ 略微向上移动体积重心点，此点所在的平面即为花纹实体贴附到筒体上深度。

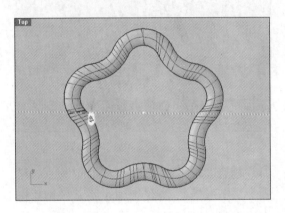
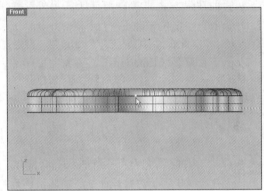

07_ 返回到顶视图中，执行"变动"、"沿着曲面流动"、"球形对变"（ , Transform-UDT-Splop）命令，单击花纹对象，选择中心点，创建一个球形区域，如图所示。

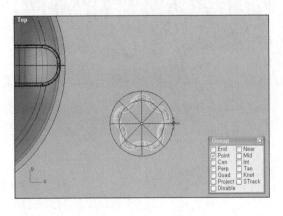
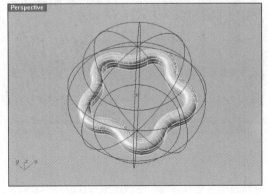

　　单击筒体表面，在"点选球形对变的落点"中设置如下参数：复制（Copy）=yes，刚体（Rigid）=No，反转（Flip）=No，在筒体表面单击鼠标确定落点，拖拉鼠标，调整花纹的尺寸，向筒体贴附花纹对象。反复确定落点，向筒体贴附多个花纹对象。

08_ 右图是花纹贴附完成后的样子。若不满意，大家可以尝试使用其他花纹。在贴附花纹时，使用的是"球形对变"（Splop）命令，这种贴附方式非常自由灵活。另外一种贴附命令是"定位至曲面"（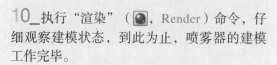，Orient On Surface），此命令有缩放（Scale）、复制（Copy）、旋转（Rotation）、对象曲面与非曲面（Rigid=No, Yes）等参数，贴附操作的准确度更高，大家可以尝试着用一下这个命令。

09_ 执行"着色/着色全部工作视图"（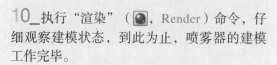，Shade/Shade All Viewport）命令，确认整体建模效果。

10_ 执行"渲染"（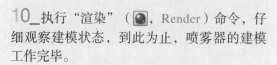，Render）命令，仔细观察建模状态，到此为止，喷雾器的建模工作完毕。

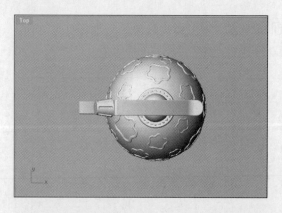

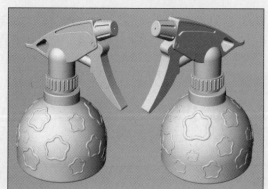

Chapter 02 制作便携式迷你风扇

本章将学习制作便携式迷你风扇的方法，具体知识点整理如下：
- 运用"混接曲面"（Blend Surface）命令连接两个曲面
- 利用"从网线建立曲面"（Surface from Network of Curves）命令制作复杂的手柄
- 利用"重建曲面"与"UVN移动"命令编辑、检查曲面，以及制作分模线（Parting-line）

Rhinoceros *Rendering*

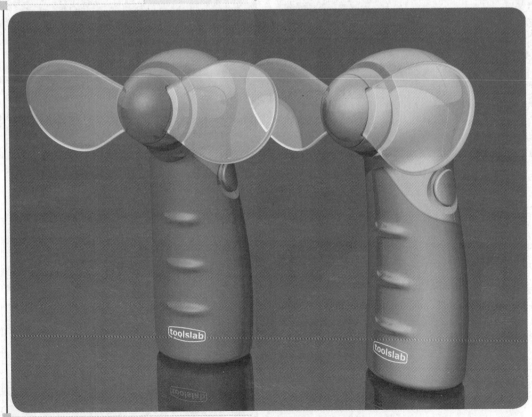

1 风扇电机盒与扇片建模

首先利用 Rhino3D 提供的多种工具为风扇电机盒与风扇片建模。

01_ 在右视图中按 F7 键，暂时隐藏网格。首先绘制一条水平线充当中心线。执行"直线"（ , Line）命令，以中心线为基准，在左侧部分绘制出三条彼此连接在一起的线条。

而后在"物件锁点"（Osnap）中选择"端点"（End Snap）选项，执行"内插点曲线"（ , Curve : Interpolate Points）命令，从左侧竖直线的顶端端点绘制一条平滑的曲线，如图所示。

02_ 执行"镜像"（ , Mirror）命令，在中心线的另一侧复制出另一条曲线，而后执行"衔接曲线"（ , Match Curve）命令，同时选中两个弯曲的曲线，在弹出的"衔接曲线"对话框中，分别设置"连续性"（Continuity）为"相切"（Tangency），"维持另一端"（Perserve other end）为"位置"（Position），并点选"相互衔接"（Average curves），而后单击"确定"（OK）按钮，使两条曲线的连续性变为G2，曲线衔接更加平滑。

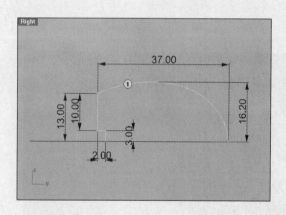
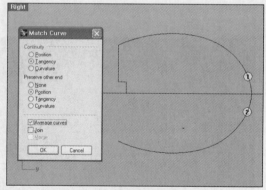

03_ 接下来，开始绘制扇片的转动轴部分，尺寸参数见下图。

在"物件锁点"（Osnap）中选择"端点"（End Snap）选项，执行"内插点曲线"（ , Curve:Interpolate Points）命令，绘制一条平滑曲线。

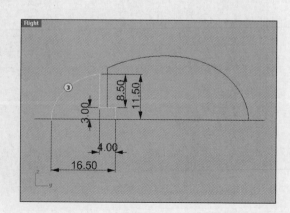

04_执行"镜像"(Mirror)命令,在中心线的另一侧复制出另一条曲线,而后执行"衔接曲线"(Match Curve)命令,同时选中两个弯曲的曲线,在弹出的"衔接曲线"对话框中,分别设置"连续性"(Continuity)为"相切"(Tangency),"维持另一端"(Perserve other end)为"位置"(Position),并点选"相互衔接"(Average curves),而后单击"确定"(OK)按钮,使两条曲线的连续性变为G2,曲线衔接更加平滑。

05_删除中心轴之下的镜像曲面,执行"组合"(Join)命令,把中心轴之上的所有曲线全部组合起来。

执行"旋转成形"(Revolve)命令,选中组合曲线,在"物件锁点"(Osnap)中选择"最近点"(Near Snap)选项,以中心轴为旋转轴旋转成形,如图所示。

在命令执行过程中,设置"旋转轴起点"(Start of revolve axis)为A点,"旋转轴终点"(End of revolve axis)为B点,"起始角度"(Start angle)为0,"旋转角度"(Revolution angle)为360。

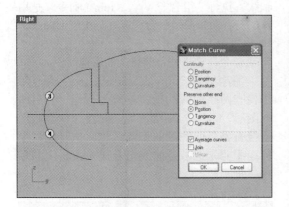

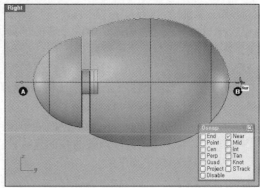

06_接下来,开始制作风扇扇片。

返回到前视图中,执行"矩形:中心点、角"(Rectangle: Center, Corner)命令,绘制一个矩形作为风扇扇片的外框,尺寸如图所示,而后在矩形上绘制出横向、纵向两条中心轴线。

在"物件锁点"中选择"最近点"(Near Snap),执行"内插点曲线"(Curve: Interpolate Points)命令,在矩形的左上格框内绘制一条平滑的曲线,如图所示。

07_在"物件锁点"中选择"最近点"(Near Snap),执行"镜像"(Mirror)命令,以水平中心轴为镜像中心线(A>B),在其下方复制出另外一条曲线,如图所示。

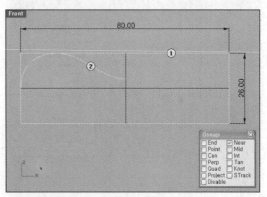

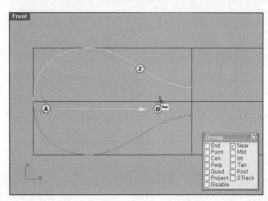

08_ 执行"衔接曲线"（ , Match Curve）命令，同时选中两条弯曲的曲线，在弹出的"衔接曲线"对话框中，分别设置"连续性"（Continuity）为"相切"（Tangency），"维持另一端"（Perserve other end）为"位置"（Position），并点选"相互衔接"（Average curves）与"组合"（Join），而后单击"确定"（OK）按钮，使曲线衔接更加平滑。

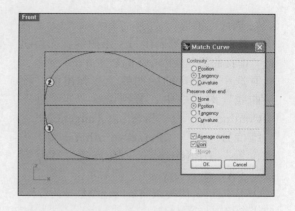

09_ 执行"镜像"（ , Mirror）命令，以竖直中心轴为镜像中心线，复制出扇片的右侧部分。而后执行"衔接曲线"（ , Match Curve）命令，同时选中两个弯曲的曲线，在弹出的"衔接曲线"对话框中，分别设置"连续性"（Continuity）为"相切"（Tangency），"维持另一端"（Perserve other end）为"位置"（Position），并点选"相互衔接"（Average curves），而后单击"确定"（OK）按钮，使两条曲线的连续性变为G2，曲线衔接更加平滑。

10_ 删除外侧矩形框，并修剪横向纵向中心轴线。执行"组合"（ , Join）命令，把扇片的左右两条曲线组合起来，选中扇形曲线，执行"开启曲率图形"（ , Curvature Graph On）命令，检查整条曲线的曲率连续性。

"衔接曲线"（ , Match Curve）命令用于检查两条曲线的衔接连续性，而"开启曲率图形"（ , Curvature Graph On）命令则用于检查整条曲线的曲率连续性，执行此命令前，需要先把多条曲线组合成一条封闭的多重曲线。

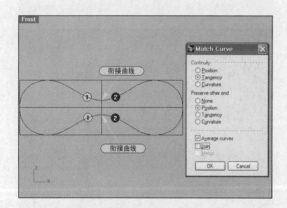

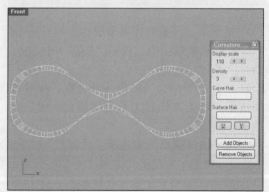

11_ 选择扇形曲线，执行"以平面曲线建立曲面"（ , Surface from Planar Curves）命令，创建出风扇曲面，如图所示。

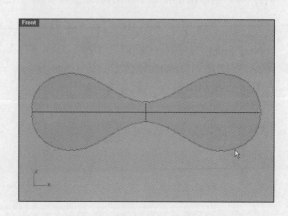

12_ 执行"偏移曲面"（ ，Offset Surface）命令，设置"偏移距离"为2mm，在1号曲面的背面新建出2号曲面。

13_ 执行"混接曲面"（ ，Blend Surface）命令，选择前后两个曲面的边缘，在弹出的"调整混接转折"对话框中进行相关设置，如图所示，在前后两个曲面之间创建一个平滑的连接曲面，而后执行"组合"（ ，Join）命令，把各个曲面组合在一起。

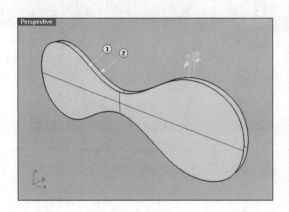

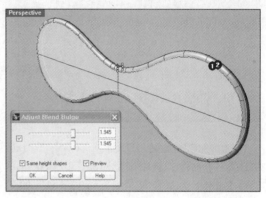

14_ 执行"体积重心"（ ，Volume Centroid）命令，在风扇对象的中心创建一个体积重心点，如图所示，此点将作为基准点使用。

15_ 执行"直线：从中心点"（ ，Line: from Midpoint）命令，以体积重心点为中心绘制一条水平线，如图所示，水平线左右两侧等长，并且略微凸出到扇形之外。

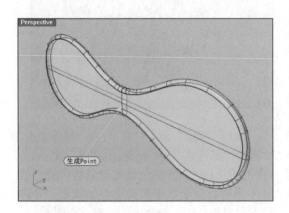

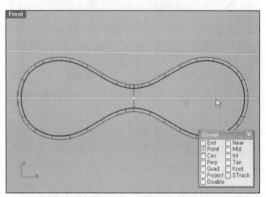

16_ 在前视图中选中扇形对象，执行"扭转"（ ，Twist）命令，以刚刚绘制的水平线为扭转轴扭转扇形对象。

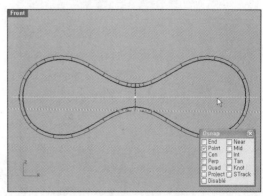

在"扭转"执行过程中设置扭转角度为45度，按 Enter 键完成扭转操作。当然，您也可以设置其他扭转角度，只要保证扭转效果即可。

按 Enter 键后，在透视视图中可以发现扇形对象发生了自然的扭转。

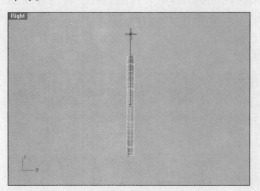
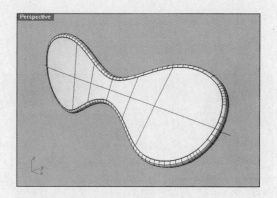

17_ 执行"2D旋转/3D旋转"（ , Rotate 2-D/3-D）命令，选中扇形对象，以体积重心点（Point）为基准向左侧旋转22.5度，如图所示。

在右视图中的旋转效果见下图。

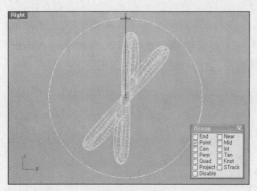
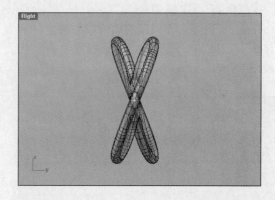

18_ 重新显示出风扇电机头部分，在前视图中执行"移动"（ , Move）命令，移动扇形对象。

执行"移动"命令过程中，在"物件锁点"中选择"最近点"（Near Snap）、"点"（Point）、"中心点（Cen）"，移动扇形对象的位置，使其体积重心位于风扇机头中心轴线上，并调整扇形对象在中心轴线上的位置，如图所示。

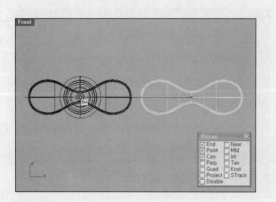
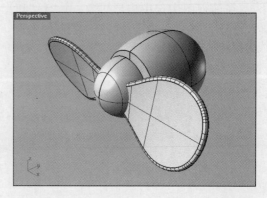

Chapter 02 制作便携式迷你风扇

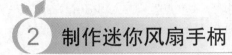

2 制作迷你风扇手柄

制作迷你风扇手柄，而后将其与风扇机头自然地接合在一起。

01_ 双击"顶视图"（Top）标题，将其放大，选中工作区中的所有对象，在菜单栏中依次单击"编辑"、"可见性"、"隐藏"（Edit-Visibility-Hide）菜单，暂时隐藏所有对象。执行"椭圆：从中心点"（ , Ellipse：From Center）命令，以坐标中心点为基点绘制一个椭圆，而后执行"直线"（ , Line）命令，从坐标中心点向下绘制一条长度为6.5mm的直线，然后以直线终点为中心再次绘制一个椭圆，各图形的相关尺寸见下图。

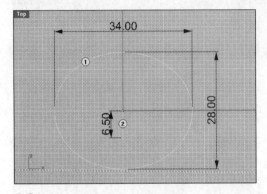
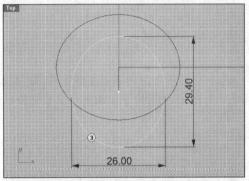

02_ 在"物件锁点"中选择"中心点"（Cen），选中3号椭圆，执行"移动"（ , Move）命令，在右视图中自下而上移动80mm。

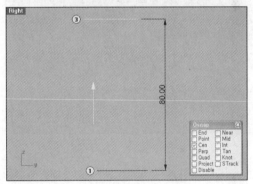

03_ 执行"内插点曲线"（ , Curve：Interpolate Points）命令，在右视图中分别绘制A、B两条曲线，把1号与3号椭圆的两个轴点连接起来，如图所示。

04_ 执行"两条曲线的平均曲线"（ , Average 2 Curves）命令，在曲线A与曲线B之间创建一条等分曲线C。

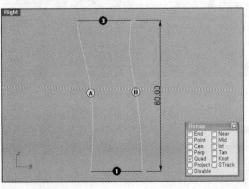
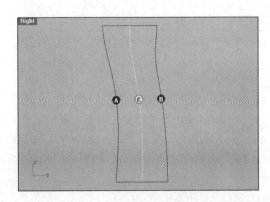

05_执行"直线挤出"（ , Extrude Straight）命令，以曲线C为基础创建一个贯穿上下两个椭圆的曲面，如图所示。

06_执行"单点"（ , Point）命令，在曲面与上下两个椭圆的交接处创建4个单点。

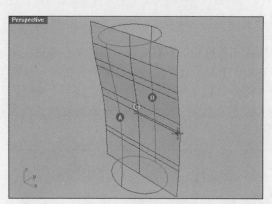
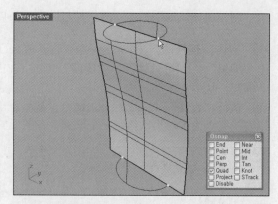

07_执行"曲面上的内插点曲线"（ , Interpolate on Surface）命令，在对应的两个单点之间绘制一条曲线D（位于曲面上），如图所示。

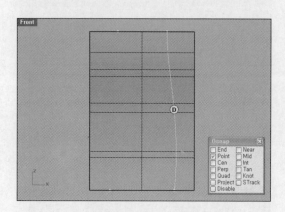

08_执行"镜像"（ , Mirror）命令，选择要镜像的曲线D，以中心曲线C为镜像轴线创建曲线E，曲线E也位于曲面上，并且也连接椭圆上下两个单点，如图所示。

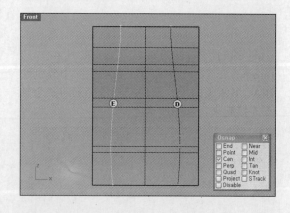

09_删除参考曲面、曲线C，以及底部椭圆中6.5mm长的线条，执行"从网线建立曲面"（ , Surface from Network of Curves）命令，选中两个椭圆以及连接上下两个椭圆的4条曲线，在弹出的"以网线建立曲面"对话框中进行相应设置，如图所示，创建手柄曲面。

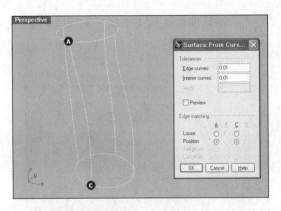 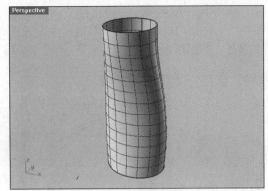

10_在工具栏中单击"显示物件"图标（，Show Objects），显示隐藏的对象。而后把手柄与风扇头连接在一起，连接时保持风扇头中心轴线与手柄底部平面距离83.8mm，如图所示。

11_执行"内插点曲线"（，Curve: Interpolate Points）命令，绘制出1号曲线与2号曲线，如图所示。

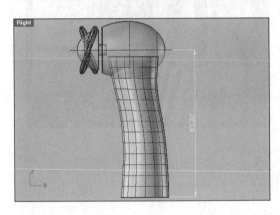 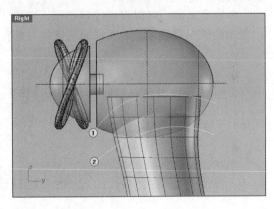

12_执行"分割"（，Split）命令，利用1号曲线与2号曲线分割风扇头对象A与手柄对象B，删除两条曲线间所有的无关对象，如图所示。

13_执行"混接曲面"（，Blend Surface）命令，点选机头A与手柄B的边缘线，创建出平滑的混接曲面。

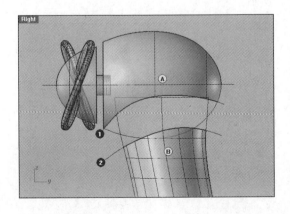 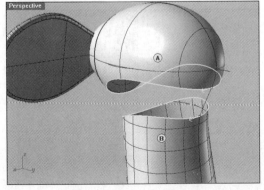

命令执行过程中，在弹出的"调整混接转折"（Adjust Blend Bulge）对话框中设置相关参数，如图所示。

若混接曲面连接不平滑，则应当调整分割的范围。

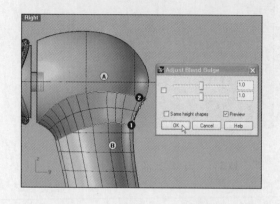

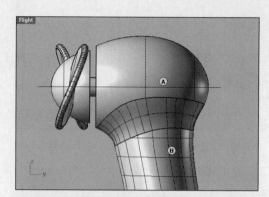

14_创建出混接曲面后，执行"斑马纹分析"（，Zebra Analysis）命令，检查曲面之间的连续性（Continuity）。

观察斑马纹，可以发现纹理平滑，没有出现扭曲或断裂现象，表明曲面的连续性非常好。

执行"混接曲面"命令时，根据设置的参数不同，曲面的连续性级别（G1 相切连续、G2 曲率连续）也各不相同。

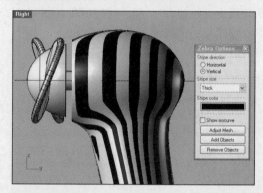

3 在风扇手柄上创建凸出部位

在风扇手柄上，利用"UVN 移动"（Move UVN）工具创建凸出部位。

01_在前视图中执行"矩形：中心点、角"（▫，Rectangle：Center，Corner）命令，在手柄的正面绘制三个矩形，尺寸如下图。

02_在前视图中同时选中三个矩形，执行"投影至曲面"（▫，Project to Surface）命令，把三个矩形投影到手柄曲面上，如图所示。

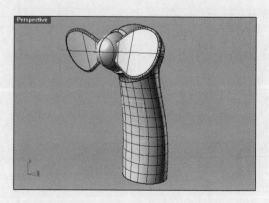

03_删除手柄曲面之外的三个矩形,投影到手柄背面曲面的三个矩形也一起删除掉。执行"分割"(,Split)命令,以投影到手柄曲面上的三个矩形,分割手柄曲面的正面。

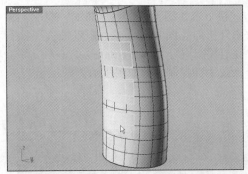

04_执行"开启控制点"(,Control Points On)命令,选择一个分割对象,观察有无多余的CP控制点。

在使用"修剪"(,Trim)或"分割"(,Split)命令时,常常会出现一些冗余的控制点它们用于数据恢复,但是与处理操作无关,删除这些冗余点有利于保证处理工作正常进行。

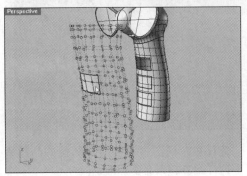

05_执行"缩回已修剪曲面"(,Shrink Trimmed Surface)命令,去除隐藏的CP控制点(Control Point),对另外两个矩形投影对象进行同样的处理。

06_执行"重建曲面"(,Rebuild Surface)命令,选中三个矩形面,在弹出的"重建曲面"对话框中,设置"点数"(Point count)U=7、V=7,如图所示,重建曲面。

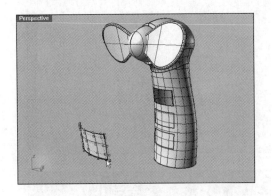

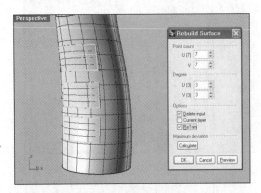

执行"重建曲面"命令后,可以发现矩形曲面中的结构线数目增加了。

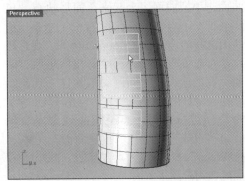

07_接下来，编辑三个矩形曲面，将它们略微向外拉伸。同时选中三个矩形曲面，执行"开启控制点"（, Control Point On）命令，激活CP控制点，如图所示。

08_执行"UVN移动"（, Move UVN）命令，如图所示，选择位于中心的一个控制点，使之沿着曲面法线（Surface Normal）方向略微向外凸出。

在"UVN 移动"对话框中，设置"缩放比"（Scale）为 0.5 或 1，调整会更加精细。

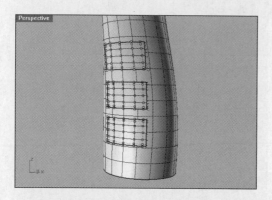

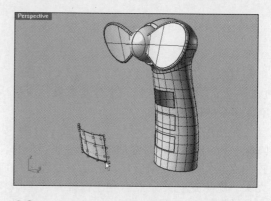

建议在右视图中调整凸出部位的凸出程度，这样调节起来会更加准确。

09_继续执行"UVN移动"（, Move UVN）命令，选中中心控制点左右两侧的控制点，向外自然地拉伸。

注意，编辑过于频繁会导致曲面浮起，产生缝隙，因此，调整前需要有足够的CP控制点。

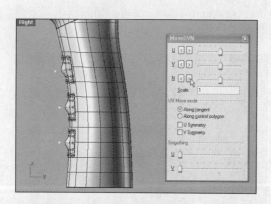

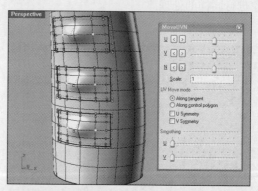

10_执行"组合"（, Join）命令，把矩形曲面与手柄曲面组合起来。而后执行"斑马纹分析"（, Zebra Analysis）命令，检查曲面之间的连续性（Continuity）。观察斑马纹，可以发现部分斑马纹有扭曲现象，表明曲面间的连续性有问题。消除这一现象，需要使用"UVN移动"（, Move UVN）命令重新进行编辑，直至扭曲现象完全消失，也可以通过在执行"重建曲面"（, Rebuild Surface）命令时增加点数，减小CP控制点的作用范围来解决。

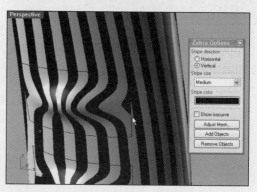

11_执行"复原"(Undo)命令,而后执行"重建曲面"(, Rebuild Surface)命令,在三个矩形曲面上重建曲面,并且在弹出的"重建曲面"对话框中设置"点数"(Point count)U=9、V=9,增加控制点个数,减小单个控制点的作用范围。

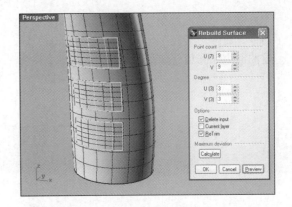

12_重新执行"UVN移动"(, Move UVN)命令,在"UVN移动"对话框中设置"缩放比"(Scale)为0.1~0.5,创建出平滑的凸起,如图所示。

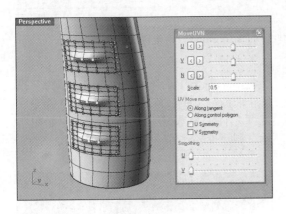 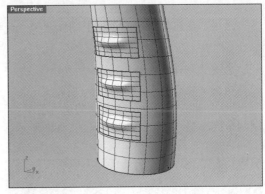

13_执行"组合"(, Join)命令,把矩形曲面与手柄曲面组合起来。而后执行"斑马纹分析"(, Zebra Analysis)命令,检查曲面之间的连续性(Continuity)。观察斑马纹,可以发现斑马纹过渡平滑,没有扭曲或断裂现象发生,表明曲面的连续性非常好。

14_执行"以平面曲线建立曲面"(, Surface from Planar Curves)命令,选择多重曲面边缘创建手柄曲面的底面,如图所示。

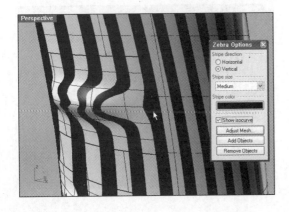 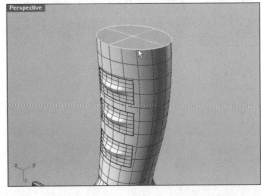

15_ 执行"曲面圆角"（ , Fillet Surface）命令，设置"半径"（Radius）为3.0mm，创建曲面边缘圆角，如图所示。

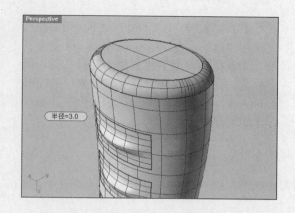

制作迷你风扇开关、分型线与电池盒

最后，在迷你风扇的手柄上制作开关、分型线（Parting line）与电池盒。

01_ 首先，制作ON/OFF开关。

执行"圆：中心点、半径"（ , Circle : Center, Radius）命令，在手柄的适当位置绘制两个同心圆，作为 ON/OFF 开关，如图所示。

02_ 在右视图中选择两个同心圆，执行"投影至曲面"（ , Project to Surface）命令，把两个同心圆投影到手柄曲面上，如图所示，删除投影到另一侧的两个同心圆。

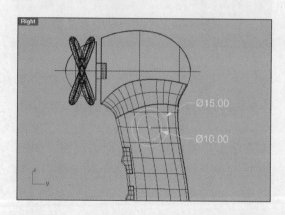

03_ 执行"分割"（ , Split）命令，利用两个同心圆分割手柄曲面，删除两个同心圆之间的圆环。

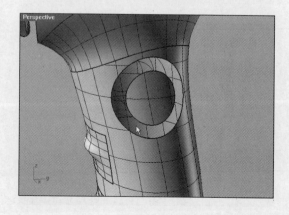

04_在前视图中选中内侧圆,执行"移动"(, Move)命令,按住Shift键,将其向内侧水平移动1mm。

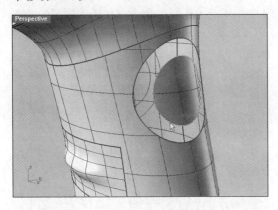

05_执行"放样"(, Loft)命令,同时选中外侧圆与内侧圆,在弹出的"放样选项"中进行相应设置,创建出向内倾斜的曲面,如图所示。

06_执行"偏离曲面"(, Offset Surface)命令,设置"偏移距离"(Offset Distance)为3.0,点选"全部反转"(Flip All)与"实体"(Solid)选项,创建一个厚度为3mm的按钮,如图所示。

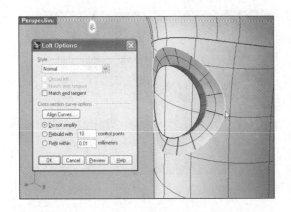
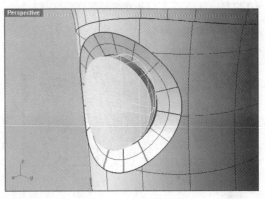

07_执行"不等距边缘圆角"(, Variable Radius Fillet)命令,设置半径(Radius)为0.5mm,圆化按钮边缘,如图所示。

08_到现在为止,迷你风扇的所有部分制作完毕。

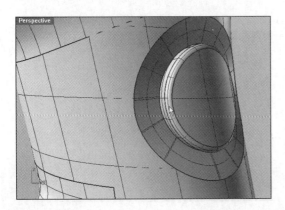
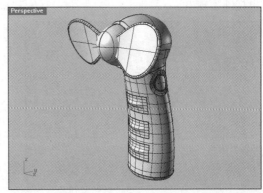

09_在工具栏中选择"着色"(Shade)图标(），观察迷你风扇的细节特征。

10_接下来，制作模型的分型线。在右视图中执行"内插点曲线"（ , Curve: Interpolate Points）命令，在迷你风扇的中心位置绘制一条分型线。

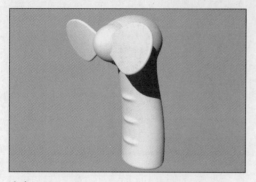

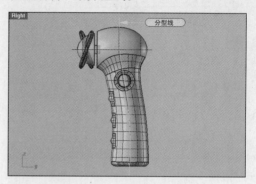

11_在工具栏中单击"隐藏物件"（Hide Objects）图标（ ），暂时隐藏开关按钮与周围的曲面，如图所示。

12_在菜单栏中，依次单击"实体"、"实体编辑工具"、"洞"、"将洞删除"（ , Solid-Solid Edit Tools-Holes-Delete hole）菜单，或者执行"取消修剪"（ , Untrim）命令，将洞复原。

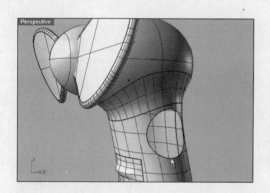

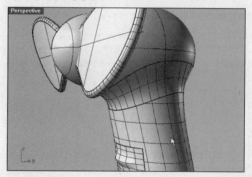

13_执行"投影至曲面"（ , Project to Surface）命令，在右视图中选择绘制的分型线，将其投影到迷你风扇体上，并把各条投影线条组合在一起，充当单轨扫掠的路径，如图所示，确保投影出的曲线不存在锐角或出现断裂现象。

14_执行"矩形：中心点、角"（ , Rectangel: Center, Corner）命令，在"物件锁点"中选择"交点"（Int），绘制一个矩形（如图所示）用作扫掠对象。

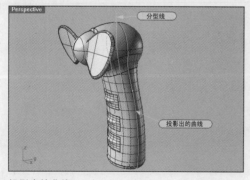

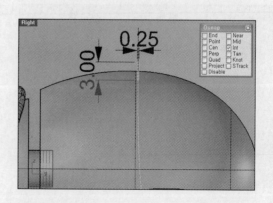

投影出的曲线

15_执行"单轨扫掠"（ , Sweep 1 Rail）命令，分别选择单轨扫掠路径与扫掠对象，在弹出的"单轨扫掠选项"（Sweep 1 Rail Options）对话框中进行如下设置，单击"确定"（OK）按钮。

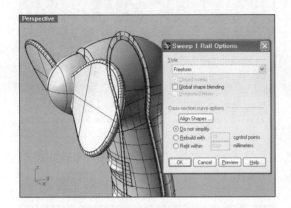
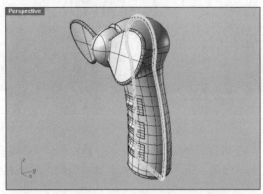

16_执行"显示选取的物件"（ , .Show Selected Objects）命令，把按钮周围的曲面与相关的边缘曲线显示出来，按钮仍然处于隐藏状态。

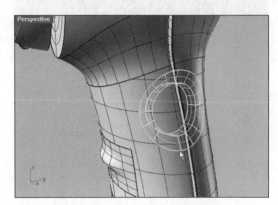

17_执行"分割"（ , Split）命令，利用按钮周围曲面的边缘曲线分割迷你风扇主体，而后清除分割出的圆形曲面。

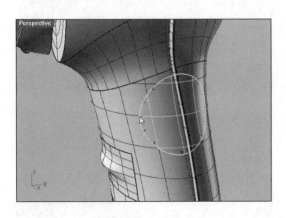
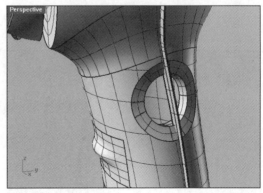

18_执行"嵌面"（ , Patch）命令，选择"直线挤出"（ , Extrude Straight）的按钮内侧面的曲线，在弹出的"嵌面曲面选项"中设置相应选项，如图所示，单击"确定"（OK）按钮，创建嵌面曲面。选中迷你风扇体与所有曲面，执行"组合"命令（ , Join）组合各种对象。

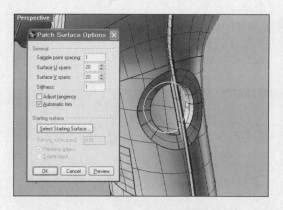 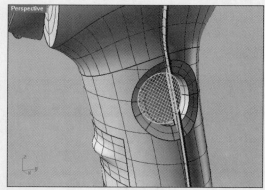

19_ 执行"布尔运算差集"（，Boolean Difference）命令，依次选中迷你风扇与单轨扫掠产生的曲面，在风扇体上生成分型裂缝。观察鼠标所在的位置，可以看到生成的分型裂缝。

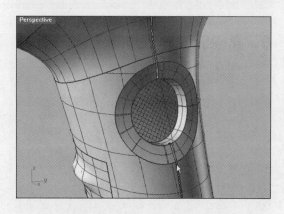 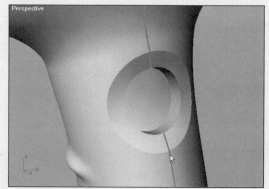

20_ 在工具栏中选择"着色"（Shade）图标（），观察迷你风扇的细节特征。

21_ 最后，在手柄背面制作风扇电池盒。执行"矩形：中心点、角"（ ，Rectangle：Center，Corner）与"曲线圆角"（ ，Fillet Curves）命令，绘制一个圆角矩形，尺寸见下图。

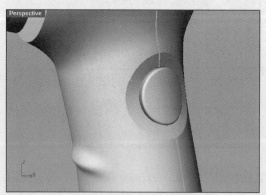 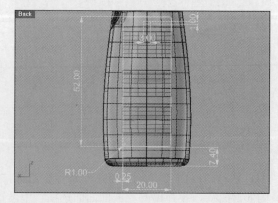

22_ 选择矩形轮廓与曲面，执行"挤出封闭的平面曲线"（ , Extrude Closed Planar Curve）命令，进行挤出操作，如图所示。

内侧的小矩形（3mm×1mm）同样会执行"挤出封闭的平面曲线"命令（Extrude Closed Planar Curve）。

23_ 执行"布尔运算差集"（ , Boolean Difference）命令，在迷你风扇背面创建出凹陷，如图所示。

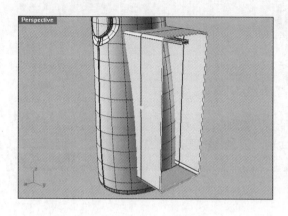

24_ 执行"着色/着色全部工作视图"（ , Shade/Shade All Viewport）命令，在各个视图中观察建模效果。

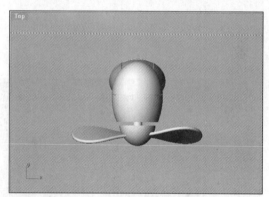

25_ 到此为止，迷你风扇的建模工作全部完成。

执行"渲染"（ , Render）命令，观察最终渲染结果。

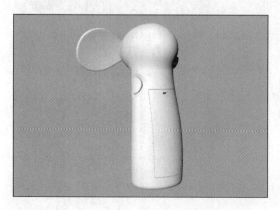
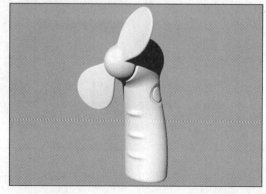

Chapter 03 制作卡通牙签筒

本章将要学习的内容如下：
- Rebuild 曲线编辑
- Project 曲线编辑
- 抽取 Curve from Cross Section profiles，制作 Network 缝合曲面
- 灵活运用 Surface Normal、Edge Tools，以及制作 Blend 曲面

Rhinoceros *Rendering*

1 制作牙签筒体

按比例绘制牙签筒体截面线条，通过旋转制作出牙签筒体。

01_ 执行"直线：从中心点"（，Line: from Midpoint）命令，在前视图中，以坐标原点为中心，沿z轴方向绘制一条长为60mm的中心轴。在绘制中心轴线前，开启状态栏中的"锁定格点"、"正交"、"平面模式"（Snap-Ortho-Planar）三个选项。

02_ 在"物件锁点"（Osnap）中点选"最近点"（Near）选项，执行"直线"（ ，Line）与"单点"（ ，Single Point）命令，从中心轴向右绘制两条直线（1号与2号），并在中心轴上绘制一个单点（3号），尺寸与位置分布见下图。

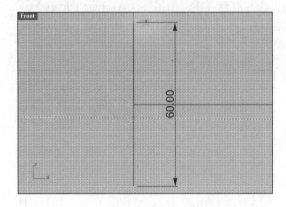

03_ 在"物件锁点"（Osnap）中点选"端点"（End）与"点"（Point）两个选项，执行"内插点曲线"（ ，Curve: Interpolate Points）命令，在直线端点与单点之间绘制一条曲线4，如图所示。

04_ 删除1号与2号水平参考线与3号单点，在"物件锁点"（Osnap）中点选"端点"（End）与"点"（Point）两个选项，执行"直线"（ ，Line）命令，从曲线4顶部端点向左绘制一条长度为2mm的水平直线，执行"内插点曲线"（ ，Curve: Interpolate Points）命令，绘制出曲线5，相关尺寸见下图。

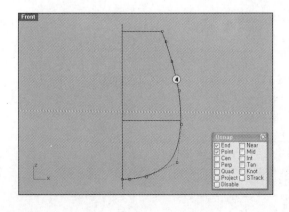

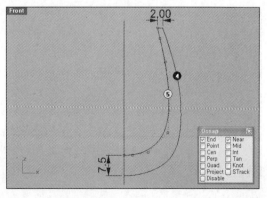

05_ 执行"镜像"(Mirror)命令,在"物件锁点"(Osnap)中点选"最近点"(Near)选项,以纵向中心轴为基准,镜像复制曲线4与曲线5,如图所示。

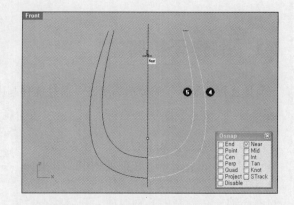

06_ 执行"衔接曲线"(Match Curve)命令,同时选中曲线1与曲线2,在弹出的"衔接曲线"对话框中,分别设置"连续性"(Continuity)为"相切"(Tangency),"维持另一端"(Perserve other end)为"位置"(Position),并点选"相互衔接"(Average curves),而后单击"确定"(OK)按钮,使两条曲线的连续性变为G2,曲线衔接更加平滑,在旋转成形时,旋转出的曲面就会更加平滑。

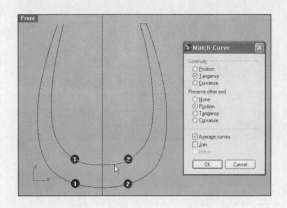
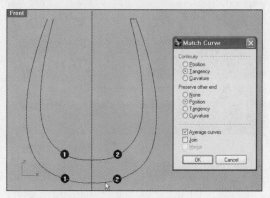

07_ 删除左侧的镜像曲线,执行"组合"(Join)命令,将右侧的三条曲线组合在一起。在"物件锁点"(Osnap)中点选"最近点"(Near)选项,执行"旋转成形"(Revolve)命令,以纵向中心轴为旋转轴旋转出牙签筒实体,如图所示。

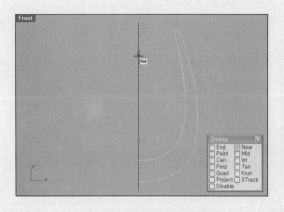
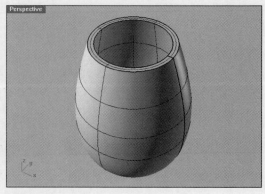

08_执行"多重直线"（ , Polyline）或"矩形：角对角"（ , Rectangle：Corner to Corner）命令，绘制一个略带倾斜度的四边形1。

09_选中四边形1，执行"挤出封闭的平面曲线"（ , Extrude closed planar curve）命令，设置"两侧"（Bothsides）为"是"（Yes），"加盖"（Cap）为"是"（Yes），挤出封闭的平面曲线，如图所示。

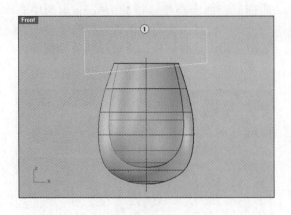
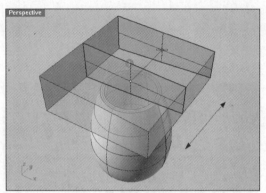

10_执行"布尔运算差集"（ , Boolean Difference）命令，选择1号对象，按 Enter 键（或右键单击），而后选择2号对象，按 Enter 键（或右键单击），观察可以发现1号牙签筒的筒口被沿斜线方向剪切，如图所示。

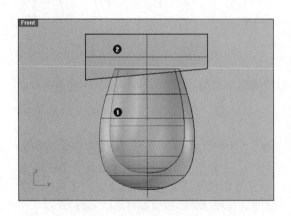
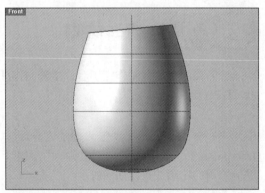

11_执行"抽离曲面"（ , Extract Surface）命令，将牙签筒的外侧曲面分离出来。

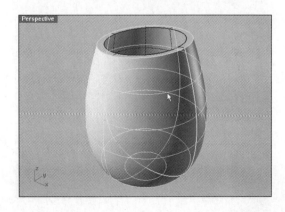

12_ 执行"显示边缘"（ , Show Edge）命令，选择牙签筒的外侧曲面，按 Enter 键（或右键单击）查找到两条边缘，其中外侧曲面边缘（接缝）位于牙签筒手臂的黏贴处。

13_ 执行"调整封闭曲面的接缝"（ , Adjust Closed Surface Seam）命令，在"物件锁点"（Osnap）中点选"四分点"（Quad）选项，将接缝（Seam）移动到筒体的背面。在利用"投影至曲面"（ , Project to Surface）产生的曲线"分割"（ , Split）曲面时，曲面会被以接缝（Seam）为中心一分为二，这会为后续的作业带来不便，为了防止出现这种后果，需要提前移动接缝的位置。

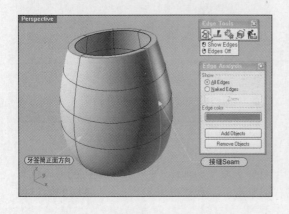
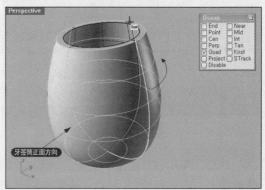

② 制作胳膊与筒脚

牙签筒的主筒体制作完毕后，接着制作牙签筒的胳膊与筒脚。在这一过程中，着重讲解曲线 CP 控制点的编辑方法。

01_ 执行"内插点曲线"（ , Curve: Interpolate Points）命令，在右视图中绘制牙签筒胳膊的轮廓线条，如图所示。

02_ 执行"投影至曲面"（ , Project to Surface）命令，在右视图中将刚刚绘制的轮廓线条投影到牙签筒外侧曲面上，产生两个投影对象1与2，删除2号投影对象，如图所示。

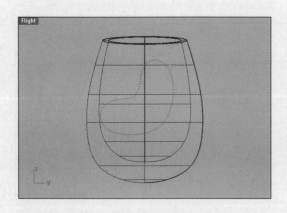
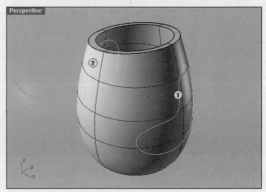

03_ 执行"内插点曲线"（ , Curve: Interpolate Points）命令，在右视图中绘制曲线1（蓝色），如图所示。

04_ 执行"投影至曲面"（ , Project to Surface）命令，在右视图中将刚刚绘制的曲线投影到牙签筒外侧曲面上。

同样删除另一侧投影曲线，选择投影曲线1，执行"开启控制点"（ , Control Point On）命令，在曲线上密布着很多控制点，如图所示。

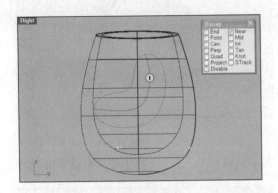

05_ 下面开始优化控制点的数量，以方便线条编辑。执行"重建"（ , Rebuild）命令选择重建曲线，在弹出的"重建曲线"对话框中，设置"点数"（Point count）为12，"阶数"（Degree）为3，减少控制点的数量。当然，也可以使用"整修曲线"命令。

06_ 执行"移动"（ , Move）命令，选择部分控制点，按 Shift 键，沿竖直、水平方向拖动控制点，创建胳膊形状，如图所示。

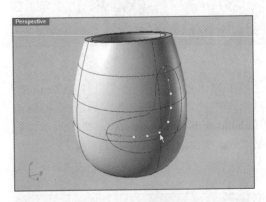

07_ 在前视图中按 Shift 键，向右侧拖动选中的控制点。

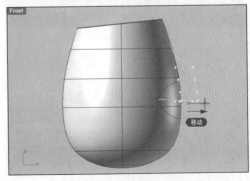

08_ 在前视图中按 Shift 键，向右侧拖动上端部分控制点。

09_ 在顶视图中按 Shift 键，向右侧拖动选中的控制点，如图所示。

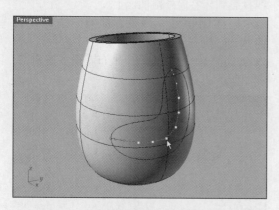

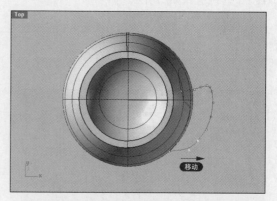

10_ 执行"分割"（ , Split）命令，利用曲线2分割投影曲线1。

11_ 执行"放样"（ , Loft）命令，依次选中曲线1、2、3，按 Enter 键或右键单击。

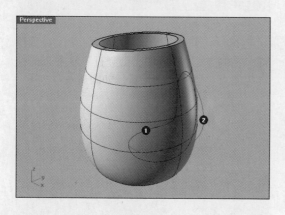

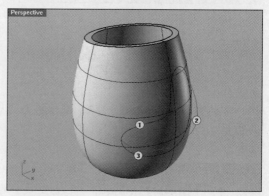

在弹出的"放样选项"（Loft Options）对话框中设置"重建点数"为20个控制点（Rebuild with control points），如图所示，控制点数太少会增加曲面的弯曲程度。

12_ 执行"曲面圆角"（ , Fillet Surface）命令，选中1号与2号曲面，设置"半径"（Radius）为2.0。在执行"曲面圆角"命令过程中，即使曲面与曲面发生重叠或分离，同样也会以设置的半径值圆角化曲面。

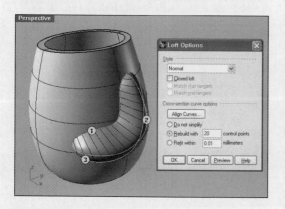

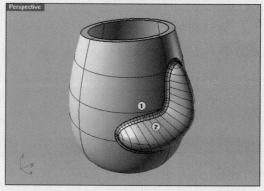

13_ 执行"内插点曲线"（ , Curve: Interpolate Points）命令，在前视图中绘制筒体左侧的胳膊轮廓线条1，如图所示。

14_ 执行"内插点曲线"（ , Curve: Interpolate Points）命令，在前视图中绘制曲线2，如图所示。

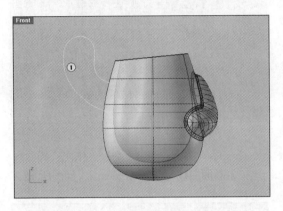
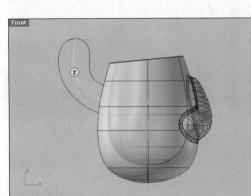

15_ 执行"开启控制点"（ , Control Point On）命令，激活曲线上的控制点，执行"移动"（ , Move）命令，选中中间的4个控制点。

16_ 在右视图中按 Shift 键，沿水平向左方向拖动选中的控制点，如图所示。

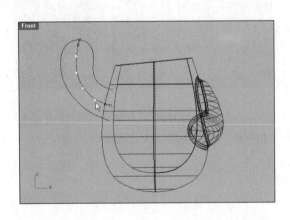
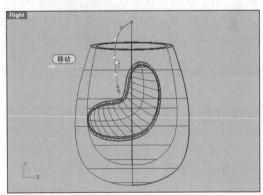

17_ 执行"镜像"（ , Mirror）命令，镜像复制曲线1。执行"衔接曲线"（ , Match Curve）命令，同时选中曲线1与曲线2，在弹出的"衔接曲线"对话框中，分别设置"连续性"（Continuity）为"相切"（Tangency），"维持另一端"（Perserve other end）为"位置"（Position），并点选"相互衔接"（Average curves），而后单击"确定"（OK）按钮，使两条曲线的连续性变为G2，曲线衔接更加平滑。

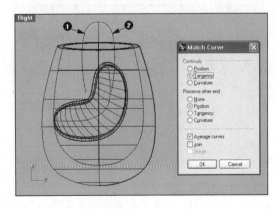

18_ 执行"分割"(, Split)命令,利用曲线2将曲线1分成两段,如图所示。

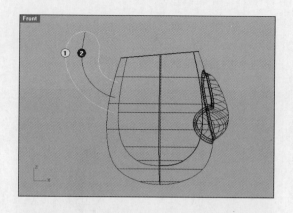

19_ 执行"从断面轮廓线建立曲线"(, Curve from Cross Selection profiles)命令,依次选择曲线1、曲线2、曲线3、曲线4,在前视图中拖动鼠标,创建三条断面曲线(Cross Section),如图所示。

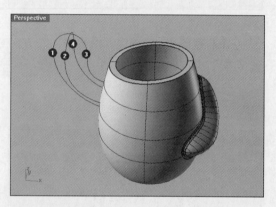

20_ 选中所有曲线,执行"从网线建立曲面"(, Surface from Network of Curves)命令,在弹出的"以网线建立曲面"对话框中设置相应选项,而后单击"确定"(OK)按钮。

命令执行完毕后,在选中的网线周围创建曲面,形成胳膊形状,如图所示。

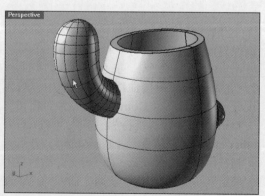

21_ 执行"物件交集"（ , Object Intersection）命令，在曲面1与曲面2接合的部分抽离曲线（Curve）。

22_ 执行"圆管（平头盖）"（ , Pipe, Flat caps）命令，沿着抽离出的曲线创建平头盖圆管，其半径分别为1.5mm与3.5mm。

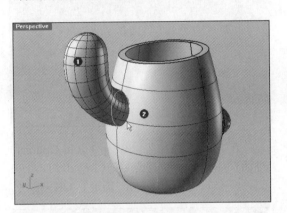
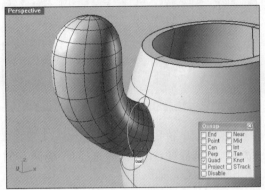

23_ 执行"分割"（ , Split）命令，利用平头盖圆管分割曲面1与曲面2，而后全部删除内侧曲面，如图所示。

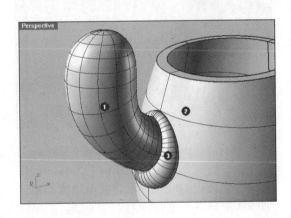
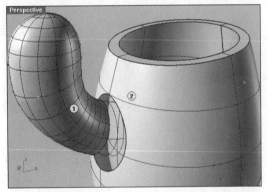

24_ 执行"混接曲面"（ , Blend Surface）命令，选择曲面1与曲面2的边缘线，在弹出的"调整混接转折"（Adjust Blend Bulge）对话框中设置相应数值，并点选"预览"（Preview）选项，随时查看混接效果，创建出混接曲面。通过"混接曲面"命令形成的连接部分，连续性级别为G2（Curvature曲率连续）。

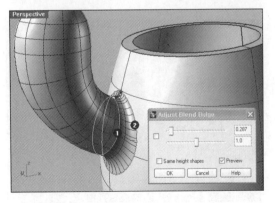

25_ 接下来，开始制作筒脚。执行"内插点曲线"（ , Curve: Interpolate Points）命令，绘制曲线1。而后执行"椭圆：环绕曲线"（ , Ellipse: Around Curve）命令，以曲线1为中心绘制4个尺寸不同的椭圆，分布情况见下图。绘制完筒体左脚，而后使用"镜像"（ , Mirror）命令复制出筒体右脚。

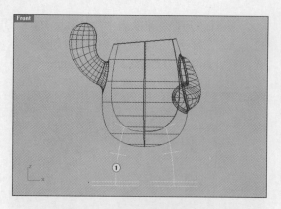

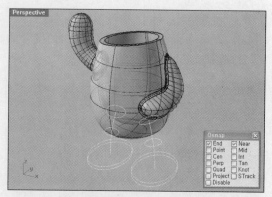

26_ 执行"单轨扫掠"（ , Sweep 1 Rail）命令，先选择曲线1，而后选择4个椭圆，创建出腿脚形态，如图所示。

在"单轨扫掠"（Sweep 1 Rail Options）对话框中设置"重建点数"（Rebuild with 10 control points）为10，单击"确定"（OK）按钮。

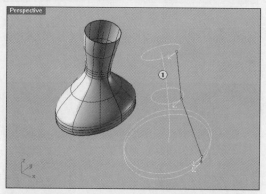

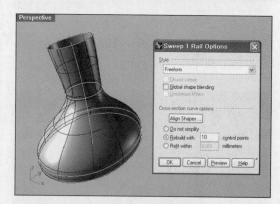

27_ 执行"以平面曲线建立曲面"（ , Surface from Planar Curves）命令，创建脚底曲面，如图所示。

28_ 执行"曲面圆角"（ , Fillet Surface）命令，设置"半径"（Radius）为2mm，依次选择曲面1与曲面2，创建曲面边缘圆角，如图所示。

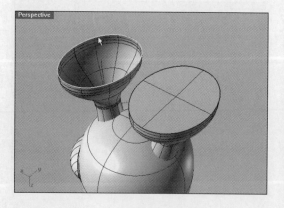

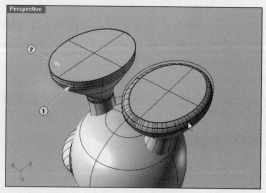

Chapter 03 制作卡通牙签筒

29_ 执行"曲面圆角"(, Fillet Surface)命令,设置"半径"(Radius)为3mm,依次选择筒体1与筒脚2,创建出平滑的连接曲面,如图所示。

采用同样的方法,处理另一侧筒脚。

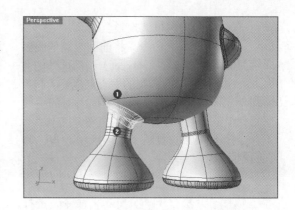

3 制作眼睛与嘴唇

接下来,开始制作牙签筒的眼睛与嘴唇。在制作过程中,我们将学习到投影方法、准确移动曲面的方法,以及利用 Edge Tools 与 Split Edge 工具分配混接曲面的方法。

01_ 执行"椭圆:直径"(, Ellipse:Diameter)命令,绘制出椭圆1,而后利用"偏移曲线"(, Offset Curve)命令绘制出另外两个椭圆,三个椭圆同心,相互之间的间隔见下图。然后利用曲线工具绘制出嘴唇轮廓线条,再利用"偏移曲线"(,Offset Curve)命令在其内侧复制出相同的嘴唇轮廓线条,如图所示。

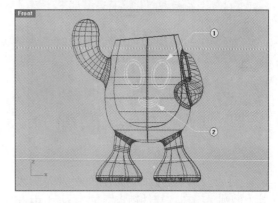

02_ 在"物件锁点"(Osnap)中点选"中心点"(Cen)选项,执行"单点"(,Single Point)命令,在由"椭圆:直径"(, Ellipse:Diameter)命令创建的椭圆的中心位置创建单点,如图所示。

03_ 执行"抽离曲面"(,Extract Surface)命令,将牙签筒的外侧曲面1分离出来,为后续处理作准备。

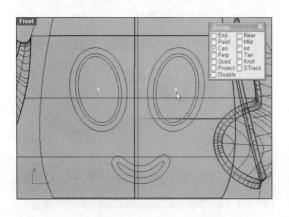

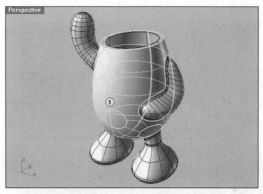

125

04_ 在前视图中执行"投影至曲面"（，Project to Surface）命令，将前面绘制的眼睛曲线与嘴唇曲线投影（Project）到筒体外侧曲面上。注意投影时，椭圆的中心点也要一起投影到外侧曲面上。投影到外侧曲面上的曲线控制点很多，但是不影响后续的处理工作。

选择不需要的眼睛、嘴唇、中心点，将它们删除。

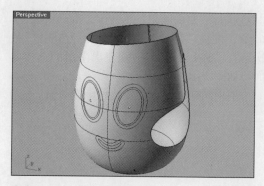

05_ 执行"分割"（, Split）命令，选择筒体外侧面，按 Enter 键，再由外到内依次选择两个椭圆，分割牙签筒体的外侧曲面，删除第一个与第二个椭圆之间的环形曲面，另一只眼睛作相同的处理。

06_ 在"物件锁点"（Osnap）中点选"点"（Point）选项，执行"直线：曲面法线"（, Line: Surface Normal）命令，以眼睛的中心点为基准，分别绘制一条长度约为15mm的直线（两侧Bothsides，直线1与直线2）。在后面"移动"（, Move）眼睛的投影曲线时，直线1与直线2充当路径。

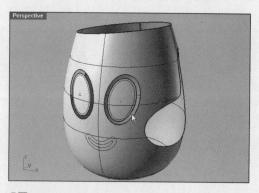

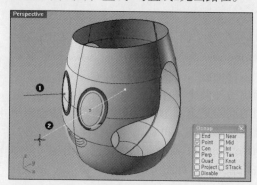

07_ 首先，选中右侧眼睛曲面的外部轮廓线条（椭圆），在"物件锁点"（Osnap）中点选"最近点"（Near）选项，将其略微向内侧移动，移动距离不应过大，具体数值自行把握。

08_ 在"物件锁点"（Osnap）中点选"最近点"（Near）选项，选中右侧眼睛内侧的小椭圆，执行"移动"（, Move）命令，将其沿中心轴略微向前移动，移动距离不可过大，否则在执行"嵌面"（, Patch）命令时，产生的曲面会过分凸出。在执行移动操作时，可以在命令参数中设置移动距离为0.2mm，移动会更加准确。

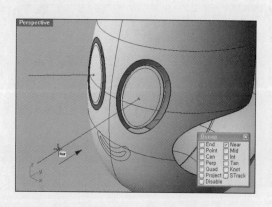

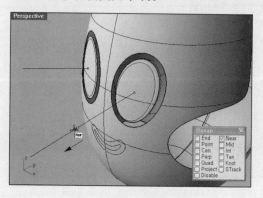

09_ 删除眼睛曲面，执行"嵌面"（[icon]，Patch）命令，依次选择曲线1与曲线2两条曲线。

执行"嵌面"（[icon]，Patch）命令时，在弹出的"嵌面曲面选项"（Patch Surface Options）中设置相应选项（Surface U spans=10, Surface V spans=10），如图所示，单击"预览"（Preview）按钮，查看参数设置效果，而后单击"确定"（OK）按钮，创建嵌面曲面。

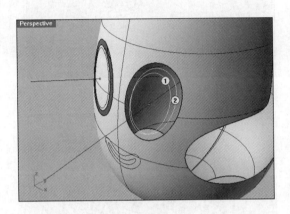

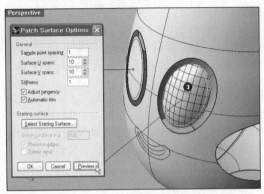

10_ 创建出的嵌面曲面显得比较复杂，需要简化一下。执行"重建曲面"（[icon]，Rebuild Surface）命令，在弹出的"重建曲面"（Rebuild Surface）对话框中设置"点数"（U=5，V=5）项，将嵌面曲面重建为曲面3，如图所示。

11_ 执行"混接曲面"（[icon]，Blend Surface）命令，依次选中曲线1与曲线2（曲面的边缘线），在弹出的"调整混接转折"（Adjust Blend Bulge）对话框中进行相关设置，如图所示单击"确定"（OK）按钮，在选中的两条曲线之间创建一个平滑的连接曲面。

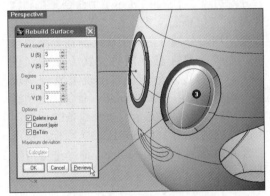

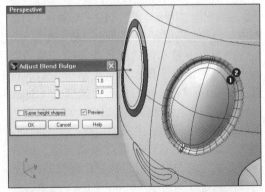

12_ 利用同样的方法处理另一只眼睛。而后在工具栏中选择"着色"（Shade）图标（[icon]），观察眼睛周围的状态。

13_ 接下来，开始制作嘴唇部分。

执行"分割"（, Split）命令，利用两条嘴唇轮廓线分割筒体外侧曲面，删除两条嘴唇轮廓线之间的曲面。执行"直线：曲面法线"（, Line : Surface Normal, 两侧 Bothsides）命令，从嘴唇的中心位置绘制一条直线充当法线。

在"物件锁点"（Osnap）中点选"最近点"（Near）选项，执行"移动"（, Move）命令，选中内侧嘴唇曲面，以中心法线为基准，向内侧略微移动选中的曲面。

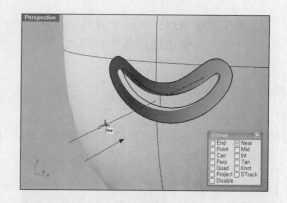

14_ 执行"混接曲面"（, Blend Surface）命令创建混接曲面。观察可以发现，创建出的混接曲面局部出现扭曲现象，不平滑。

删除刚刚创建的混接曲面，寻找其他解决办法。

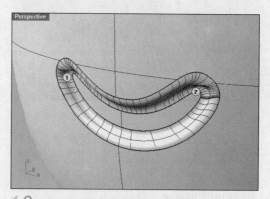

15_ 选中曲面1与曲面2，执行"显示边缘"（, "分析"【Analyze】、"边缘工具"【Edge Tools】、"显示边缘"【Show Edges】）命令，在弹出的"边缘分析"（Edge Analysis）对话框中点选"外露边缘"（Naked Edge）选项。

在对象上显示出的红色线条是开放的曲面边缘线，请看下图，在黄色箭头指示的位置上存在两个点，它们被称为接缝点（Seam Point）。若接缝点排列发生扭曲，那么在创建混接曲面时，就无法生成均匀而平滑的曲面。因此，需要先把这些接缝点强制剪除，以获得分布均匀的曲面。但是在变化剧烈的部位，建议使用"分割边缘"（Split Edge）命令。

16_ 执行"分割边缘"（, "分析"【Analyze】、"边缘工具"【Edge Tools】、"分割边缘"【Split Edges】）命令，在"物件锁点"（Osnap）中点选"节点"（Knot）选项，均匀分割红色的边缘线。在分割边缘时，需要注意在已分割的位置（存在红色点），切勿重复分割。若出现重复分割现象，则应当使用复原（Undo）命令，撤销操作。当对象上存在冗余的边缘线条时，右键单击"分割边缘"（Split Edge）图标，执行"合并边缘"（Merge Edge）命令进行清除即可。

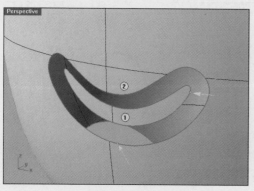

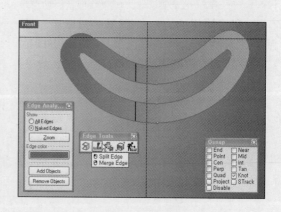

17_执行"混接曲面"（ ，Blend Surface）命令，在相对的边缘线条之间创建自然的混接曲面。在命令执行过程中设置如下参数：自动连锁（AutoChain）=否，连锁连续性（Chain Continuity）=曲率（Curvature）。

18_反复执行"混接曲面"（ ，Blend Surface）命令，在上下两条唇线之间创建出平滑的混接曲面，如图所示。

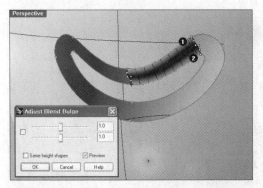
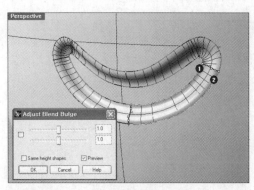

19_在工具栏中选择"着色"（Shade）图标（ ），观察嘴唇部位曲面的状态，可以发现曲面非常平滑。

20_重新显示隐藏的对象，执行"组合"（ ，Join）命令，把各个对象组合在一起。

执行"不等距边缘圆角"（ ，Variable Radius Fillet）命令，设置"目前的半径"（Current Radius）为0.5mm，圆化筒口处的棱角1与棱角2，如图所示。

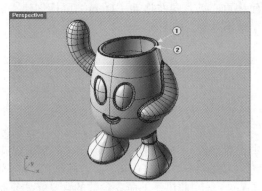

4 制作产品标志，并将它凹雕到牙签筒

首先制作好产品的标志对象，而后采用凹雕技法将其凹印至牙签筒背面。

01_在菜单栏中，依次选择"文件"、"导入"（File-Import）菜单，在弹出的"导入"对话框中，选中附录CD中Rhino文件夹下的"01-toolslab标志文件"，将其导入到Rhino中。

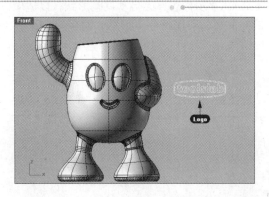

02_ 在前视图中执行"面积重心"（ , "分析"【Analyze】-"质量属性"【Mass Properties】-"面积重心"【Area Centroid】）命令，选中标志外侧轮廓线条，计算出面积重心点，如图所示，此重心点是执行"球形对变"（ , Splop）命令时的基准点。

03_ 选中标志的所有线条，执行"挤出封闭的平面曲线"（ , Extrude closed planar curve）命令，设置命令参数："两侧"（Bothsides）= "是"（Yes），"加盖"（Cap）= "是"（Yes），挤出距离1mm，以平面曲线为基础，挤出立体曲面。

04_ 接下来，将立体标志凹雕到牙签筒背面。在前视图中执行"球形对变"（ , Splop）命令，在"物件锁点"（Osnap）中选择"点"（Point）选项，选择立体标志与面积重心点，向右拖动（Drag）鼠标创建一个球形对象，如图所示。

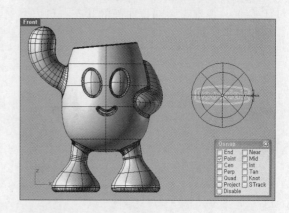

05_ 在透视视图（Perspective View）中选取牙签筒背面，在"球形对变"（ , Splop）命令中设置参数："复制"（Copy）= "否"（No），"刚体"（Rigid）= "否"（No），"反转"（Flip）= "否"（No）。若标志在牙签筒体上是倒置，则应设置"反转"（Flip）= "是"（Yes）。在此讲一下命令参数的含义，"复制"（Copy）= "是"（Yes）表示将标志的副本贴附到曲面上；"刚体"（Rigid）= "否"（No）表示标志会根据目标曲面的弯曲程度，自动调整形状贴附；"刚体"（Rigid）= "是"（Yes）表示标志不会自动调整形状，以适应目标曲面，即保持原本形状，直接贴附到目标曲面。

此外，"定位至曲面"（ , Transform-Orient on Surface）命令与"球形对变"命令功能类似，此命令提供"缩放比"（Scale）、"旋转"（Rotate）等选项供用户设置，灵活度更高。

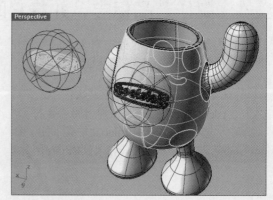

Chapter 03 制作卡通牙签筒

06_ 执行"布尔运算差集"（ , Boolean Difference）命令，将贴附到牙签筒背面上的标志2（toolslab），凹雕到牙签筒背面，如图所示。

07_ 执行"着色"（ , Shade）命令，确认处理结果，标志凹雕到牙签筒背面，深度为1mm。

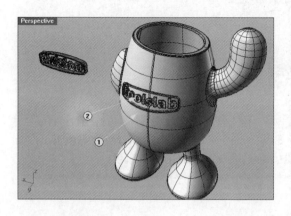

08_ 到此，所有建模工作完毕。
　　右键单击"着色"（Shade/Shade all viewports）图标（ ），在所有视图中查看建模结果。

09_ 执行"渲染"（ , Render）命令，观察最终效果，如图所示。

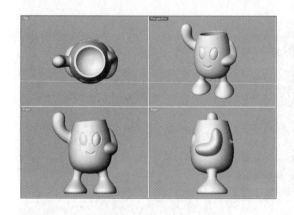

Chapter 04 制作数字手表

本章学习数字手表的建模方法，在学习过程中，您会学到Create UV Curves、Match Curves、Rebuild Surface、Curve from Cross Section profiles、Surface from Network of Curves、Boolean Split等知识。

Rhinoceros *Rendering*

1 制作手表轮廓曲线

Rhinoceros

利用 UV 命令制作手表轮廓曲线。

01_ 在前视图中执行"内插点曲线"（ ，Curve: Interpolate Points）命令，以中心轴为基准绘制曲线1与曲线2。

绘制曲线时，先绘制出曲线的一半，而后再利用"镜像"（ ，Mirror）命令复制出另一半，然后执行"衔接曲线"（ ，Match Curve）命令，使曲线的连续性达到相切连续（Tangency G1）以上，如图所示。

执行"组合"命令，将曲线的上下两半组合成一条完整的曲线。

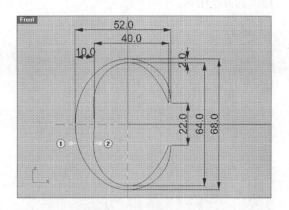

02_ 执行"两条曲线的平均曲线"（ ，Average 2 Curves）命令，在曲线1与曲线2之间创建一条平均曲线3。

03_ 选中曲线3，执行"直线挤出"（ ，Extrude Straight）命令，设置命令参数：两侧（Bothsides）=是（Yes），创建一个直径为28mm的曲面。

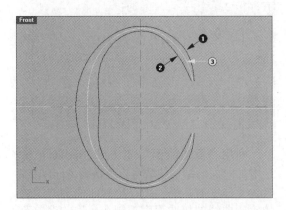

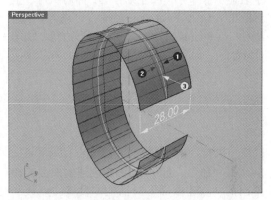

04_ 执行"移动"（ ，Move）命令，选中所有对象，在顶视图中，沿y轴向下移动选中的对象，保证在执行UV命令时有足够的作业空间。

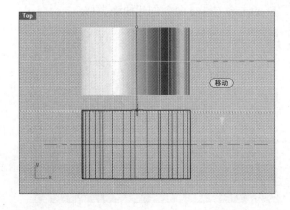

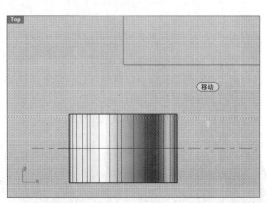

05_ 执行"建立UV曲线"（ , Create UV Curves）命令，选择在步骤3中创建的曲面，而后选择曲面的边线，创建一条多重曲线，多重曲线所围成的曲面面积与步骤3中创建的曲面的面积相同。

06_ 执行"内插点曲线"（ , Curve: Interpolate Points）命令，以多重曲线的中心轴线为基准创建曲线1。而后多次执行"镜像"（ , Mirror）命令，创建出另外三条曲线。执行"衔接曲线"（ , Match Curve）命令，保证各条曲线平滑地衔接在一起。

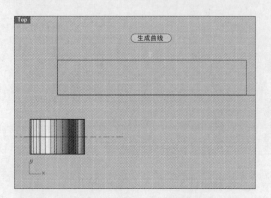

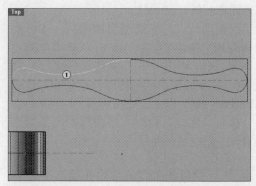

07_ 执行"矩形：中心点，角"（ , Rectangle: Center, Corner）命令，以中心轴为基准绘制出手表显示屏部分，尺寸见右图。而后执行"全部圆角"（图, Fillet corners）命令，设置"圆角半径"（Radius）为9.0，圆化矩形边角，如图所示。

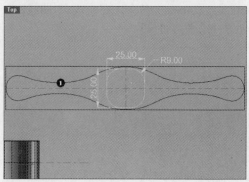

08_ 执行"重建曲面"（ , Rebuild Surface）命令，选中步骤3中创建的曲面，在弹出的"重建曲面"对话框中设置"点数"（Point count）U=35，V=35，增加曲面的结构线条数。

利用"重建曲面"（Rebuild Surface）命令增加曲面的结构线数量，在执行 Apply UV Curves 命令时，能够把投影到曲面上的手表的轮廓曲线的扭曲程度控制在允许的误差范围内。曲面上的结构线数量过少会导致投影到其上的对象发生严重的扭曲现象，与采用 Freeform Curve 命令创建曲面类似。

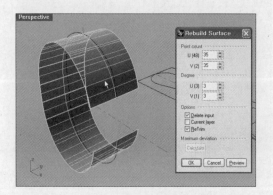

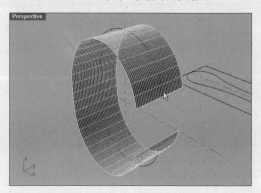

09_ 执行"套用UV曲线"（ , Apply UV Curves）命令，将手表轮廓曲线套用到重建的曲面上，如图所示。

10_ 选中曲线1、曲线2与手表轮廓曲线，执行"隐藏未选取的物件"（ , Invert Selection and Hide Objects）命令，将其余未选中的所有物件隐藏起来。

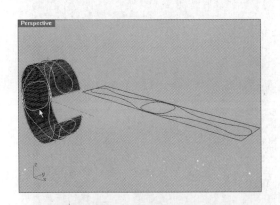
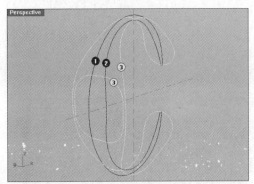

2 编辑手表轮廓曲线的CP控制点并制作实体模型

首先，利用CP控制点编辑4条曲线，而后制作手表的实体模型。

01_ 在"物件锁点"（Osnap）中点选"四分点"（Quad）选项，执行"单点"（ , Single Point）命令，在如图所示的位置设置两个单点。

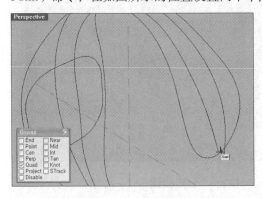
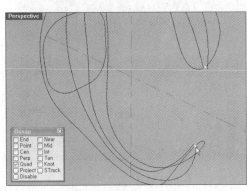

02_ 执行"重建"（ , Rebuild）命令，选择曲线1与曲线2，在弹出的"重建曲线"对话框中设置"点数"（Point count）为36，增加控制点（Control Point）的数量，方便曲线编辑。

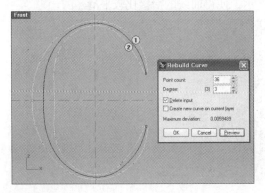
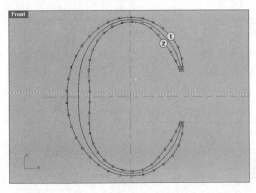

03_执行"移动"（ , Move）命令，移动曲线1与曲线2的端点（End），将它们与曲线3的四分点重合在一起。

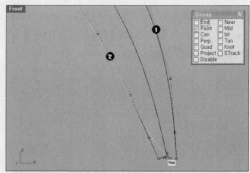

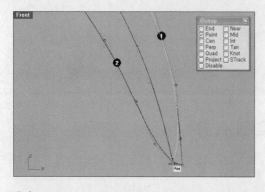

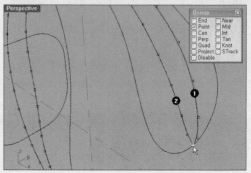

04_执行"开启控制点"（ , Control Points On）命令，开启曲线2的控制点CP，分别选中曲线上的几个控制点，略微向左拖动，使得曲线稍微向外凸出，如图所示。

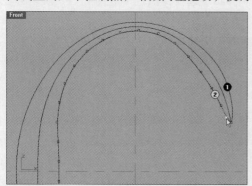

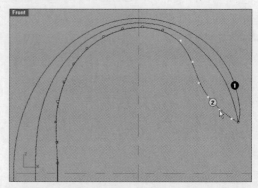

05_执行"开启控制点"（ , Control Points On）命令，选中曲线1与曲线2的端点轻轻拖动，使得曲线尖角变得比较平滑，如图所示。

06_执行"衔接曲线"（ , Match Curve）命令，同时选中曲线1与曲线2，在弹出的"衔接曲线"对话框中设置相关选项，如图所示，使得曲线的衔接比较平滑。

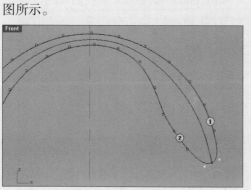

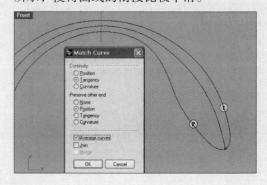

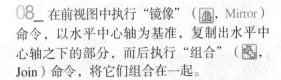

07_ 返回至前视图中，执行"修剪"（ , Trim）命令，以中心轴为基准修剪曲线1与曲线2，将它们在水平轴之下的部分剪除掉，如图所示。

08_ 在前视图中执行"镜像"（ , Mirror）命令，以水平中心轴为基准，复制出水平中心轴之下的部分，而后执行"组合"（ , Join）命令，将它们组合在一起。

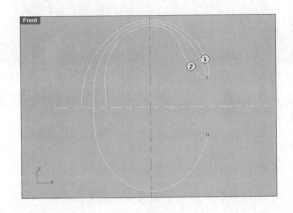

09_ 执行"分割"（ , Split）命令，选中曲线3，利用四分点或曲线1将曲线3一分为二。

10_ 执行"从断面轮廓线建立曲线"（ , Curve from Cross Section profiles）命令，依次选择曲线1、曲线2、曲线3、曲线4，按Enter键，如图所示。

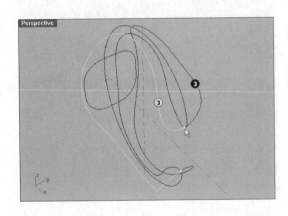

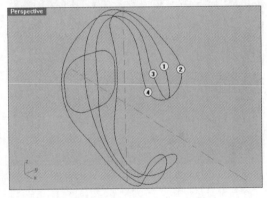

在前视图中拖动鼠标，创建断面曲线，如图所示。

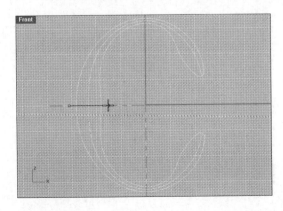

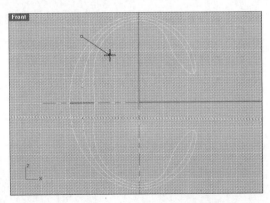

创建的断面曲线呈放射形，并且应当是边缘曲线间的最短距离。

共创建了4条断面曲线，如图所示。

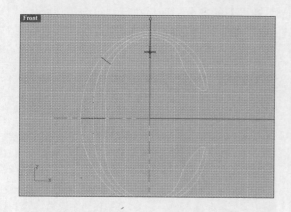
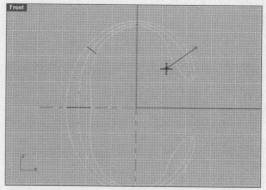

11_ 执行"镜像"（ , Mirror）命令，在"物件锁点"（Osnap）中点选"最近点"（Near）选项，选中水平轴之上的三条断面曲线进行镜像复制，如图所示。

所有断面曲线创建完毕，见下图。

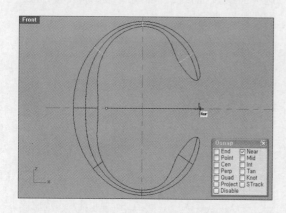
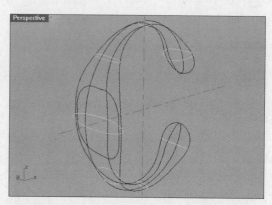

12_ 执行"从网线建立曲面"（ , Surface from Network of Curves）命令，选中除显示屏曲线外的所有曲线，在命令选项对话框中设置相应选项，创建手表曲面，如图所示。

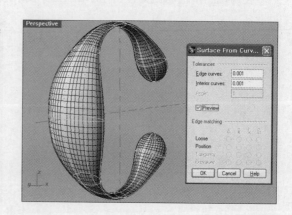

13_ 执行"渲染"（ ，Render）命令，确认所创建的曲面的状态。

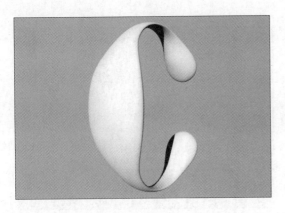
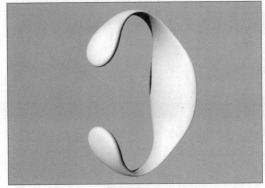

3 制作手表显示屏与操作按钮

Rhinoceros

在手表上制作显示屏与操作按钮。

01_ 前面创建的显示屏曲线尺寸略大，无法直接应用到手表上。

下面，我们将重新创建手表的显示屏部分。

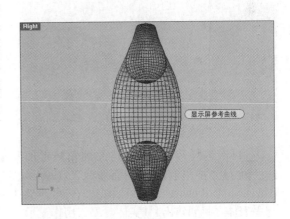

02_ 执行"矩形：中心点，角"（ ，Rectangle：Center，Corner）命令，以中心轴线为基准创建手表的显示屏部分，尺寸见右图。而后执行"全部圆角"（ ，Fillet corners）命令，设置"圆角半径"（Radius）为5.0，圆化矩形边角，如图所示。

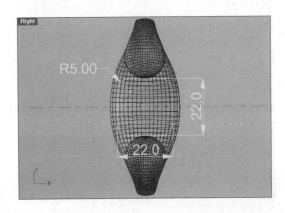

03_执行"挤出封闭的平面曲线"（ , Extrude closed planar curve）命令，设置"挤出距离"为10mm，创建一个实体，位置如图所示。

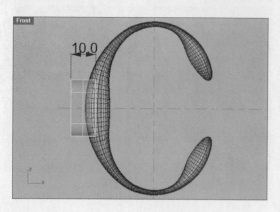

04_执行"布尔运算分割"（ , Boolean Split）命令，利用2号对象分割1号对象，获得3号曲面，删除2号对象。选中3号对象，将其略微向外移动。

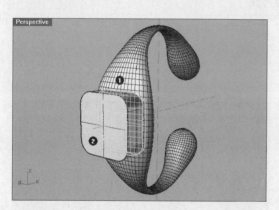

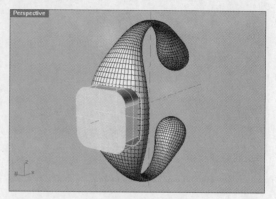

05_再次选择步骤2中创建的圆角矩形曲线，执行"挤出封闭的平面曲线"（ ）Extrude closed planar curve）命令，在3号对象与手表体之间创建出4号实体对象，用作显示数字的内侧屏幕。

06_执行"不等距边缘圆角"（ , Variable Radius Fillet）命令，设置"目前的半径"（Current Radius）为0.2mm，圆化显示屏盖的棱角，如图所示。

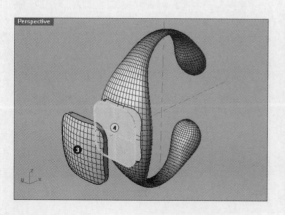

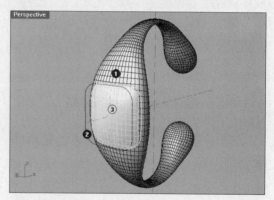

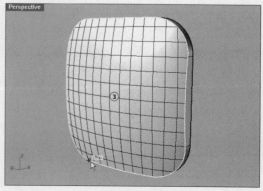

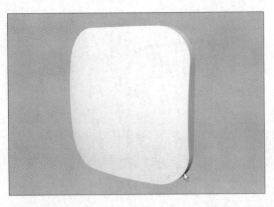 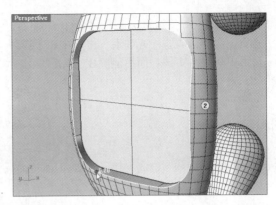

07_执行"渲染"（ , Render）命令，查看圆角状态。

 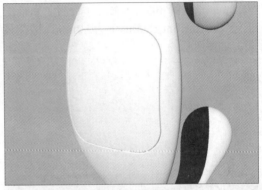

08_在前视图中执行"椭圆：从中心点"（ , Ellipse: From Center）命令，绘制一个椭圆，尺寸如图所示。

09_执行"挤出封闭的平面曲线"（ , Extrude closed planar curve）命令，设置"挤出距离"为15mm，创建出一个实体对象，如图所示。

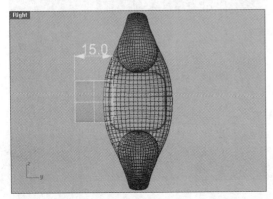 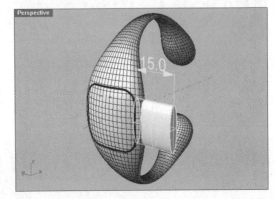

10_ 执行"布尔运算分割"（ , Boolean Split）命令，先选中A对象，再选中B对象，获得中间按钮实体。而后删除B对象。

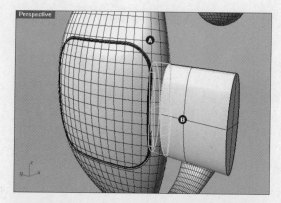

11_ 执行"不等距边缘圆角"（ , Variable Radius Fillet）命令，设置"目前的半径"（Current Radius）为0.2mm，圆化棱角，如图所示。

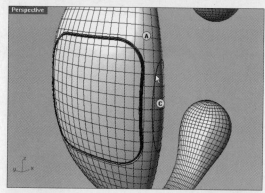

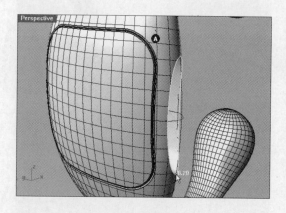
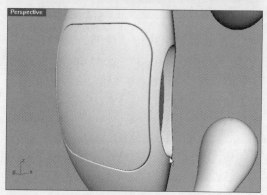

对于按钮对象C，建模时应当预留出一定的差值，以便在实体建模（Mock-up）过程中能够方便地将其推入到按钮槽中。

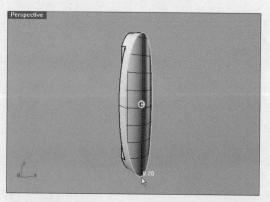
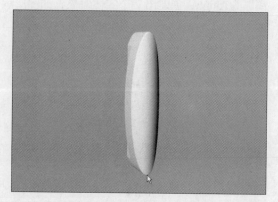

12_执行"渲染"（ , Render）命令，观察边棱的圆化效果。

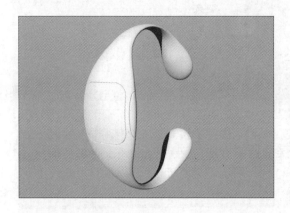

13_执行"椭圆"（ , Ellipse: Diameter）命令，在如图所示的位置创建5个椭圆，椭圆尺寸见下图。

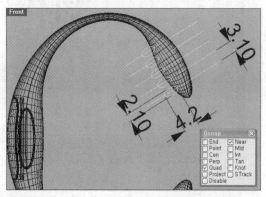

14_执行"镜像"（ , Mirror）命令，在水平中心轴的另一侧也创建5个椭圆，如图所示。

15_执行"挤出封闭的平面曲线"（ , Extrude closed planar curve）命令，创建柱状椭圆实体。而后执行"布尔运算差值"（ , Boolean Difference）命令，利用对象B在对象A上打洞，如图所示。

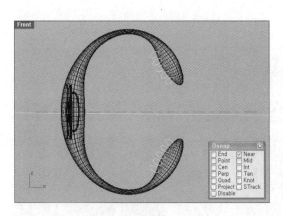

16_执行"渲染"（ , Render）命令，观察圆化效果。

17_执行"渲染"（ , Render）命令，观察手表的最终渲染效果。

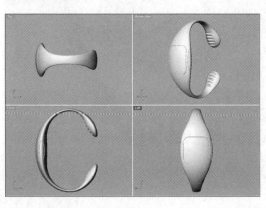

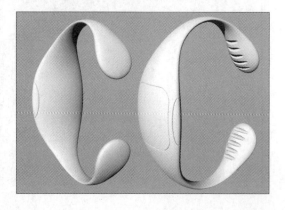

Chapter 05 制作手电筒（Flashlight）

本章将学习手电筒的制作方法，通过学习大家会了解可拆卸模型制作的基本概念，以及Network Surface曲面的误差检测方法、利用Edge Tools工具偏移曲面的方法、在利用Loft、Project命令制作的曲面上进行Embossing处理的方法等。

Rhinoceros Rendering

Chapter 05 制作手电筒（Flashlight）

1 制作手电筒主体

利用 Network 命令制作手电筒主体部分（手柄）。

01_ 在"状态栏"（Status）中依次点选"锁定格点"（Snap）、"正交"（Ortho）、"平面模式"（Planar）三个选项，执行"直线"（ , Line）命令，在顶视图中，以坐标原点为基准，沿Y轴方向绘制一条长度为128mm的直线。

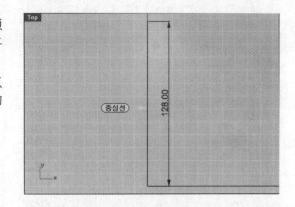

02_ 在前视图中执行"矩形：中心点、角"（ , Rectangle：Center，Corner）命令，以坐标原点为基准绘制一个41×26mm的矩形1，如图所示。

而后执行"炸开"（ , Explode）命令，炸开矩形的4条边线，并利用"偏移曲线"（ , Offset Curve）命令将各条边线向内侧移动4mm，如图所示。

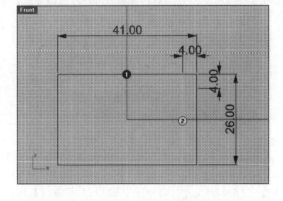

03_ 在"物件锁点"（Osnap）中点选"端点"（End）与"中点"（Mid）两项。执行"圆弧：起点、终点、通过点"（ , Arc：Start，End，Point on Arc）命令，在图示位置上绘制4条圆弧，如图所示。

04_ 执行"修剪"（ , Trim）命令，剪除非必要的线条，如图所示。而后执行"组合"（ , Join）命令，将4条圆弧组合在一起。

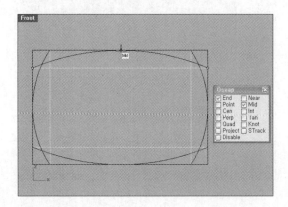
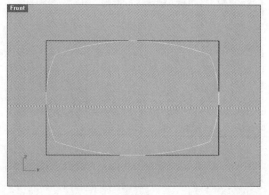

145

05_ 执行"全部圆角"（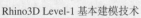, Fillet corners）命令，设置"圆角半径"（Fillet Radius）为3，圆化组合曲线的4个边角，如图所示。

06_ 执行"偏移曲线"（ , Offset Curve）命令，设置偏移距离为2，在曲线1的外侧创建另外一条曲线2。

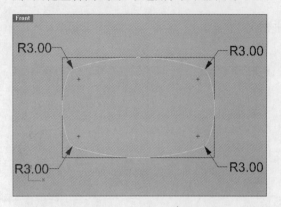

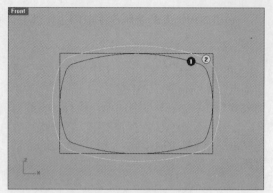

07_ 在"物件锁点"（Osnap）中点选"中心点"（Cen）项，执行"圆：中心点、半径"（ , Circle: Center, Radius）命令，绘制一个直径为50mm的正圆（Circle）3，如图所示。

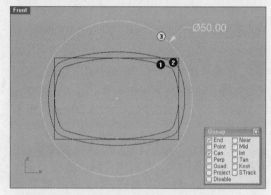

08_ 在"物件锁点"（Osnap）中点选"端点"（End）与"中心点"（Cen）两项。执行"移动"（ , Move）命令，将曲线1、曲线2、曲线3移动到如图所示的位置上。执行移动操作时，直接输入移动的距离能够更准确地控制曲线的移动位置，而后删除矩形。

09_ 在右视图中执行"内插点曲线"（ , Curve: Interpolate Points）命令，在"物件锁点"（Osnap）中点选"四分点"（Quad），在曲线1、曲线2、曲线3之间绘制出两条曲线A与B，如图所示。绘制曲线时，也可以使用"圆弧：起点、终点、通过点"（ , Arc: Start, End, Point on Arc）命令。

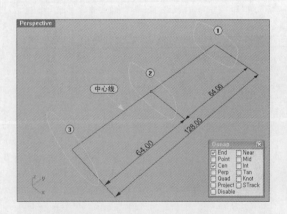

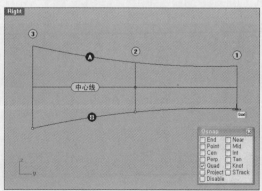

10_ 在顶视图中执行"内插点曲线"（ ，Curve：Interpolate Points）命令，在"物件锁点"（Osnap）中点选"4分点"（Quad），在曲线1~3之间绘制出曲线C与曲线D，如图所示。

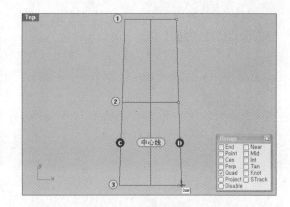

11_ 在透视视图（Perspective）中查看曲线A、B、C、D的位置。

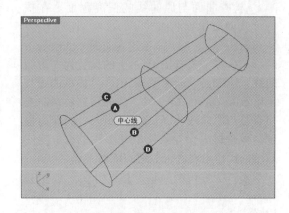

12_ 执行"隐藏物件"（ ，Hide Objects）命令，暂时隐藏中心轴线。执行"从网线建立曲面"（ ，Surface from Network of Curves）命令，依次选中1、2、3、D、A、C、B7条曲线，按 Enter 键。在侧面曲线中，曲线D是接缝，若影响到作业，可以移动接缝的位置。

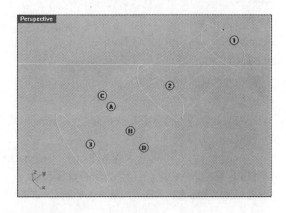

按 Enter 键后，将弹出"从网线建立曲面"（Surface from Network of Curves）对话框，在"公差"（Tolerances）中，设置"边缘曲线"与"内部曲线"（Edge curves、Interior curves）为0.01，在"边缘设置"（Edge matching）中点选"位置"（Position），如图所示，而后单击"确定"（OK）按钮。

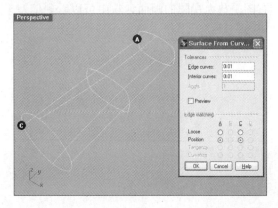

观察透视视图，手电筒主体（手柄）部分的曲面已经创建好了。

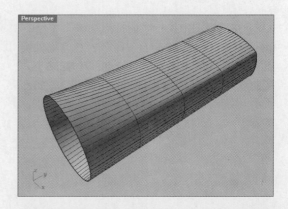

13_检查曲面与原曲线的偏离程度。在执行"从网线建立曲面"（ ，Surface from Network of Curves）命令建立曲面（Surface）时，"公差"（Tolerances）的设置为"边缘曲线"（Edge curves）=0.01，"内部曲线"（Interior curves）=0.01，曲面建立后，需要检查其与原曲线（Original Curve）的偏离程度，偏差过大会导致模型变形，也有可能使后续的操作出现意想不到的结果。

执行"分析曲线偏差值"（ ，Analyze Curve Deviation）命令，单击原曲线 1 与曲面边缘线 2。

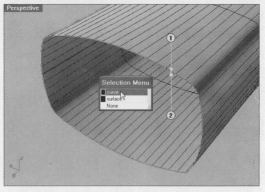

在选中的线条上会出现红色（Maximum Deviation 最大偏差值）、绿色（Minimum 最小偏差值）、白色（起点间隔）三种色点，表示不同的偏差值，同时在命令行窗口中也会显示出偏差信息（ ）。

当前红色色点部分的最大偏差值(Maximum Deviation）为 0.0305749。

在命令窗口中设置"保留标记"（Keep Marks）为"是"（Yes），色点会一直保留。

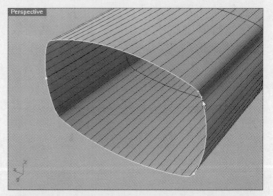

右图是放大视图的画面，从中可以看到偏差情况。

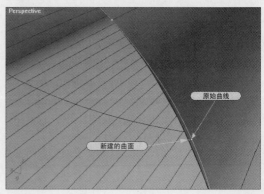

14_ 在执行"从网线建立曲面"（，Surface from Network of Curves）命令时，根据网线建立曲面后，有时某些部分会脱离设定的公差（Tolerance），出现偏差现象。

执行"从网线建立曲面"（，Surface from Network of Curves）命令，设置公差为0.001，重新创建曲面，并进行检查。

15_ 执行"分析曲线偏差值"（，Analyze Curve Deviation）命令，单击原曲线与曲面边缘线，在命令窗口中会显示出（）偏差信息，最大偏差值为0.0130116，与"绝对公差"（选项-单位）中设置的数值0.01非常接近，表明原曲线与生成的曲面的弯曲程度降到最小。

偏差值的检查方法也适用于采用"重建曲面"（，Rebuild Surface）命令创建曲面的情形下，利用偏差检查，可以检查所建的曲面与原曲线之间的偏差程度。

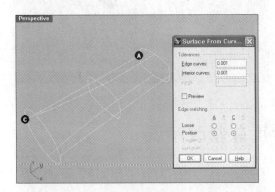

在"分析曲线偏差值"（，Analyze Curve Deviation）命令中按F2键，在"指令历史"窗口中也能够查看到相关偏差信息。

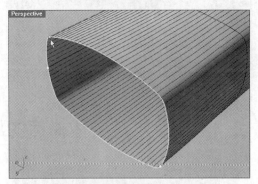

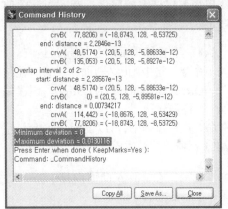

16_ 执行"以平面曲线建立曲面"（，Surface from Plannar Curves）命令，选择曲面边缘线，创建一个平面，如图所示。

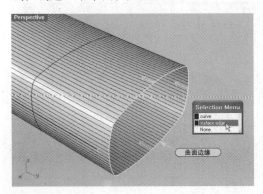

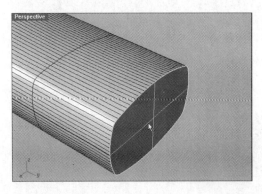

17_ 执行"组合"（ , Join）命令，将曲面1与曲面2组合起来。而后执行"不等距边缘圆角"（ , Variable Radius Fillet）命令，设置"当前半径"（CurrentRadius）为2.0，圆化曲面边缘，如图所示。

18_ 执行"着色"（ , Shade）命令，确认好创建的对象。若想在着色模式下同时查看对象的线框（Wireframe），需要依次点选Options（ ）-Flamingo-Miscellaneous-Render wireframe项。

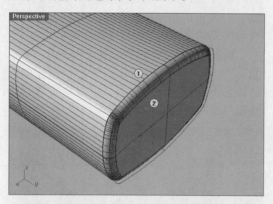
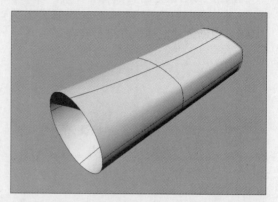

② 增加手电筒主体曲面的厚度并修改错误

利用"偏移曲面"（Offset Surface）命令增加手电筒主体曲面的厚度，并学习缝隙曲面的修正方法。

01_ 执行"偏移曲面"（ , Offset Surface）命令，选中Part-A曲面，设置"偏移距离"（Offset distance）为1.5mm，创建偏移曲面，如图所示。

在命令执行过程中，可以设定"全部反转"（FlipAll）选项，控制生成曲面的位置。

如图所示，在Part-A曲面内侧1.5mm处创建了一个新的曲面Part-B。

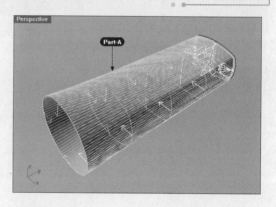

02_ 在工具栏中单击"隐藏物件"（Hide Objects）图标（ ），暂时隐藏外侧的Part-A曲面，保留Part-B曲面（内侧曲面），如图所示。

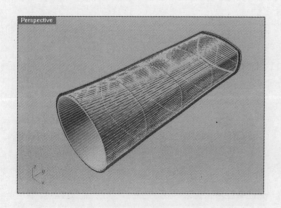
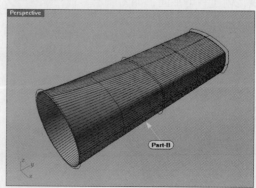

03_ 选中与Part-B相关的所有曲面，执行"组合"（, Join）命令，将它们组合在一起。执行"显示边缘"（, "分析"【Analyze】- "边缘工具"【Edge Tools】- "显示边缘"【Show Edges】命令，在弹出的"边缘分析"（Edge Analysis）对话框中点选"外露边缘"（Naked Edge）选项，红色显示的部分表明曲面未关闭或存在缝隙。由手电筒前面部分圆形构成的开放部分是外侧边，而手电筒的手柄上经过圆化处理的部分存在有问题的外露边缘（Naked Edge）。

命令行中显示出 "Found 7 edges total ; 4 naked edges" 信息。这些外露边缘（Naked Edge）必须经过修复，否则无法创建实体对象。特别是在使用 RP（Rapid Prototyping-快速成形）制作实体模型时，在转换 STL 与输出过程中都会出现问题。若想从一开始就避免这个问题，那么在制作手电筒的内侧曲面Part-B 时，应当通过绘制线条直接从网线生成曲面，而不是通过偏移曲面命令制作内侧曲面。在此，我们使用偏移曲面命令制作内侧曲面纯粹是为了学习的需要，让大家学习到此类问题的解决方法。

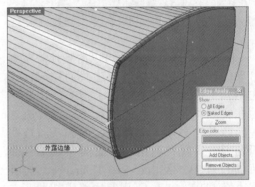

04_ 执行"合并两个外露边缘"（, Join 2 Naked Edges）命令，连续选中外露边缘1与外露边缘2两条边缘，而后按 Enter 键，红色裂缝部分消失。此命令会强制粘合开放的缝隙，以将其控制在允许的0.01mm公差（Tolerance）范围内。

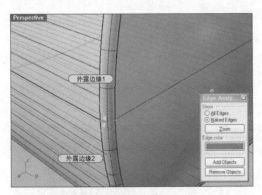

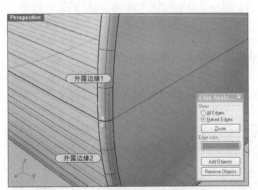

05_ 命令执行完毕后，在原先的位置仍然存在一个小红点，表明此处无法再使用"合并两个外露边缘"（, Join 2 Naked Edges）命令进行修复。

若想彻底修复此处，需要使用"炸开"（, Explode）命令，将 Part-B 曲面完全炸开。

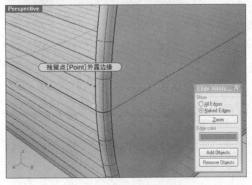

06_ 如图所示，删除圆角曲面。

留心观察删除了圆角曲面的缝隙（白色箭头部分），可以发现在内侧面出现了严重的问题。

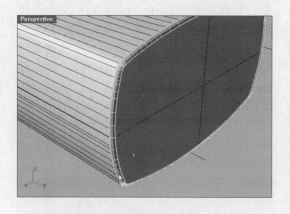
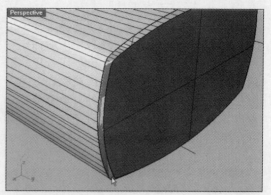

向外移动底部曲面，可以清晰地观察到出现的问题。新手在遇到这些问题时，往往不知所措，不过不用过于担心，这些问题在实际作业中出现的次数不多。解决这些问题首先必须弄清楚问题的源头。这些问题通常出现在利用偏移曲面命令偏移曲面的过程中，是由公差（Tolerance）与外露边缘（Naked Edge）引起边缘点扭曲所造成的。

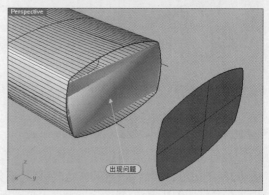

07_ 执行"重建边缘"（ , Rebuild Edges）命令，单击出现问题的Part-B曲面，重建边缘曲线，解决出现的问题。

若仍然无法解决，建议采用分割（Split）相关部分或新建曲面的方法加以解决。

08_ 在修改过程中，手电筒的底部曲面可以保留在原处，不作移动，如图所示。

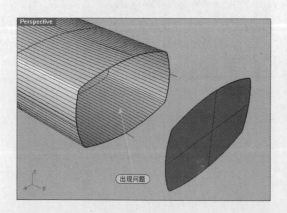
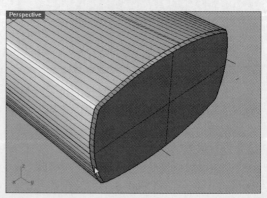

09_ 接下来，需要把曲面1与曲面2通过混接曲面缝合起来。执行"混接曲面"（ , Blend Surface）命令，选中曲面1与曲面2，准备创建混接曲面，但是命令执行失败。

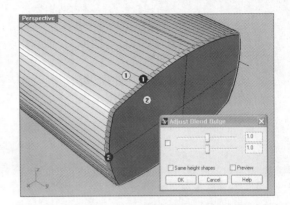

选中曲面1与曲面2,执行"显示边缘"（ , Show Edges）命令，观察可以发现在执行"重建边缘"（ , Rebuild Edges）命令时，出现了重复的边缘线（Edge）。请看右图，在右图中出现红色的点（Point）表明出现异常。

在这种情况下，即使移动接缝，也无法获得理想的效果。解决此问题需要执行"分割/以结构线分割曲面"（ , Split/Split Surface by Isocurve）命令，分割出现问题的曲面（Part-B 曲面中的 1 号曲面）。

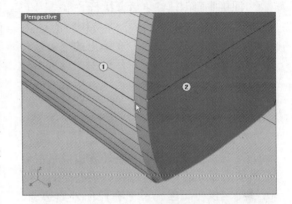

10_ 右键单击"分割/以结构线分割曲面"（Split/Split Surface by Isocurve）图标（ ），沿结构线方向分割曲面1。

在命令窗口中设置"分割点"（Split point）参数（"方向"【Direction】=U、"缩回"【Shrink】="是"【Yes】。设置"缩回"（Shrink）为"是"（Yes）可以保证修剪（Trim）或分割（Split）对象能够还原到原先的状态下，保留着隐藏点（Point）面积数据。

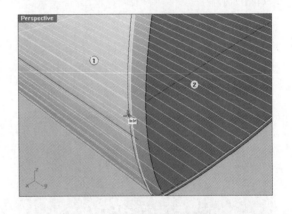

利用命令进行精细分割，删除分割出来的曲面，如图所示。

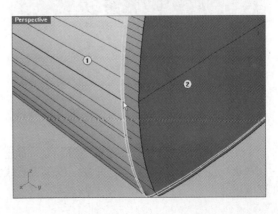

11_ 执行"混接曲面"（ , Blend Surface）命令，选中曲面1与曲面2，创建出自然的混接曲面，如图所示。

当然，还有其他一些处理方法，允许用户在不分割曲面的前提下解决出现的问题。

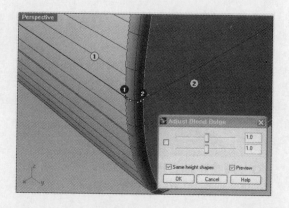

12_ 混接曲面创建好之后，执行"组合"（ , Join）命令，将曲面1、2、3组合在一起，而后执行"显示边缘"（ ，"分析"【Analyze】-"边缘工具"【Edge Tools】-"显示边缘"【Show Edges】）命令，在弹出的"边缘分析"（Edge Analysis）对话框中，点选"外露边缘"（Naked Edge）选项，检查曲面中的外露边缘。

在命令行中，显示"总共找到5个边缘；一个外露边缘"（Found 5 edges total；1 naked edges）提示信息，其中一条外露边缘是指手电筒前面部分的外露边缘线。手电筒的尾部已经完全恢复正常，不存在任何外露边缘，如图所示。

13_ 执行"显示选取的物件"（ , Show Selected Objects）命令，将隐藏的Part-A曲面重新显示出来。

14_ 观察Part-A与Part-B两个曲面，可以发现Part-B曲面的某些部分高出于Part-A部分，如图所示。

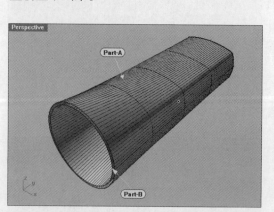

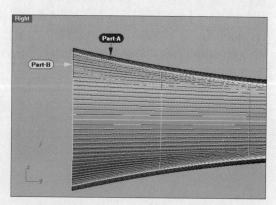

15_ 下面开始修剪Part-B曲面，将其向外凸出的部分剪裁掉，使之与Part-A曲面的末端保持一致。

在右视图中，沿着Part-A 的边缘绘制一条竖直直线。在"物件锁点"（Osnap）中选择"最近点"（Near）选项，执行"分割"命令，以竖直直线为基准分割 Part-B 曲面，而后删除凸出的部分，如图所示。

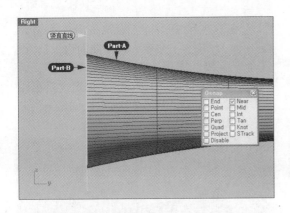
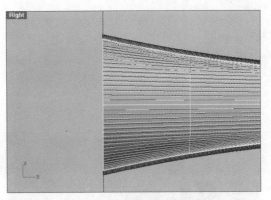

16_ 在前视图中执行"圆：中心点、半径"（ , Circle: Center, Radius）命令，在"物件锁点"（Osnap）中选择"中心点"（Cen）选项，以坐标原点为圆心绘制一个直径为67mm的正圆（Circle），如图所示。

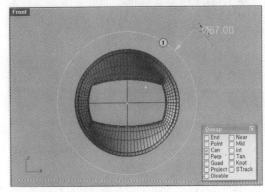

17_ 在右视图中执行"移动"（ , Move）命令，在"物件锁点"（Osnap）中选择"中心点"（Cen）选项，按 Shift 键，向左移动正圆1，将其移动到如图所示的位置。

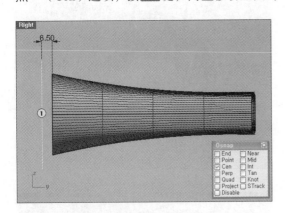
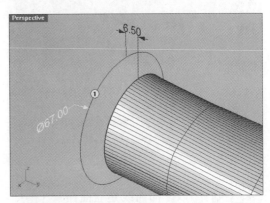

18_ 执行"放样"（ , Loft）命令，单击正圆1与曲面边缘2，创建出一倾斜曲面，如图所示。

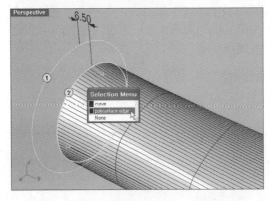

在弹出的"放样选项"（Loft Option）对话框中进行相关设置，如图所示，单击"确定"（OK）按钮。

19_ 在右视图中执行"直线挤出"（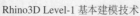，Extrude Straight）命令，选择曲面边缘1，设置命令参数：加盖（Cap）=否（No），两侧（Bothsides）=否（No），设定"挤出距离"（Extrusion distance）为-2，创建一个曲面，如图所示。

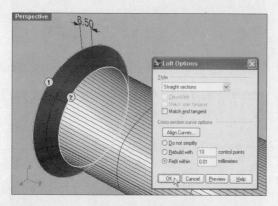

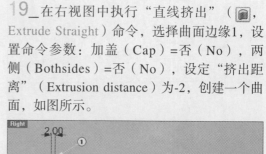

20_ 执行"复制边缘"（ ， Duplicate Edge）命令，选择外侧边缘，如图所示，复制出一条边缘曲线（圆形）。

21_ 在前视图中执行"偏移曲线"（ ，Offset Curve）命令，选中刚刚复制的边缘曲线，在内侧2mm处再次复制出一个圆形曲线，如图所示。

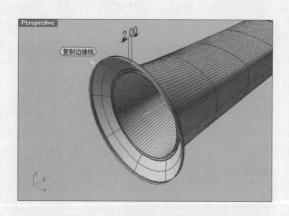

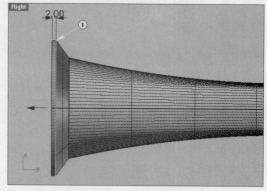

22_ 执行"以平面曲线建立曲面"（ ，Surface from Planar Curves）命令，选中两条相距2mm的圆形曲线，创建一个2mm的圆环曲面。

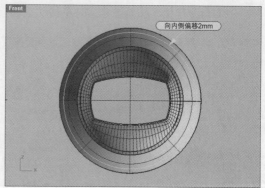

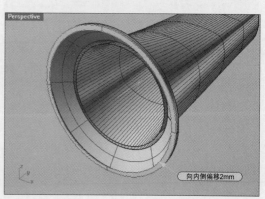

23_ 再次选中内侧（距外侧2mm处）的圆形曲线，在右视图中执行"直线挤出"（■，Extrude Straight）命令，设置命令参数：加盖（Cap）=否（No），两侧（Bothsides）=否（No），设定"挤出距离"（Extrusion distance）为-5，创建一个曲面，如图所示。

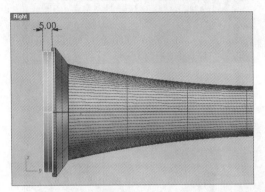

25_ 选中刚刚复制的边缘曲线，在前视图（Front View）中执行"偏移曲线"（■，Offset Curve）命令，在内侧1.5mm处，再次复制出一个圆形曲线，如图所示。

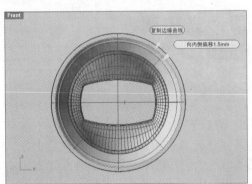

27_ 执行"放样"（■，Loft）命令，选择两条曲面边缘线1与2，创建一个连接外侧圆环与Part-B曲面的倾斜曲面，如图所示。

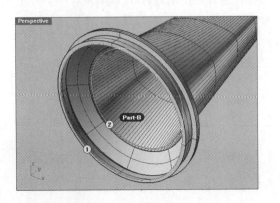

24_ 执行"复制边缘"（■，Duplicate Edge）命令，选择外侧边缘，如图所示，复制出一条边缘曲线（圆形）。

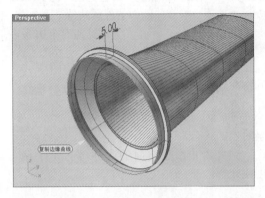

26_ 执行"以平面曲线建立曲面"（■，Surface from Planar Curves）命令，选中两条相距1.5mm的圆形曲线，创建一个1.5mm的圆环曲面，如图所示。

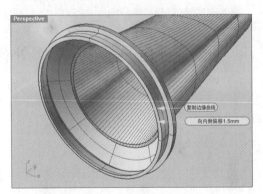

在弹出的"放样选项"（Loft Option）对话框中进行相关设置（Refit within 0.01millimeters），如图所示，单击"确定"（OK）按钮。

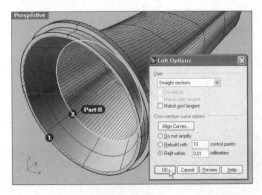

28_ 选中所有曲面，执行"组合"（，Join）命令，将所有曲面组合起来。执行"显示边缘"（，"分析"【Analyze】-"边缘工具"【Edge Tools】-"显示边缘"【Show Edges】）命令，在弹出的"边缘分析"（Edge Analysis）对话框中点选"外露边缘"（Naked Edge）选项，检查曲面中的外露边缘。

在命令行中，显示"总共找到 5 个边缘；一个外露边缘"（Found 19 edges total；no naked edges）提示信息，表明对象中不存在开放的部分，是完整的实体（Solid）数据。

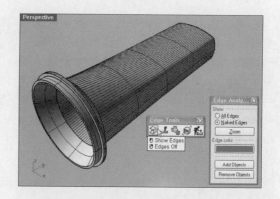

29_ 执行"着色"（，Shade）命令，观察对象的状态。

到此为止，手电筒的主体部分（手柄）创建完毕。

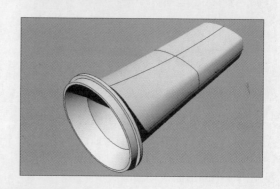

3 制作手电筒灯头部分（平面透光玻璃、灯泡、锥形反光杯、外侧护盖）

打开手电筒灯头示意图，通过旋转成形制作出灯头部分。

01_ 利用"直线"（，Line）、"圆弧：起点、终点、通过点"（，Arc：Start，End，Point on Arc）、"偏移曲线"（，Offset Curve）、"修剪"（Trim，）工具，以水平中心线为基准，绘制出灯头各个部分（外围护罩1、锥形反光杯2、灯泡3、平面透光玻璃4）的示意图，如图所示。

02_ 请看下图，图中标注着灯头各个部分的尺寸。读者也可以直接从附录CD中导入笔者已经绘制好的结构图，具体操作方法：在菜单栏中，依次选择"文件"、"导入"（File-Import）菜单，在"导入"对话框中选择"附录CD>Rhino文件>02-手电筒灯头结构图"，将灯头结构图直接导入到视图中即可。注意外侧护罩具有6度倾斜角。

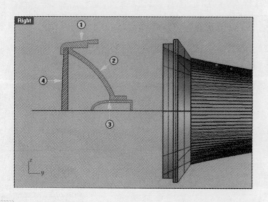
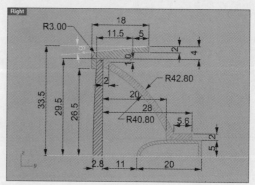

03_ 执行"旋转成形"（ , Revolve）命令，以水平中心轴为基准，同时选中曲线1、曲线2、曲线3、曲线4，旋转360°，创建出手电筒的灯头部分，如图所示。

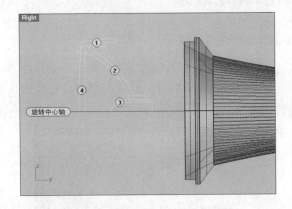
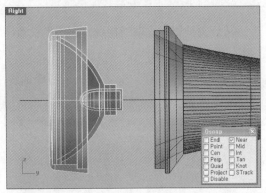

04_ 执行"移动"（ , Move）命令，移动灯头的各个组成部分，检查是否存在问题。

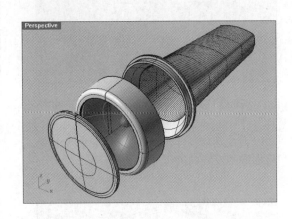

05_ 按 Ctrl + Z 组合键，还原灯头各个部分的位置，而后选中灯头所有部分，执行"移动"（ , Move）命令，在"物件锁点"（Osnap）中选择"最近点"（Near）选项，以中心轴为基准向右侧移动灯头，使之与手电筒筒体结合在一起，如图所示。

06_ 执行"着色模式工作视图"（ , Shaded Viewport）命令，观察手电筒的整体效果。

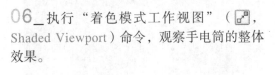
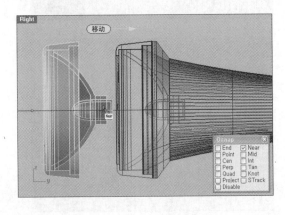
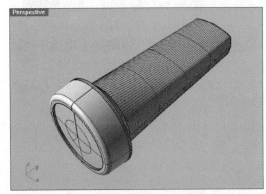

159

④ 在灯头护罩外围，制作凹陷螺纹效果

从灯头护罩中提取结构线，利用平头盖圆管制作出凹陷螺纹效果。

01_ 执行"复制边缘"（，Duplicate Edge）命令，从接缝（Seam）提取边缘曲线（Edge Curve）。

02_ 执行"炸开"（Explode）命令，将提取的边缘线条炸开，删除前部两段弯曲的曲线。

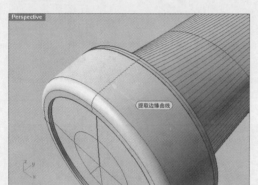

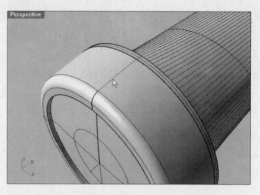

03_ 执行"以直线延伸"（"曲线工具"【Curve Tools】-"延伸"【Extend】-"以直线延伸"【Extend by Line】）命令，将提取的直线向前延伸10mm。

04_ 执行"圆管（圆头盖）"（Pipe, Round caps）命令，设置如下参数：直径（Diameter）=4mm，加盖（Cap）=圆头（Round），创建一个圆头盖圆管，如图所示。

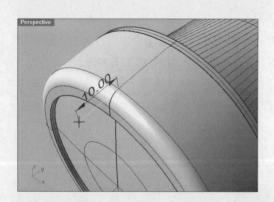

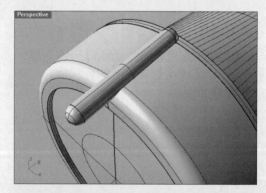

05_ 在"物件锁点"（Osnap）中选择"最近点"（Near）选项，执行"移动"（Move）命令，以圆管中心轴为基准，向左下移动圆管。

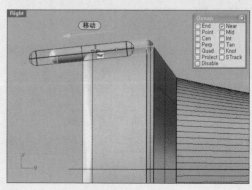

06_ 在"半透明模式工作视图"（ , Ghosted Viewport）下调整圆管的位置，使其与其他部分不发生冲突。

07_ 在前视图中，在"物件锁点"（Osnap）中选择"中心点"（Cen）选项，执行"环形阵列"（ , Polar Array）命令，以圆形中心点（护罩的中心点）为基准，生成另外11个圆管，并把它们按环形进行排列，如图所示。

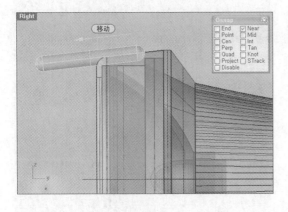
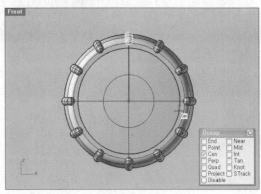

08_ 执行"布尔运算差集"（ , Boolean Difference）命令，依次选中各个圆管，在灯头护罩上制作出凹陷螺纹，如图所示。

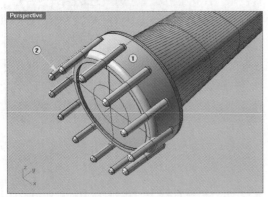
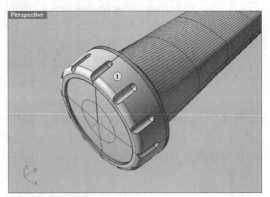

09_ 返回至右视图中，在工具栏中依次单击"设置视图"（Set View）、"左视图"（ , Left View），将右视图转换成左视图，观察凹陷螺纹效果是否平滑。

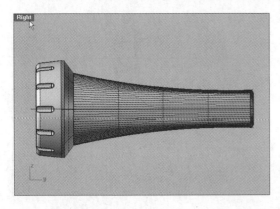
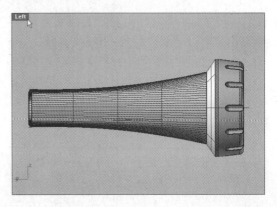

5 制作手电筒开关按钮

制作手电筒开关按钮，而后将其设置在手电筒的适当位置上。

01_ 在左视图中绘制两条垂直相交的直线，而后执行"矩形：中心点、角"（ ，Rectangle：Center，Corner）命令，绘制出矩形1与矩形2。

矩形尺寸见右图。

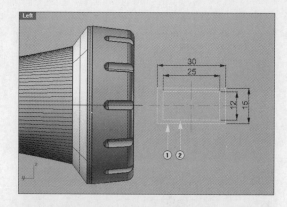

02_ 选中矩形1的多重曲线，在顶视图中执行"挤出封闭的平面曲线"（ ， Extrude closed planar curve）命令，设置如下参数：挤出距离（Extrusion distance）=-6mm，两侧（Both-Sides）=No，加盖（Cap）=Yes，挤出一个厚度为6mm的长方体。

选中矩形2的多重曲线，在顶视图中执行"挤出封闭的平面曲线"（ ， Extrude closed planar curve）命令，设置如下参数："挤出距离"（Extrusion distance）=-10mm，"两侧"（Both-Sides）=No，"加盖"（Cap）=Yes，挤出一个厚度为10mm的长方体。

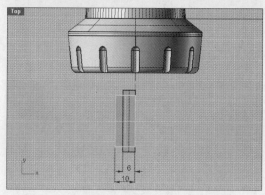

03_ 选中长方体2，执行"移动"（ ， Move）命令，向左移动4.5mm，如图所示。

04_ 执行"布尔运算差集"（ ， Boolean Difference）命令，利用长方体2在长方体1上创建出一个凹陷，用于设置手电筒开关按钮。

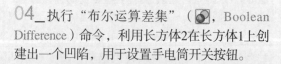

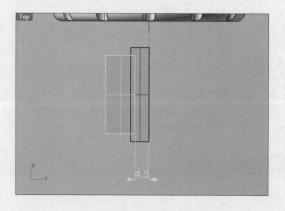

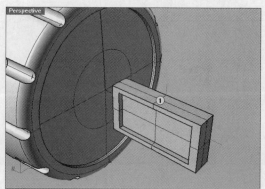

05_ 在左视图中执行"矩形:中心点、角"（▭，Rectangle：Center，Corner）命令，以垂直交叉直线的中心点为基准创建矩形3，如图所示。

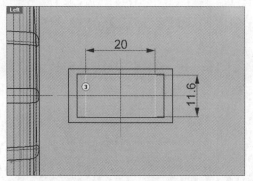

06_ 在顶视图中执行"偏移曲线"（ ，Offset Curve）命令，将矩形3分别向左偏移-4.5mm与-6mm，如图所示。

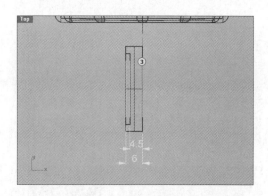

07_ 选中偏移矩形4，执行"炸开"（ ，Explode）命令，将其炸成4条线段，如图所示。

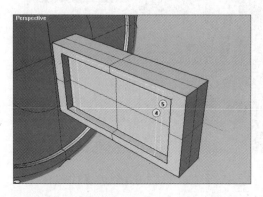

08_ 在炸开（Explode）的4条线段中选中上下两条线段，执行"重建"（ ，Rebuild）命令，在弹出的"重建曲线"对话框中，设置"点数"（Point count）为5，"阶数"（Degree）为3，增加控制点的数量。

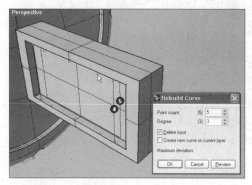

09_ 选中两条重建（Rebuild）的线条，单击"开启控制点"（Control Points On）图标（ ），在重建曲线上显示出CP控制点。

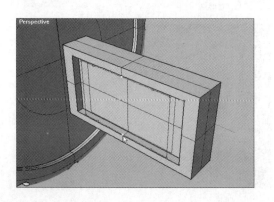

10_ 在状态栏中取消选中"锁定格点"（Grid Snap）项，而后在顶视图中执行"移动"（ ，Move）命令，按 Shift 键，略微向外拖动相关的控制点。

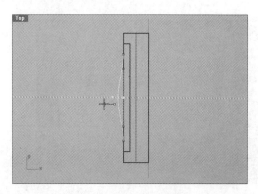

如图所示，选中相关控制点，采用相同的方法向外略微拖动控制点。

11_ 执行"单轴缩放"（ , Scale 1-D）命令，在"左视图"中，以两条垂直线的交点为基准，反复选择CP控制点，缩小内侧中央部分，如图所示。

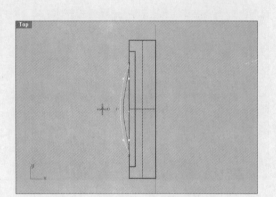
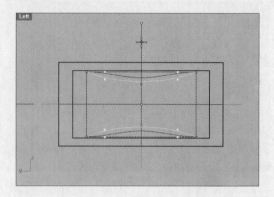

12_ 执行"双轨扫掠"（ , Sweep 2 Rails）命令，依次选中曲线1、曲线2、曲线3，在弹出的"双轨扫掠选项"（Sweep 2 Rails Options）对话框中进行如下设置，单击"确定"（OK）按钮，创建开关的顶部曲面。

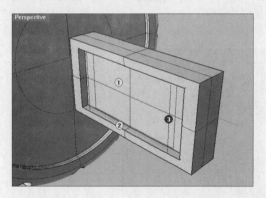
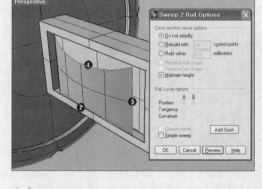

13_ 执行"直线"（ , Line）命令，在"物件锁点"（Osnap）中点选"端点"（End）选项，在刚刚创建的曲面的前后两个端点之间分别创建一条直线（上下）。

14_ 执行"以2、3或4个边缘曲线建立曲面"（ , Surface from 2, 3 or 4 Edge Curves）命令，创建好上下两个倾斜曲面，而后选择按钮的所有曲面（蓝色部分），执行"组合"（ , Join）命令，将它们全部组合在一起。

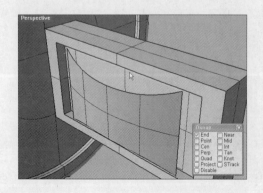
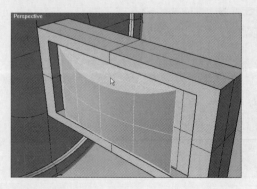

15_ 执行"复制边框"（ , Duplicate Border）命令，复制按钮对象A的边框线条。

16_ 执行"放样"（ , Loft）命令，选中刚刚复制出的边框线条与偏移量为4.5mm的矩形，创建出连接曲面，如图所示。选中刚刚创建的曲面，执行"组合"（ , Join）命令，将它们组合在一起。执行"将平面洞加盖"（ , Cap Planar Holes）命令，在开关按钮的底部加盖。

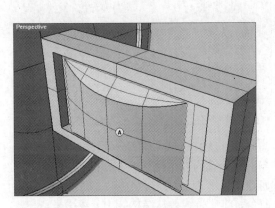

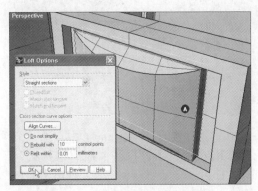

17_ 执行"不等距边缘圆角"（ , Variable Radius Fillet）命令，设置"目前的半径"（Current Radius）为2.0mm，圆化按钮边角，如图所示。

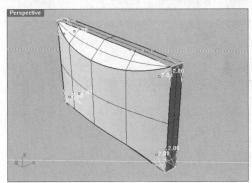

18_ 观察圆化效果，可以发现按钮顶部曲面边角未出现圆化效果。这是因为4个曲面的曲率不能采用统一的Radius Fillet=2.0进行处理，即4个曲面的曲率变化各不相同。

19_ 执行"炸开"（ , Explode）命令，将按钮下半部分炸成多个曲面。而后在"延伸未修剪曲面/延伸已修剪曲面"（Extend Untrimmed Surface/Extend Trimed Surface）图标（ ）上，右键单击，执行"延伸已修剪曲面"命令，延伸4个圆角曲面，延伸距离为4mm，如图所示。

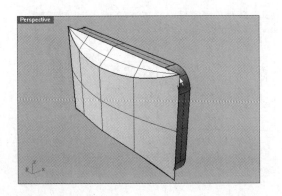

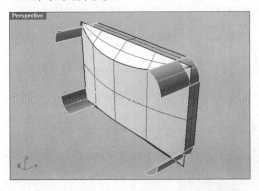

20_ 执行"分割"（, Split）命令，以4个延伸面为基准，分割按钮顶部曲面。删除冗余曲面，而后执行"组合"（, Join）命令，将曲面组合在一起。

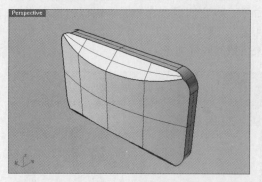

21_ 执行"不等距边缘圆角"（, Variable Radius Fillet）命令，设置"目前的半径"（Current Radius）为0.5mm，圆化按钮棱角，如图所示。

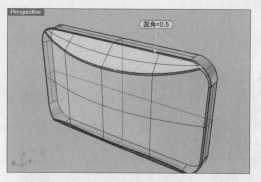

22_ 在"物件锁点"（Osnap）中点选"节点"（Knot）选项，执行"抽离结构线"（, Extrude Isocurve）命令，抽离出三条结构线，如图所示。

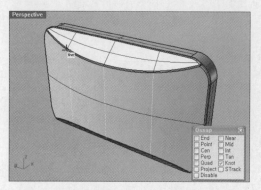

23_ 执行"单点"（, Single Point）命令，在抽取的三条结构线上，设置6个单点，如图所示。而后执行"分割"（, Split）命令，将三条线条从结构线中分离出来。

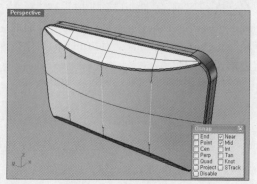

24_ 执行"圆管（圆头盖）"（, Pipe, Round caps）命令，分别选中分割出来的三条线段，如图所示，创建三个直径为1mm的圆头盖圆管。而后执行"布尔运算并集"（, Boolean Union）命令，将三个圆管并列到按钮表面。

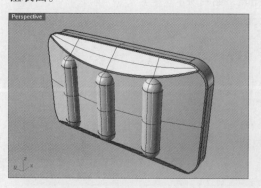

25_ 执行"不等距边缘圆角"（, Variable Radius Fillet）命令，设置"目前的半径"（Current Radius）为2.0mm，圆化按钮的一条棱角，如图所示。

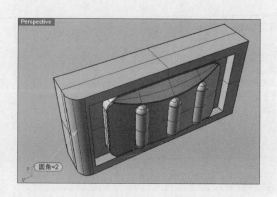

26_ 再次执行"不等距边缘圆角"（ , Variable Radius Fillet）命令，设置"目前的半径"（Current Radius）为0.5mm，进一步圆化按钮的边缘，如图所示。

27_ 执行"移动"（ , Move）命令，将制作好的开关按钮移动到手电筒的主体上，如图所示。

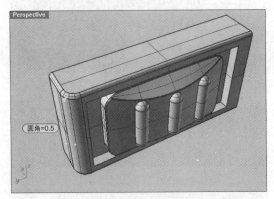
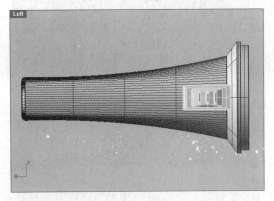

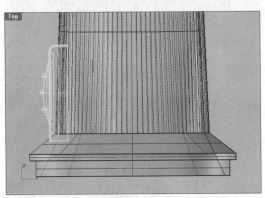
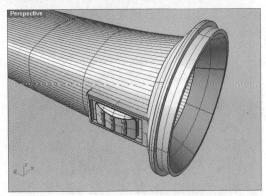

28_ 执行"布尔运算并集"（ , Boolean Union）命令，将对象1与对象2合并在一起，如图所示。

29_ 执行"抽离曲面"（ , Extract Surface）命令，抽离曲面1与曲面2，而后删除曲面1，如图所示。

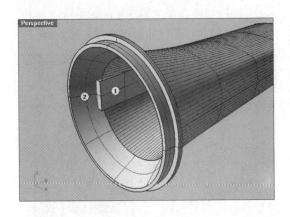
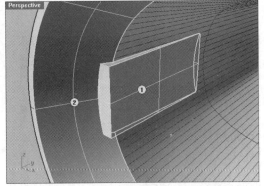

下图是清除多重曲面1的截图。

30_ 执行"取消修剪"（，Untrim）命令，选中曲面2的开放边缘线，将其复原，而后将曲面1的内侧面也复原。

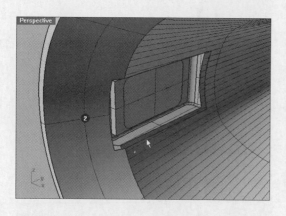

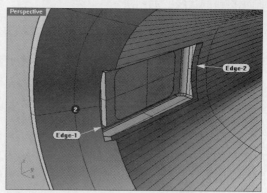

复原时，会出现一些问题。在复原的前端曲面2的边缘上，出现缝隙。删除复原的曲面2。

31_ 执行"放样"（，Loft）命令，依次选中曲面1与曲面2的边缘线（Edge），创建连接曲面。

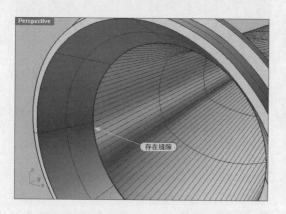

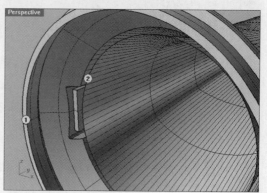

在弹出的"放样选项"对话框中进行如下设置。

32_ 执行"组合"（，Join）命令，将创建出的倾斜面与其他曲面组合在一起。

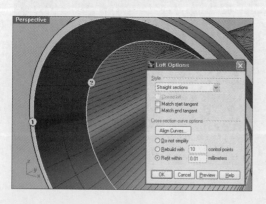

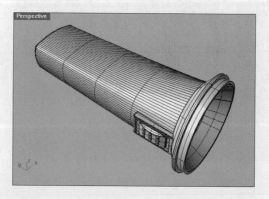

33_ 执行"渲染"（ , Render）命令，观察手电筒的建模状态，如图所示。

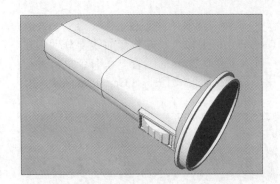

 6 在手电筒尾部制作凸出的螺纹线与便携绳 Rhinoceros

通过线条投影方式，在手电筒的尾部制作螺纹线（Embossing）与便携绳。

01_ 首先在手电筒尾部制作螺纹线条。在左视图中执行"抽离曲面"（ , Extrude Surface）命令，选择手电筒外侧曲面A，将其抽离出来。

02_ 选中抽离出的曲面A，单击"隐藏未选取的物件"（Invert Selection and Hide Objects）图标（ ），将其余未选中的所有物件隐藏起来。而后在左视图中绘制一条竖直线，执行"偏移曲线"（ , Offset Curve）命令，偏移出另外4条，5条竖直线间隔为5mm，位置如图所示。

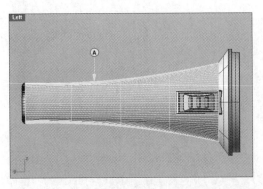

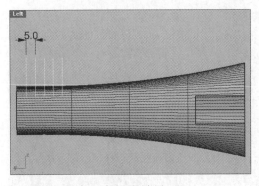

03_ 在左视图中执行"投影到曲面"（ , Project to Surface）命令，同时选中5条竖直线，将它们投影到曲面上，如图所示。

在透视视图中观察投影效果。

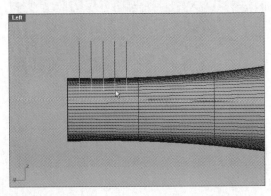

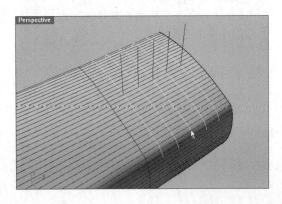

04_执行"圆管(圆头盖)"(, Pipe, Round caps)命令,在投影曲线上分别创建一个半径为0.7mm的圆管。在命令执行过程中,设置"加盖=圆头"(Cap=Rounded)。

05_执行"镜像"(, Mirror)命令,以中心线为基准,在另一侧创建出5个相同的圆管,如图所示。

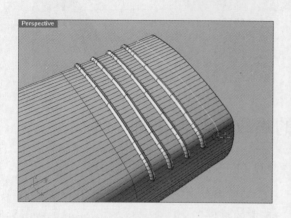
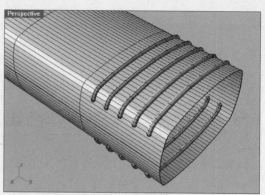

06_重新显示所有对象,执行"组合"(, Join)命令,将抽离的各个曲面组合在一起。而后执行"布尔运算并集"(, Boolean Union)命令,将所有圆管合并到手电筒上。下面开始制作便携线。在顶视图中执行"立方体:角对角、高度"(, Box: Corner to Corner, Height)命令,绘制一个立方体,如图所示。

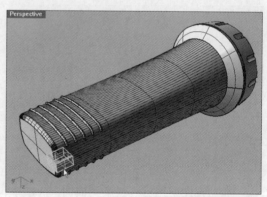

07_执行"布尔运算差集"(, Boolean Difference)命令,利用立方体在手电筒主体上创建出一个凹陷。

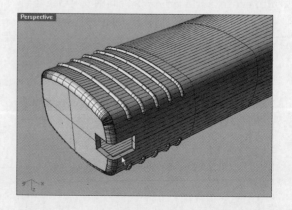

08_执行"圆柱体"（ , Cylinder）命令，绘制一个圆柱，注意使其不要凸出到手电筒之外，如图所示。

09_执行"内插点曲线"（ , Curve: Interpolate Points）命令，绘制一条曲线，如图所示。

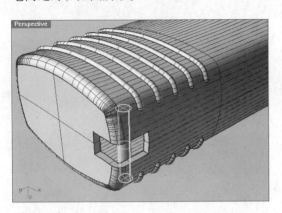
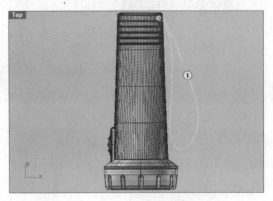

10_执行"圆管（平头盖）"（ , Pipe, Flat caps）命令，创建一个圆管，充当手电筒便携绳。执行"渲染"（ , Render）命令，确认便携绳状态。

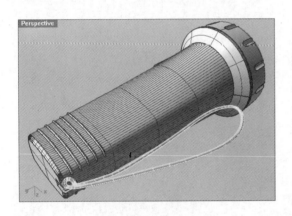
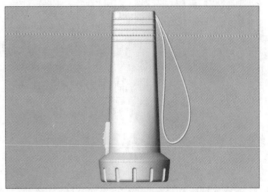

11_在此，省略分型线（Parting Line）的制作，感兴趣的朋友可以自己尝试着制作一下。到此为止，手电筒的所有建模工作全部完毕。执行"渲染"（ , Render）命令，观察最终渲染效果。

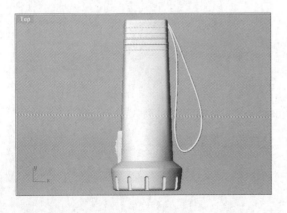
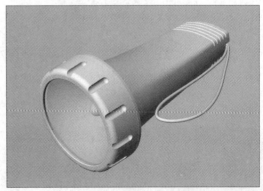

Part 03 Chapter

Chapter 01 ── 制作茶具组合(茶杯、托盘、椭圆形盘子、茶壶)

Chapter 02 ── 制作太阳镜

Chapter 03 ── 制作牙刷

Chapter 04 ── 制作玩具直升飞机

Chapter 05 ── 制作电吹风

Rhino 3D Level-2
建模实战

Part.03

掌握Rhino 3D，不仅要求读者理解基本的概念，熟练掌握基本的工具，还需要读者具有灵活运用各种工具与建模技术的能力，建模时能够迅速地查找到相应的工具与技术。

在本部分中，精选了5个建模实例，这5个实例有一定的难度。读者可以通过学习这些实例培养灵活运用各种工具与建模技术的能力。在学习过程中，将为读者分析建模对象，理清建模的思路，帮助读者找到建模的切入口，同时介绍一些实体建模（Mock-up）的知识，希望读者掌握这些知识与技术，并把它们应用到实际的建模操作中。

让我们开始吧！

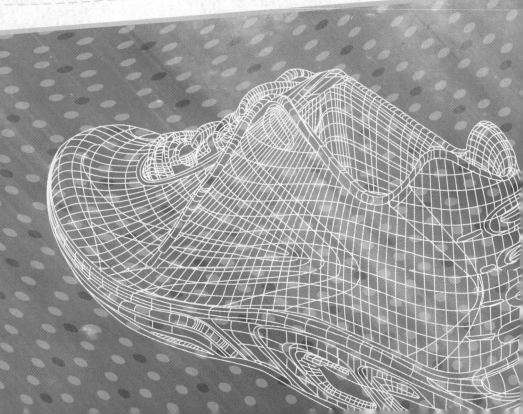

Chapter 01 制作茶具组合
（茶杯、托盘、椭圆形盘子、茶壶）

在学习茶具组合建模的过程中，读者将学到如下知识：
- 灵活运用Revolve/Rail Revolve工具
- 利用Move UVN命令编辑CP控制点
- 利用Cage Editing、Orient Curve to Edges命令制作椭圆对象
- 掌握Blend Surface、Match Surface、Network Surface命令

Rhinoceros *Rendering*

Chapter 01 制作茶具组合

1 制作茶杯与托盘

首先根据尺寸比例绘制出茶杯、托盘的示意图，而后利用相应的工具命令制作出三维实体模型。

01_ 切换工作视图到前视图（Front View），首先沿z轴方向绘制一条垂直线，作为中心轴线。而后在"物件锁点"（Osnap）中选择"最近点"（Near）选项，执行"内插点曲线"（ , Curve：Interpolate Points）命令，绘制茶杯的截面曲线，尺寸如右图所示。

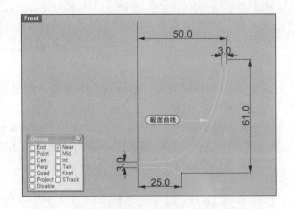

02_ 执行"镜像"（ , Mirror）命令，复制出截面曲线的另一侧曲线。执行"衔接曲线"（ , Match Curve）命令，同时选中左右两条截面曲线，在弹出的"衔接曲线"对话框中，分别设置"连续性"（Continuity）为"相切"（Tangency），"维持另一端"（Perserve other end）为"位置"（Position），并点选"相互衔接"（Average curves），而后单击"确定"（OK）按钮，使得两条曲线的连续性变为相切连续，曲线衔接更加平滑。然后删除左侧截面曲线。

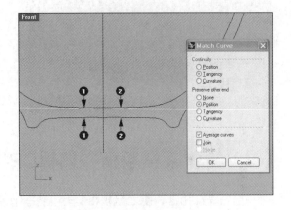

03_ 在"物件锁点"（Osnap）中，选择"最近点"（Near）选项，执行"旋转成形"（ , Revolve）命令，设置命令参数：起始角度（Start angle）=0，旋转角度（Revolution angle）=360，以垂直中心轴为基准旋转出茶杯形状，如图所示。

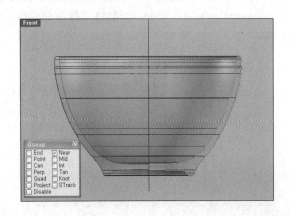

175

04_ 利用"直线"（Line）与"内插点曲线"（Curve: Interpolate Points）绘制出托盘截面曲线，尺寸如图所示。

在绘制托盘截面曲线时，在各个圆角处反复执行"曲线圆角"（Fillet Curves）与"衔接曲线"（Match Curve）命令，确保各个圆角衔接平滑，不存在锐角。

若曲线圆角处存在锐角，那么在制作好托盘的模型后，各个CP控制点将无法进行编辑。

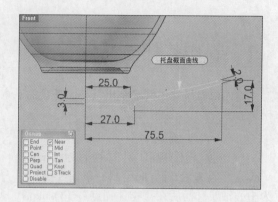

05_ 在"物件锁点"（Osnap）中选择"最近点"（Near）选项。选中托盘断面曲线，执行"旋转成形"（Revolve）命令，设置命令参数：起始角度（Start angle）=0，旋转角度（Revolution angle）=360，可塑形的（Deformable）=是（Yes），可塑形的点数（Deformable Point count）=24，以垂直中心轴为基准旋转出托盘形状，如图所示。在命令参数中，"可塑形的"（Deformable）命令一定要设置为"是"（Yes），以使CP控制点处于可编辑状态。

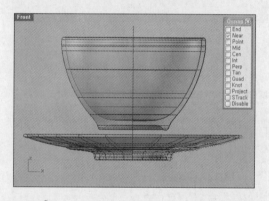
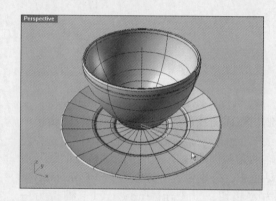

2 制作茶杯手柄并编辑CP控制点

首先编辑托盘，使之呈现出自然状态。而后利用"放样"（Loft）命令绘制出茶杯手柄，并利用 Move UVN 与 Cage Edit 命令再次进行编辑。

01_ 首先在托盘上创建一个体积重心点，以便进行三轴缩放作业。执行"体积重心"（Volume Centroid）命令，而后将其移动到托盘的中心位置上，如图所示。

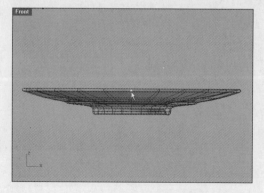
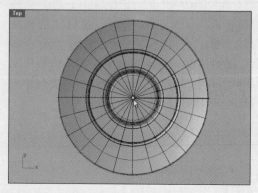

02_ 执行"开启控制点"（ , Control Points On）命令，选中托盘，激活其控制点。托盘上显示出许多控制点，如图所示。

单击"三轴缩放"（Scale 3-D）图标（ ），在顶视图（Top View）中，选择处于托盘边缘的控制点，如图所示。

选中托盘边缘控制点后，在"物件锁点"（Osnap）中，选择"点"（Point）选项，以体积重心点作为基点，向托盘内侧进行缩放作业，如图所示。

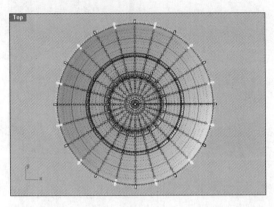 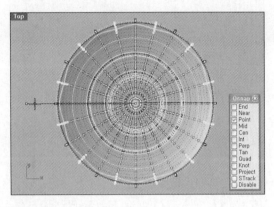

03_ 执行"着色"（ , Shade）命令，观察托盘的缩放效果。

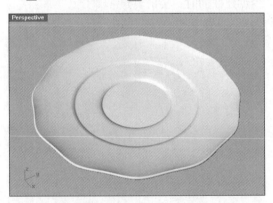 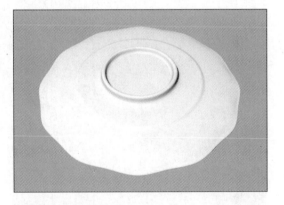

04_ 执行"内插点曲线"（ , Curve: Interpolate Points）命令，在前视图（Front View）中绘制茶杯手柄曲线1、2，注意调整好曲线的曲率，尺寸如图所示。

05_ 在"物件锁点"（Osnap）中，选择"端点"（End）选项，执行"内插点曲线"（ , Curve: Interpolate Points）命令，在前视图（Front View）中，绘制茶杯手柄的轮廓曲线1、2，如图所示。

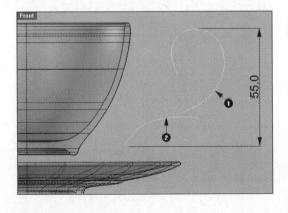 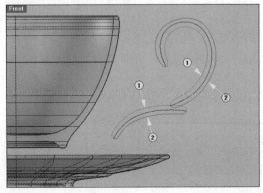

06_ 执行"开启控制点"(, Control Points On)命令,选中茶杯手柄的两条中心曲线,激活CP控制点,选中两条曲线中除端点之外的所有控制点。

07_ 执行"移动"(, Move)命令,在顶视图(Top View)中向上拖动10mm,如图所示。

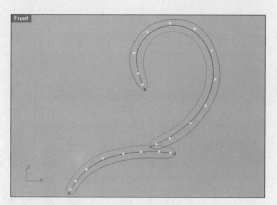

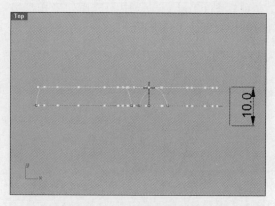

08_ 执行"镜像"(, Mirror)命令,在中心线另一侧复制出曲线,如图所示。

09_ 请看下图,曲线1与曲线2端点衔接处存在严重的锐角,在使用"放样"(Loft)命令创建曲面时,会出现异常。

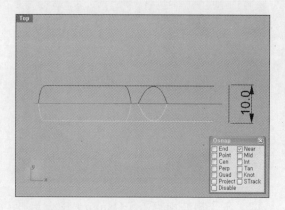

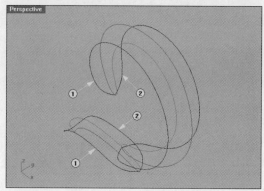

执行"衔接曲线"(, Match Curve)命令,修改曲线1与2的衔接连续性,使两条曲线衔接平滑。

请看右图中的红色曲线与蓝色曲线,执行"衔接曲线"命令,使得它们之间衔接更加平滑。

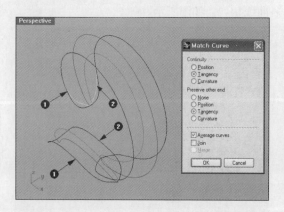

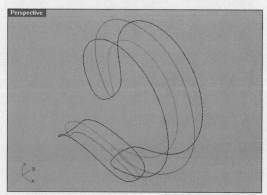

10_ 执行"放样"（, Loft）命令，依次选中曲线1、2、3、4，创建好茶杯手柄曲面。若创建出的曲面不平滑，则应调整曲线的CP控制点，直至获得理想的效果。

在"放样选项"（Loft Option）对话框中，设置"重建点数"为25个控制点，如图所示。

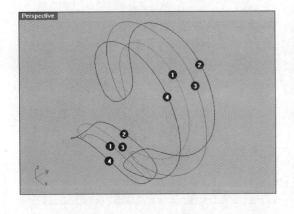
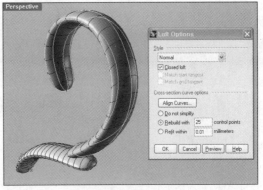

11_ 略微移动茶杯手柄的位置，注意不要使其接触到茶杯，以便把茶杯手柄贴附到茶杯上。

12_ 在"顶视图"（Top View）中，观察茶杯与手柄，发现手柄尺寸有些小。选中手柄的各个组成部分，准备增加手柄尺寸。

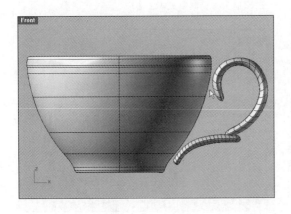
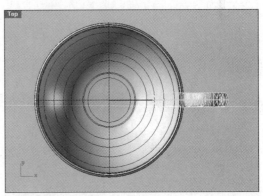

13_ 在工具列中，依次单击"变动-变形控制器-以变形控制器编辑物件"（Transform-Cage- Cage edit objects）图标（![]），在命令窗口中，单击"边框方块"（BoundingBox），按 Enter 键，设置"变形控制点"（Cage points）为4。

按 Enter 键，显示出"要编辑的范围＜整体＞"（Region to edit<Global>）后，继续按 Enter 键，显示出长方体变形控制器。在"顶视图"（Top View）中，选中变形控制器的外侧点群，如图所示。

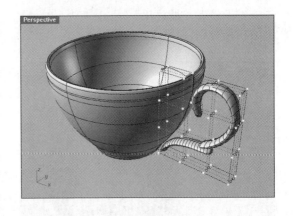

14 执行"单轴缩放"（ , Scale 1-D）命令，在顶视图（Top View）中，在"物件锁点"（Osnap）中选择"中点"（Mid）选项，向上拖动控制点，增加手柄的宽度，如图所示。

观察拖动结果，结构线（Isocurve）自动增加，同时查看曲面有无异常。

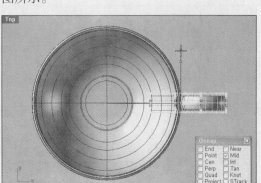
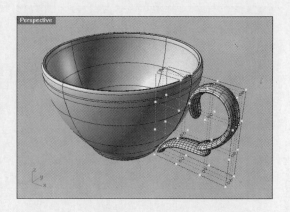

15 执行"开启控制点"（ , Control points on）命令，激活控制点，选中需要编辑的控制点，执行"UVN移动"（ , Move UVN）命令。

在弹出的"UVN 移动"对话框中，设置"缩放比"（Scale）为2.0，向N方向移动CP控制点，如图所示。

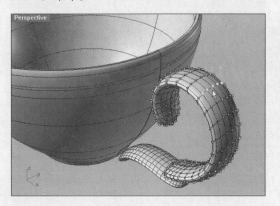
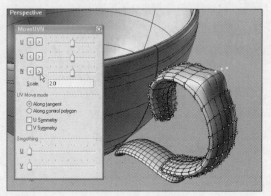

继续设置"缩放比"（Scale）为1.0，沿V方向移动CP控制点，如图所示。

选中中间的3个CP控制点，设置"缩放比"（Scale）为1.0，沿N方向，移动CP控制点。

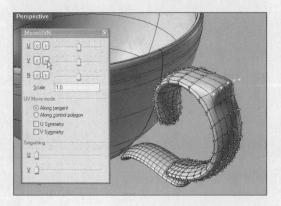
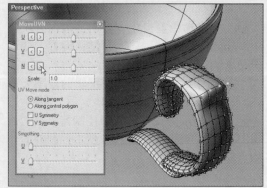

继续设置"缩放比"(Scale)为0.2,沿 v 方向移动 CP 控制点,如图所示。

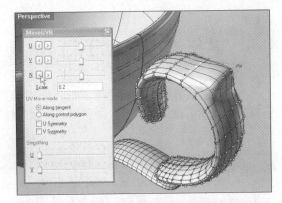

16_ 执行"曲面圆角"(, Fillet Surface)命令,在曲面1、2、3处,分别设置"半径"(Radius)为2mm、1mm、2mm,而后单击要连接的曲面,创建出连接曲面,如图所示。

利用"曲面圆角"(Fillet Surface)命令能够在两个曲面之间建立连接曲面,此时两个曲面是彼此分离的。

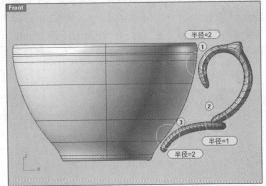

"曲面圆角"命令执行完毕后,效果如右图所示。

17_ 重新显示隐藏的托盘,并调整其位置,如图所示。而后执行"渲染"(, Render)命令,观察最终渲染效果。

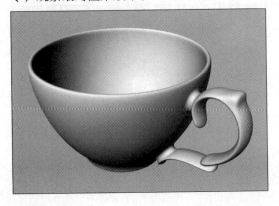
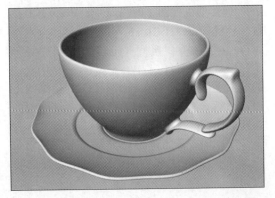

3 制作椭圆形盘子

首先绘制出盘子的断面曲线,而后利用"定位曲线到边缘"(Orient Curve to Edge)命令将各条断面曲线定位到椭圆上,再利用"单轨扫掠"命令制作出椭圆形盘子。

01_切换工作视图到顶视图(Top View)中,在状态栏中,开启"锁定格点"(Snap)功能,而后执行"椭圆:从中心点"(, Ellipse: From Center)命令,以坐标原点为基准,绘制一个110mm×78mm的椭圆,如图所示。

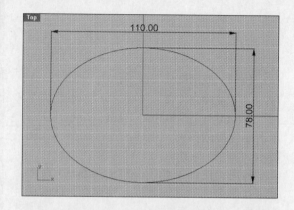

02_执行"以平面曲线建立曲面"(, Surface from Planar Curves)命令,以椭圆曲线为基础,建立一个平面(Surface)。

03_执行"内插点曲线"(, Curve: Interpolate Points)命令,在前视图中绘制两条断面曲线1与2,尺寸见右图。

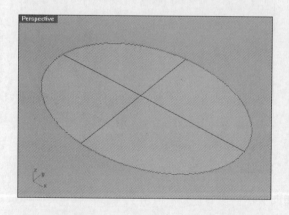

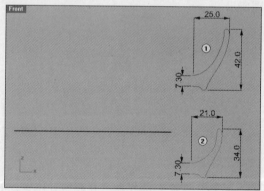

04_返回透视视图(Perspective View)中,在"物件锁点"(Osnap)中选择"四分点"(Quad)选项,执行"定位曲线到边缘"(, Orient Curve to Edge)命令,选中盘子的断面曲线1,而后在椭圆平面A的边缘线上单击鼠标,在椭圆长轴的两个端点处贴附两条断面曲线。

贴附时,若方向出现异常,则需要修改椭圆平面A的法线方向(Normal),使之垂直向上。

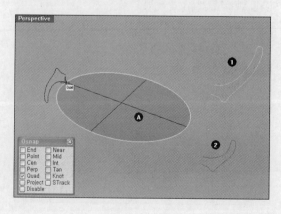

执行"分析方向"（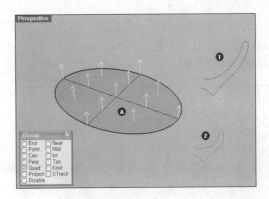，Analyze Direction）命令，点选"反转"（Flip）参数，反转法线方向，使之垂直向上。

05_再次执行"定位曲线到边缘"（ ，Orient Curve to Edge）命令，将盘子的断面曲线贴附到椭圆平面的长短轴端点上，如图所示。

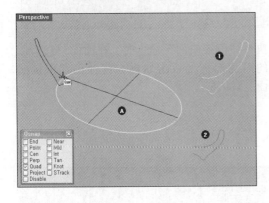
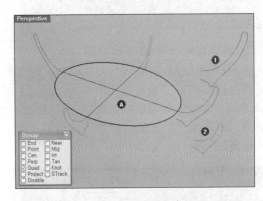

06_执行"单轨扫掠"（ ，Sweep 1 Rail）命令，依次选中曲线1、2、3、4、5，创建出椭圆盘子的曲面，如图所示。

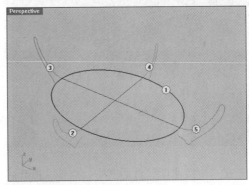

在弹出的"单轨扫掠选项"对话框中进行相关设置，如图所示。

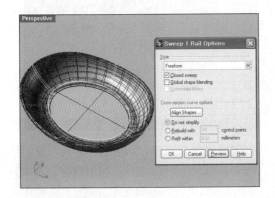
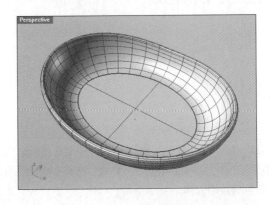

07_ 反转椭圆形盘子，观察盘子的底部，可以发现盘子的底部没有封闭起来。执行"以平面曲线建立曲面"（ , Surface from Planar Curves）命令，选中断面边缘线（Edge），创建出盘子的底部曲面。

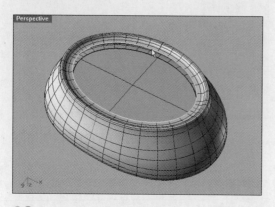 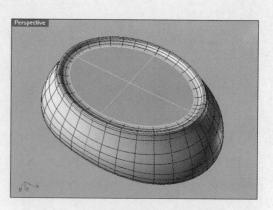

08_ 继续观察盘子的底部平面，可以发现在曲面1与曲面2的衔接部分存在锐角，需要进行处理。执行"衔接曲面"（ , Match Surface）命令，处理衔接曲面中存在锐角的部分。采用同样的方法处理盘子的内侧曲面与侧面的衔接。

执行"衔接曲面"命令时，在曲面1与2衔接的白色箭头上双击鼠标，将弹出"衔接曲面"对话框。

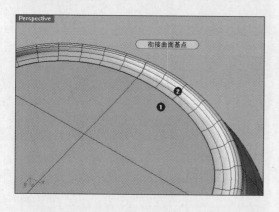 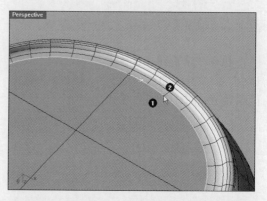

在"衔接曲面"对话框中，点选"Refine match"与"Automatic"两个选项，保证曲面的连续性为曲率连续。

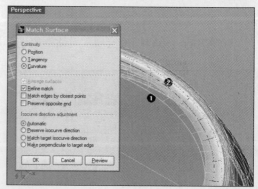

09_ 执行"组合"（ , Join）命令，将盘子的所有曲面组合在一起，而后执行"斑马纹分析"（ , Zebra Analysis）与"环境贴图"（ , Environment Map）命令，可以观察到曲面曲率调整的效果。

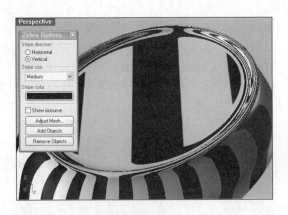
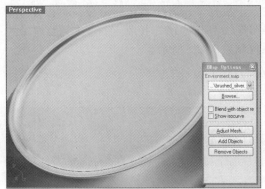
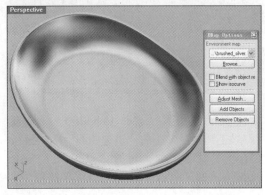

10_采用同样的方法，执行"衔接曲面"（，Match Surface）命令，处理盘子的内侧曲面。在执行命令时，曲面不能处于组合状态。若曲面已经处于组合状态，则可利用"炸开"（ ，Explode）命令，先把组合的曲面炸开，而后再运用"衔接曲面"命令进行处理。处理完毕后，再次确认曲面状态。

4 制作茶壶壶身

Rhinoceros

利用 CP 编辑与 Network Surface 命令制作茶壶壶身（Body）。
同时向茶壶壶身设置一定的厚度，以便后面继续制作实体模型（Mock-up）。

01_开始制作茶壶壶身，首先绘制壶身的示意图。在顶视图中执行"圆：中心点、半径"（ ，Circle：Center，Radius）命令，以坐标原点为中心绘制三个同心圆，尺寸如图所示。

02_执行"重建"（ ，Rebuild）命令，选中2号圆，在弹出的"重建曲线"（Rebuild Curve）对话框中，设置"点数"（Point count）为16，单击"确定"（OK）按钮。

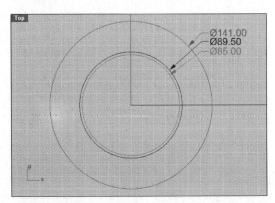
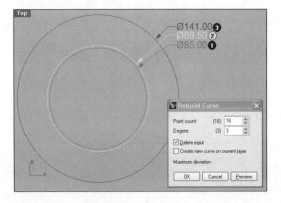

执行"开启控制点"命令,可以发现2号正圆上出现16个控制点,选中需要编辑的控制点,如图所示。

03_ 在状态栏中,开启"锁定格点"功能,而后在"物件锁点"(Osnap)中选择"中心点"(Cen)选项,执行"移动"(, Move)命令,在前视图中向下移动1.5mm左右,如图所示。

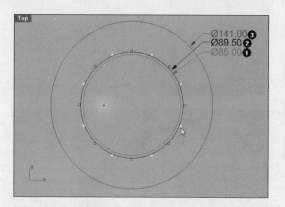

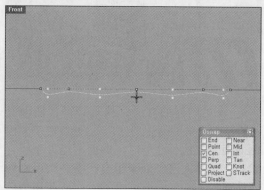

04_ 执行"重建"(, Rebuild)命令,选择3号正圆,在弹出的"重建曲线"(Rebuild Curve)对话框中,设置"点数"(Point count)为24,单击"确定"(OK)按钮。

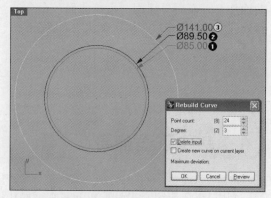

05_ 执行"开启控制点"命令,可以发现3号正圆上出现24个控制点,选中需要编辑的控制点,如图所示。在"物件锁点"(Osnap)中选择"中心点"(Cen)选项,执行"移动"(, Move)命令,在顶视图(Top View)中,以圆心为基准,向内移动1.5mm左右,如图所示。

06_ 返回到前视图中,执行"移动"(, Move)命令,1号圆位置不变,分别选中2号圆与3号圆,向上移动,尺寸如图所示,确定好茶壶的高度。

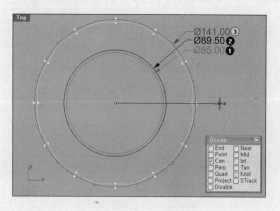

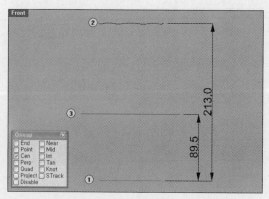

07_执行"切割用平面"（ , Cutting Plane）命令，以圆心为基准，在顶视图（Top View）中绘制一个十字架形图形，形成两个互相垂直的切割面。

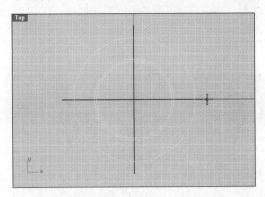 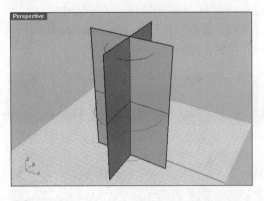

08_执行"物件交集"（ , Object Intersection）命令，选中所有曲线与切割面，获取相交点。

09_删除所有切割平面，保留交点与曲线，如图所示。

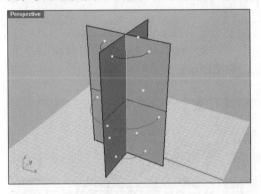 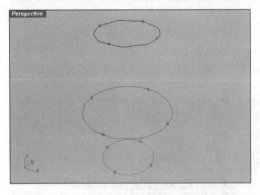

10_在"物件锁点"（Osnap）中选择"点"（Point）选项，执行"内插点曲线"（ , Curve: Interpolate Points）命令，在前视图中，将右侧的3个点连接起来，获得曲线1与曲线2，如图所示。

11_执行"衔接曲线"（ , Match Curve）命令，选中曲线1与曲线2，在弹出的"衔接曲线"对话框中，分别设置"连续性"（Continuity）为"曲率"（Curvature），"维持另一端"（Perserve other end）为"位置"（Position），并点选"相互衔接"（Average curves）与"合并"（Merge），而后单击"确定"（OK）按钮，使两条曲线的连续性变为曲率连续，曲线衔接更加平滑。

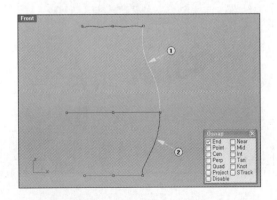 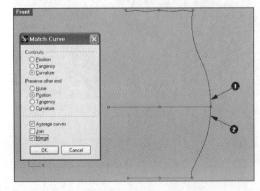

12_ 执行"环形阵列"（ , Polar Array）命令，选择刚刚绘制的连接曲线，在圆形的四分点处进行环形排列。在命令执行中，设置命令参数：项目数（Number of items）=4，角度（Angle）=360°。

13_ 隐藏所有交点，茶壶壶身主曲线创建完毕。

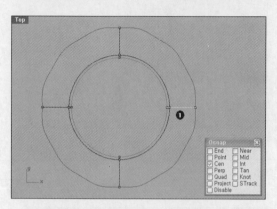

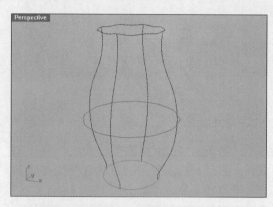

14_ 执行"从网线建立曲面"（ , Surface from Network Curves）命令，选中壶身的所有曲线，创建出网线曲面，壶身侧面创建完毕。

15_ 执行"偏移曲面"（ , Offset Surface）命令，在壶身内侧3mm处，偏移出一个曲面，如图所示。

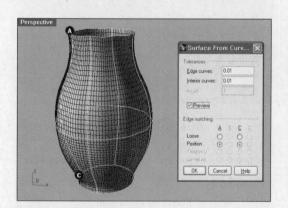

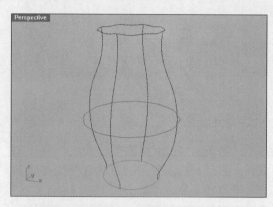

16_ 执行"混接曲面"（ , Blend Surface）命令，选中壶身内外两个侧面的两条上侧边缘线，创建出自然的混接曲面，如图所示。

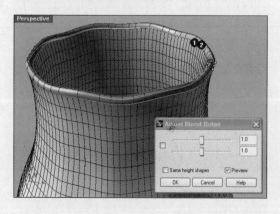

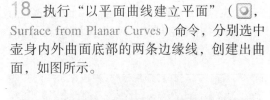

17_ 执行"切割用平面"（ , Cutting Plane）命令，在壶身底部边缘约3mm处创建一个切割平面1，如图所示。执行"分割"（ , Split）命令进行分割，删除切割平面与不需要的部分。

18_ 执行"以平面曲线建立平面"（ , Surface from Planar Curves）命令，分别选中壶身内外曲面底部的两条边缘线，创建出曲面，如图所示。

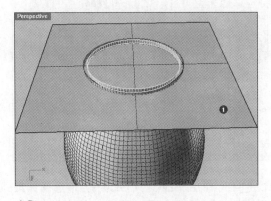

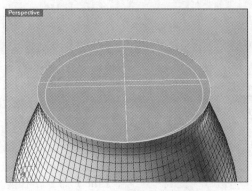

19_ 执行"曲面圆角"（ ）命令，设置"半径"（Radius）为3.0mm，圆化壶底边缘，如图所示。

20_ 执行"渲染"（ , Render）命令，观察壶身建模效果。

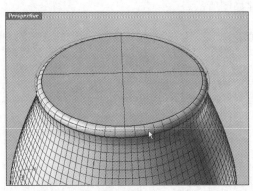

5 制作茶壶盖

利用"沿路径旋转"（Rail Revolve）命令制作茶壶盖。

01_ 选中工作视图中的所有对象，将它们暂时隐藏起来。

在顶视图中执行"圆：可塑形的"（ , Circle : Deformable）命令，在命令参数中，设置"点数"（PointCount）为16，按 Enter 键，选择坐标原点，设置"直径"（Diameter）为83mm，按 Enter 键，创建一个具有16个CP控制点的正圆，如图所示。

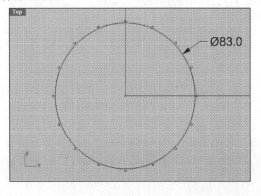

02_ 执行"二轴缩放"（ , Scale 2-D）命令，选中相关控制点，以圆心为基点，向内侧略微进行缩放。

茶壶盖的轮廓曲线制作完毕。

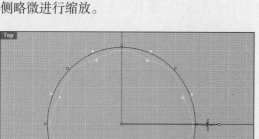

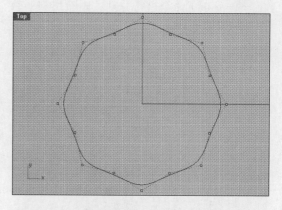

03_ 执行"直线"（ , Line）命令，在坐标原点上，绘制一条垂直的中心轴线。

04_ 在"物件锁点"（Osnap）中选择"最近点"（Near）选项，执行"内插点曲线"（ , Curve: Interpolate Points）命令，以中心轴线为基准，绘制茶壶盖的断面曲线，尺寸如图所示。

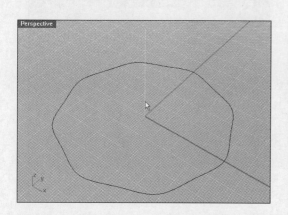

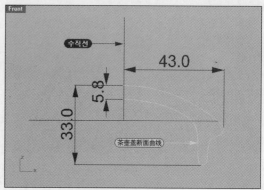

05_ 执行"沿路径旋转"（ , Rail Revolve）命令，选中需要旋转的曲线与中心轴，沿着指定的路径进行旋转。

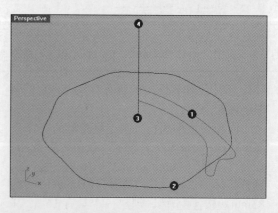

"沿路径旋转"命令执行完毕后，制作出茶壶盖形状，如下图所示。

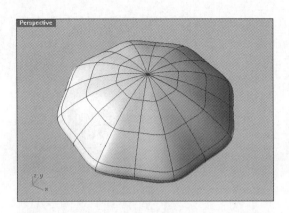

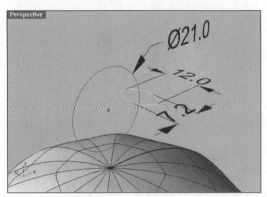

06_ 执行"圆：中心点、半径"（◎，Circle：Center，Radius）命令，在前视图中绘制一个直径为21mm的正圆，如图所示。

07_ 执行"椭圆：环绕曲线"（◎，Ellipse：Around Curve）命令，在如图所示的位置上创建一个椭圆，尺寸如图所示。

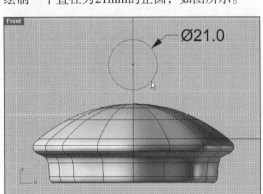

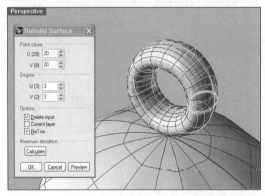

08_ 执行"单轨扫掠"（ ，Sweep 1 Rail）命令，依次选择扫掠路径与椭圆曲线，在弹出的"单轨扫掠"对话框中进行相关设置，沿圆形路径创建出一个环形实体，如图所示。

09_ 选中刚刚创建出的环形实体，执行"重建曲面"（ ，Rebuild Surface）命令，在"重建曲面"对话框中设置相关选项，如图所示，增加结构线（Isocurve）的数量。

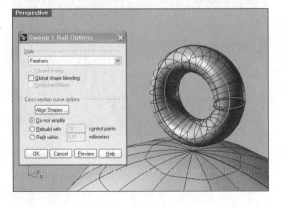

10_ 执行"UVN移动"（ ，Move UVN）命令，选中相应的控制点，沿N方向进行拉伸，如图所示。

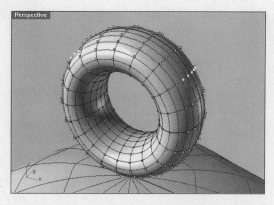
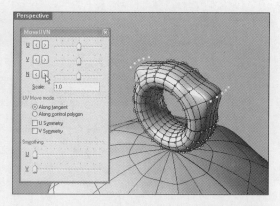

11_ 执行"曲面圆角"（ , Fillet Surface）命令，设置"半径"（Radius）为4.0mm，在曲面1与曲面2之间创建一个连接曲面，而后执行"组合"（ , Join）命令，将它们组合在一起。

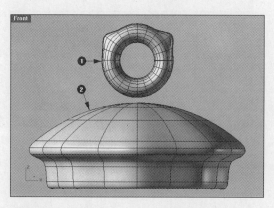
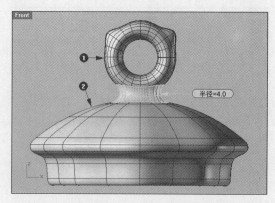

12_ 移动茶壶盖的位置，将其移动到茶壶上，而后执行"渲染"（ , Render）命令，观察渲染效果。

6 制作茶壶嘴

首先绘制出茶壶嘴示意图，通过编辑CP控制点创建出壶嘴外形，然后通过曲面偏移增添壶嘴的厚度感。

01_ 隐藏壶身曲面，仅仅保留轮廓线条，执行"内插点曲线"（ , Curve: Interpolate Points）命令，绘制出曲线1、2、3三条曲线，如图所示。

02_ 选中曲线3，执行"移动"（ , Move）命令，在顶视图中移动并编辑CP控制点，如图所示。

移动曲线时，同时按住 Shift 键，能够保证曲线在垂直方向向上或向下移动。

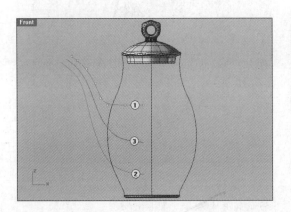
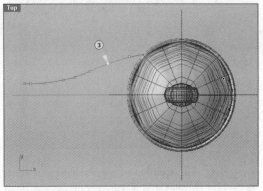

03_ 选中曲线3，执行"镜像"（ , Mirror）命令，进行对称复制，如图所示。

04_ 执行"从断面轮廓线建立曲线"（ , Curve from Cross Section profiles）命令，依次选中曲线1、2、3、4。

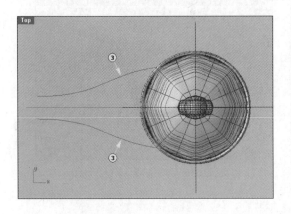
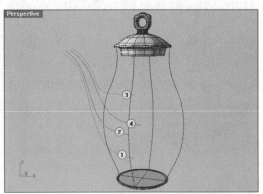

返回到前视图（Front View）中，在"物件锁点"（Osnap）中选择"端点"（End）选项，在壶嘴轮廓曲线上绘制断面曲线，如图所示。

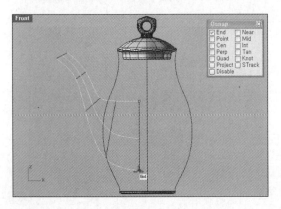

05_执行"从网线建立曲面"（，Surface from Network Curves）命令，选中壶嘴周围的所有曲线，在选项对话框中进行如下设置，创建出壶嘴曲面，如图所示。

06_执行"偏移曲面"（，Offset Surface）命令，将壶嘴曲面向内偏移2.5mm，创建好内侧曲面，如图所示。

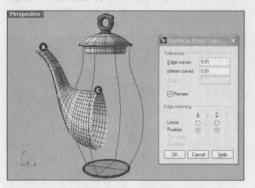

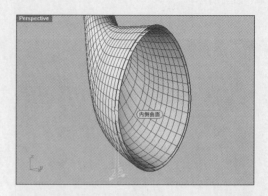

07_执行"混接曲面"（，Blend Surface）命令，选中壶嘴出水口的边缘线条，在弹出的选项对话框中进行相应设置，创建出一个自然的混接曲面，如图所示。

08_执行"渲染"（，Render）命令，观察壶嘴渲染效果，如图所示。

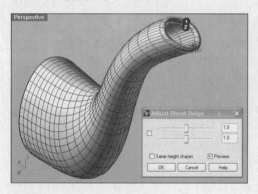

制作茶壶手柄

首先将壶嘴与壶身连接起来，而后制作茶壶手柄，完成最终制作工作。

01_同时选中曲面1与曲面2，执行"物件交集"（，Object Intersecion）命令，提取两个曲面的相交曲线。

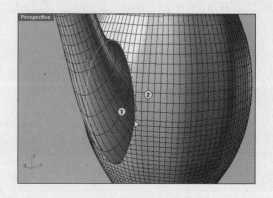

02_ 执行"圆管(平头盖)"(Pipe,Flat Caps)命令,沿着提取的曲线绘制一个圆管实体,如图所示。

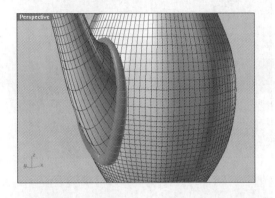

删除分割出来的曲面 1 与 2 的片段以及圆管对象,如图所示。

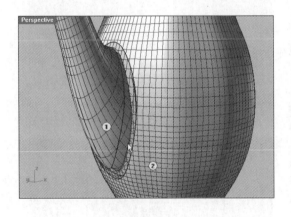

删除分割出来的片段曲面,如图所示。

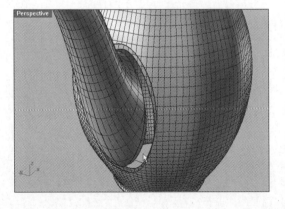

03_ 执行"分割"(Split)命令,采用圆管分割曲面1与2,如图所示。

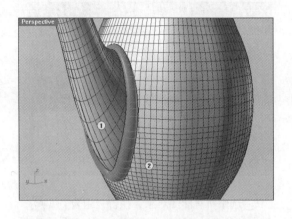

04_ 利用相同的方法,在茶壶的内侧曲面与壶嘴的内侧曲面间创建另一个圆管,而后进行分割操作。

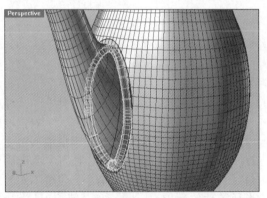

05_ 选中内侧面边缘线条,执行"混接曲面"(Blend Surface)命令,创建连接曲面,如图所示。

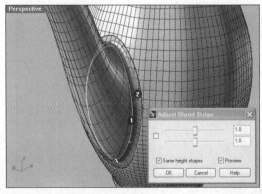

06_ 采用同样的方法，选中茶壶外侧曲面边缘线，以及壶嘴外侧曲面边缘线，创建混接曲面。若连接曲面显得不自然，则重新调整圆管的直径，再进行相关操作。

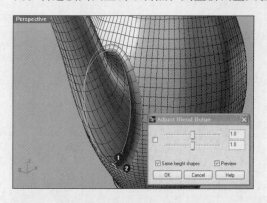
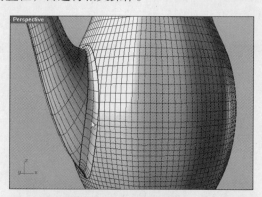

07_ 选中所有曲面对象，执行"组合"（ , Join）命令，将它们组合在一起，而后执行"渲染"（ , Render）命令，观察渲染结果。

08_ 在菜单栏中，依次选择"文件"、"导入"（File-Import）菜单，在"导入"对话框中，选择书附CD中的"03茶壶手柄模型"文件，将其导入到工作视图中。执行"曲面圆角"（ , Sruface fillet）命令，设置不同的半径数值（部位1：半径5.5，部位2：半径5.5，部位3：半径3），将茶壶手柄黏贴到壶身上。

"曲面圆角"命令执行后，效果如下图。

09_选中所有曲面对象,执行"组合"(, Join)命令,将它们组合在一起。而后执行"着色/着色全部工作视图"(, Shade/Shade All Viewport)与"渲染"(, Render)命令,观察最终渲染效果。

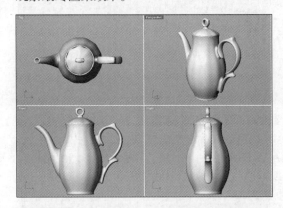

Chapter 02 制作太阳镜

本章将学习太阳镜的制作方法,涉及到的知识有:对称建模法、投影法(2种)、利用Refit Curve与Refit surface to tolerance命令优化曲面、利用Move UVN编辑Blend曲面,以及Insert Knot、Remove Knot、Insert a control point、Remove a control point、Curve from 2 views、Blend Curves、Blend Surface、Network Surface等命令的用法。

Rhinoceros *Rendering*

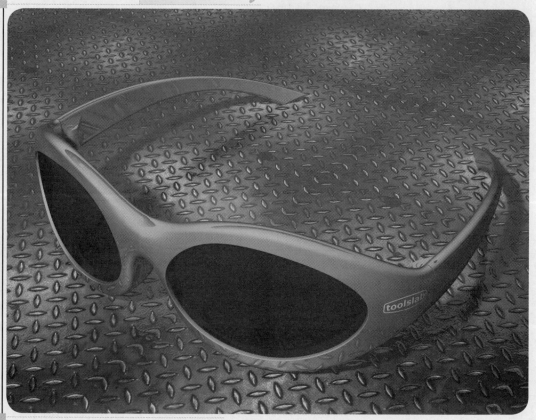

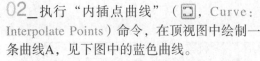

1 绘制太阳镜轮廓线

轮廓线是设计太阳镜的关键因素，制作前必须绘制好太阳镜的轮廓线条。

01_ 利用"直线：从中点"（ , Line：from Midpoint）与"直线"（ , Line）命令绘制两条垂直线1与2。

在"物件锁点"（Osnap）中选择"端点"（End）选项，在直线1与2之间，利用相应命令绘制出眼睛的轮廓线条（红色线条），如图所示。

02_ 执行"内插点曲线"（ , Curve：Interpolate Points）命令，在顶视图中绘制一条曲线A，见下图中的蓝色曲线。

曲线A是一条环绕人体面部的基准线，尺寸如图所示。

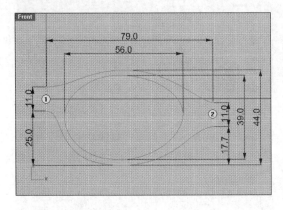

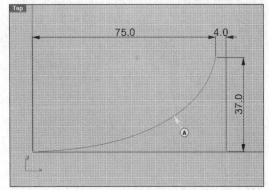

03_ 执行"开启曲率图形"（ , Curvature Graph On）命令，在"曲率图形"对话框中调整相应参数，查看曲线A的曲率状态。

使用"重建"（ , Rebuild）命令调整曲线的曲率，使曲线变得更加平滑。

04_ 执行"内插点曲线"（ , Curve：Interpolate Points）命令，在顶视图中绘制曲线B，见下图中的绿色曲线。

曲线A与曲线B左侧相距4.5mm，右侧相距3.6mm。

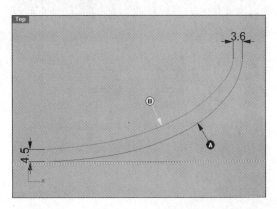

05_ 执行"内插点曲线"（[icon]，Curve: Interpolate Points）命令，绘制曲线C与D，尺寸如右图所示。

06_ 执行"衔接曲线"（[icon]，Match Curve）命令，在弹出的"衔接曲线"对话框中，设置相应参数，如图所示，保持曲线衔接呈相切连续。注意在设置参数时，一定要取消"互相衔接"（Average curves）项，并且先选中曲线A与B，再选曲线C与D，这样能够保证曲线A与B的形状不变，而只调整曲线C与D的形状。

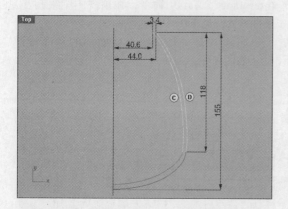

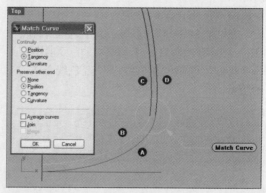

07_ 执行"直线挤出"（[icon]，Extrude Straight）命令，以曲线A为基准，创建出一个曲面，如图所示。

08_ 在前视图中，执行"投影至曲面"（[icon]，Project to Surface）命令，将眼镜轮廓线（红色线条）投影到曲面A上，如图所示。

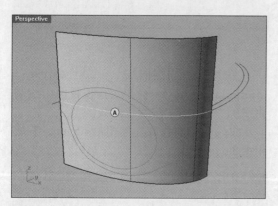

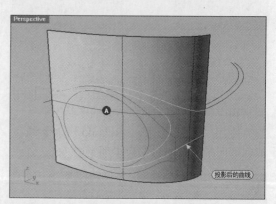

09_ 执行"隐藏物件"（[icon]，Hide Object）命令，将无关曲线暂时隐藏起来。

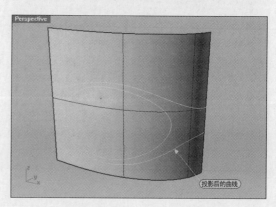

10_ 在"物件锁点"（Osnap）中选择"端点"（End）选项，在工具栏中选择"垂直尺寸标注"（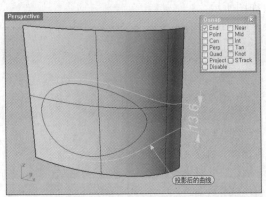，Vertical Dimension）命令，测得右侧两个端点之间的距离为13.6mm，数值过大，需要减少距离。

11_ 执行"直线：从中点"（, Line: from Midpoint）命令，绘制一条长度为12mm的直线，如图所示。

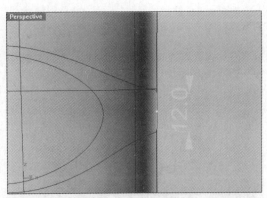

12_ 执行"开启控制点"（, Control Points on）命令，激活曲线上的CP控制点。

观察曲线上的控制点，可以发现控制点数量繁多，难以进行正常编辑，因此需要先处理一下。

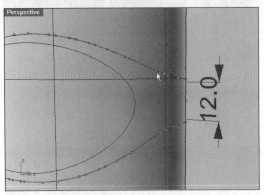

13_ 执行"整修曲线"（, Refit Curve）命令，选中需要整修的曲线，而后设置命令参数：以公差整修（Fitting tolerance）=0.01，删除输入物体（DeleteInput）=是，阶数（Degree）=3，按Enter键整修曲线。

观察整修的曲线，可以发现曲线上的控制的数量明显减少，进行编辑更加方便。

14_ 在"物件锁点"（Osnap）中选择"端点"（End）选项，执行"移动"（, Move）命令，选中外侧轮廓线右侧端点处的几个控制点，如图所示，按住 Shift 键，在垂直方向上拖动选中的控制点，使它们相距12mm。

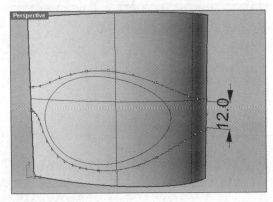

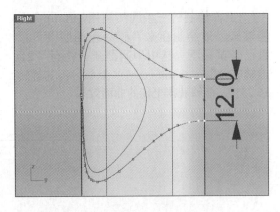

201

15_ 编辑完成后，执行"分割"（ , Split）命令，进行分割操作，删除不需要的部分，如图所示。

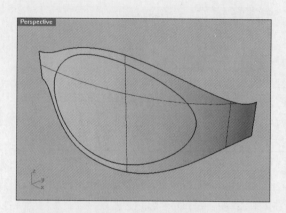

切换到右视图（Right View）中，执行"圆弧：起点、终点、半径"（ , Arc : Start, End, Radius）命令，设置"半径"（Radius）为99mm，绘制出第二条圆弧，如图所示。

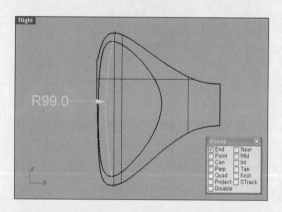

17_ 上面绘制的三条圆弧利用CPlane命令能够轻松地绘制出来，感兴趣的朋友可以自己尝试一下。选中中间圆弧，执行"2D旋转"（ , Rotate 2-D）命令，将其旋转16.25°，能够获得更佳的曲面效果。

16_ 接下来，向太阳镜添加厚度感效果。

在"物件锁点"（Osnap）中选择"端点"（End）选项，执行"圆弧：起点、终点、半径"（ , Arc : Start, End, Radius）命令，设置"半径"（Radius）为4.5mm，绘制出第一条圆弧，如图所示。

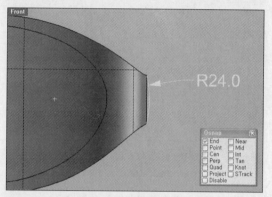

在右视图中执行"圆弧：起点、终点、半径"（ , Arc : Start, End, Radius）命令，设置"半径"（Radius）为7.6mm，绘制出第三条圆弧，如图所示。当然也可以利用"内插点曲线"（ , Curve : Interpolate Points）命令绘制出所需要的形状。

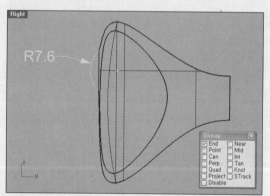

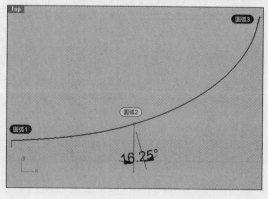

18_ 请看右图，右图中的圆弧2是向右旋转 16.25°之后的结果。

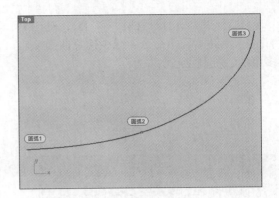

2 创建太阳镜的轮廓曲面

在绘制完太阳镜的轮廓线条之后，接着制作太阳镜的轮廓曲面，其塑造质量直接决定着太阳镜的外观，因此在创建太阳镜轮廓曲面时，应当多费些心思。

01_ 执行"双轨扫掠"（，Sweep 2 Rails）命令，选中太阳镜的上下轮廓边缘1与2，以及三条弧线，进行双轨扫掠，创建出基本的轮廓曲面，如图所示。

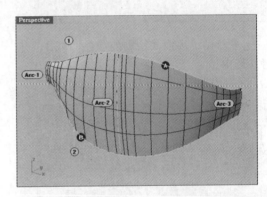

在命令执行过程中，弹出"双轨扫掠选项"对话框，点选"保持高度"（Maintain height）项，保持曲面的高度不变。

除了使用"双轨扫掠"命令外，还可以使用"从网线建立曲面"（ ，Surface from Network of Curves）命令创建眼镜基本的轮廓曲面。

02_ 在前视图中执行"投影至曲面"（ ，Project to Surface）命令，选中镜片（Lens）曲线，将其投影到曲面A上，而后执行"分割"（ ，Split）命令进行分割操作。

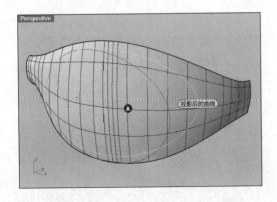
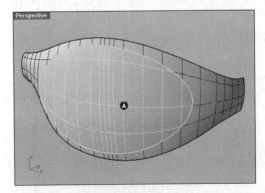

03_执行"缩回已修剪曲面"（，Shrink Trimmed Surface）命令，减少镜片曲面A上多余的CP控制点。

04_制作镜片曲面，不另外创建新的曲面，而是直接在曲面A的基础上工作。首先减少曲面A上的结构线（Isocurve）的数量。选中镜片曲面A，执行"重建曲面"（ ，Rebuild Surface）命令，在弹出的"重建曲面"对话框中，设置"点数"（Point count）：U=5，V=5，如图所示。

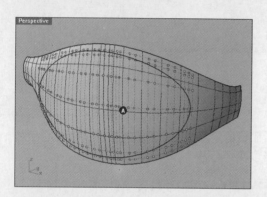

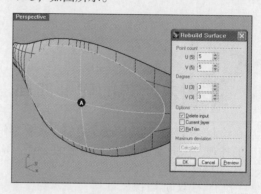

05_重新显示出前面绘制的绿色曲线B，并将其选中。

06_执行"直线挤出"（ ，Extrude Straight）命令，以曲线B为基础创建出一曲面，如图所示。

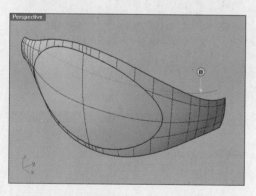

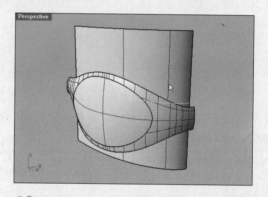

07_暂时隐藏镜片曲面。

执行"将曲线拉至曲面"（ ，Pull Curve to Surface）命令，选中1、2、3三条边缘线条，将它们投影到曲面B上，曲面B上出现三条投影曲线，如图所示。

08_执行"分割"（ ，Split）命令，利用三条投影曲线分割曲面B，删除不需要的曲面，如图所示。

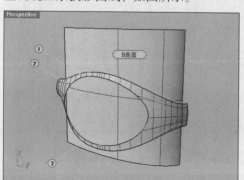

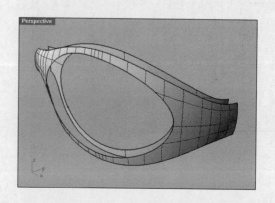

Chapter 02 制作太阳镜

3 制作并编辑鼻托曲面

Rhinoceros

在制作太阳镜时,初学者往往很难掌握鼻托曲面制作及编辑的方法。下面提供一些处理方法供各位读者参考,并希望以此为基础,进一步提升大家的建模水平与能力。

01_执行"偏移曲面上的曲线"(, Offset curve on surface)命令,选中第二个曲面的下端边缘曲线,向内侧偏移1.0mm,如图所示。

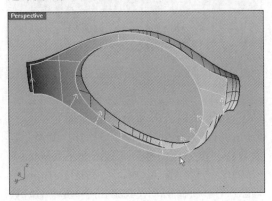
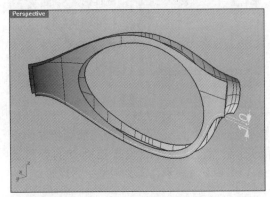

02_执行"分割"(, Split)命令,利用偏移曲线分割内侧曲面,而后删除分割出的部分。

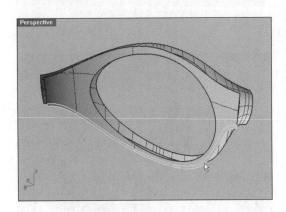

03_执行"混接曲面"(, Blend Surface)命令,在内外两个曲面之间建立混接曲面,在"调整混接转折"(Adjust Blend Bulge)对话框中分别设置如下参数。

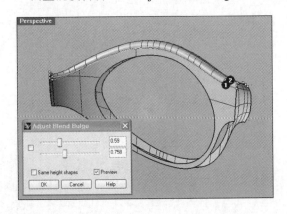
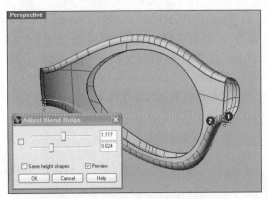

再次执行"混接曲面"命令，在"调整混接转折"（Adjust Blend Bulge）对话框中点选"一样的高度形状"（Same height shape）选项，在镜片（Lens）的前后两个边缘线之间建立混接曲面，如图所示。

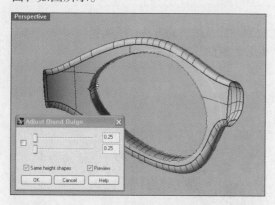
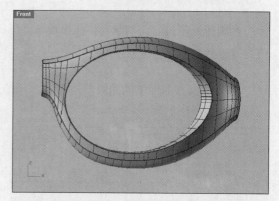

04_ 执行"开启控制点"（, Control Points On）命令，开启眼镜底部混接曲面上的控制点，观察可以发现控制点的数目繁多，难以进行编辑，需要调整一下控制点。

05_ 执行"以公差重新修整曲面"（, Refit surface to tolerance）命令，设置命令参数："以公差修整"（Fitting tolerance）=0.01，"删除输入物体"（DeleteInput）=是，"重新修剪"（Retrim）=是，U阶数（UDegree）=5，V阶数（VDegree）=5，重新修整曲面，如图所示。

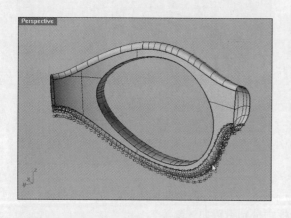
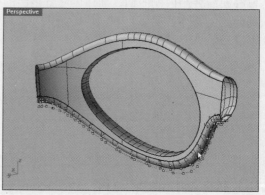

06_ 执行"UVN移动"（, Move UVN）命令，选中需要编辑的CP控制点（3个左右），在弹出的"UVN移动"对话框中，设置"缩放比"（Scale）为1.0，沿N方向进行变形，创建出基本的鼻托曲面。

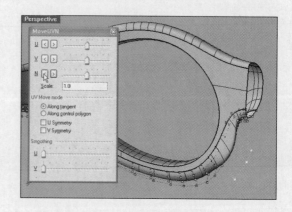

继续沿 u、v 方向移动选中的控制点,将"缩放比"(Scale)设置在 0.1~0.3 之间,进行细微调整,从而创建出自然的鼻托曲面,如图所示。

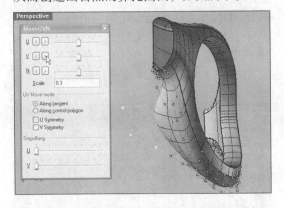 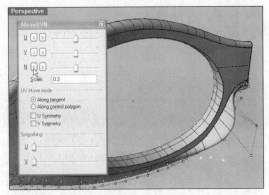

07_ 执行"镜像"(, Mirror)命令,复制出眼镜的另一侧部分。而后观察鼻托曲面,鼻托曲面凸出程度在5~6mm最为合适。在调整中,若结构线与CP控制点出现不足,则需要使用"插入节点"(, Insert Knot)与"插入一个控制点"(, Insert a control point)命令向曲面添加CP控制点。

添加 CP 控制点时,在 u、v、both 方向上都是可行的。在删除控制点时,需要使用"移除节点"(, Remove Knot)与"移除一个控制点"(, Remove a control point)命令。

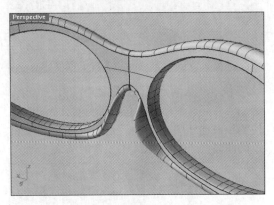

08_ 执行"渲染"(, Render)命令,观察渲染效果,如图所示。

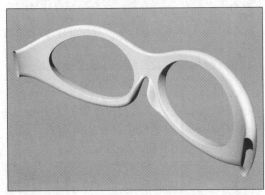 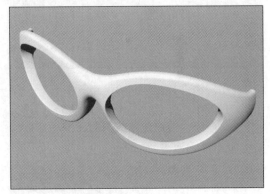

4 制作眼镜腿

眼镜腿是眼镜的重要组成部分,不仅影响到眼镜的整体美感,还关系着眼镜佩戴的舒适程度。在制作眼镜腿时,保持曲面的自然衔接非常重要。

01_ 重新显示前面绘制的曲线C与D，在"物件锁点"（Osnap）中选择"端点"（End）选项，执行"移动"（，Move）命令，将它们移动到如图所示的位置上。

02_ 执行"内插点曲线"（，Curve: Interpolate Points）命令，在右视图中，以曲线C、D的端点为基准，绘制两条曲线，如图所示。而后执行"直线"（，Line）命令将两条曲线封闭起来。选中三条曲线，执行"组合"（，Join）命令，将它们组合在一起。

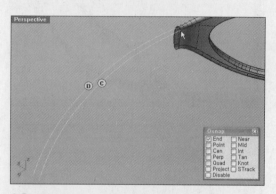

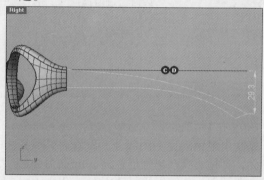

03_ 执行"从两个视图的曲线"（，Curve from 2 Views）命令，依据曲线C、D的曲率使T-Line曲线发生弯曲。请看下图，图中黄色的曲线为依据曲线C、D压弯的结果。

04_ 保留生成的黄色曲线，删除其他无关曲线，如图所示。

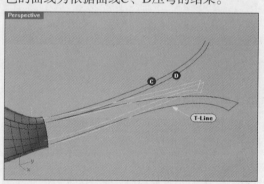

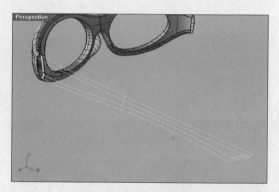

05_ 在"物件锁点"（Osnap）中选择"端点"（End）选项，执行"移动"（，Move）命令，使内侧曲线与曲面准确地衔接在一起，如图所示。

06_ 执行"双轨扫掠"（，Sweep 2 Rails）命令，在"双轨扫掠选项"（Sweep 2 Rails Options）对话框中设置相应选项，创建出眼镜腿的外侧曲面，如图所示。

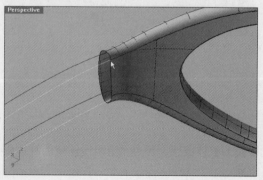

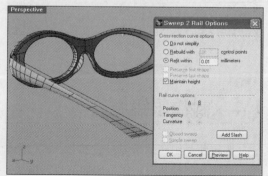

07_执行"双轨扫掠"（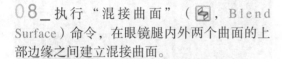，Sweep 2 Rails）命令，依次选中眼镜腿内侧面的三条曲线，在弹出的"双轨扫掠"（Sweep 2 Rails Options）对话框中设置相应选项，创建出眼镜腿的内侧曲面，如图所示。

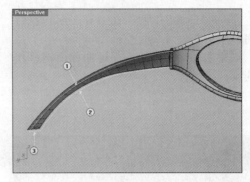

08_执行"混接曲面"（，Blend Surface）命令，在眼镜腿内外两个曲面的上部边缘之间建立混接曲面。

09_执行"框选缩放"（，Zoom Window）命令，放大混接曲面，观察可以发现曲面间存在缝隙，以后再进行相应修改。

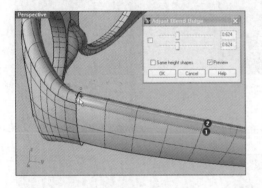

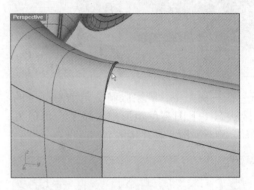

10_在执行"混接曲面"（，Blend Surface）命令之前，首先在"物件锁点"（Osnap）中选择"端点"（End）选项，执行"以结构线分割曲面"（，Split Surface by Isocurve）命令，删除分割出的多余曲面。

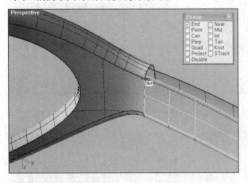

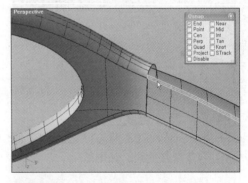

11_执行"衔接曲面"（，Match Surface）命令，单击曲面S-1与S-2的相接边缘线，在弹出的对话框中设置曲面的连续性为相切连续（Tangency Continuity）。

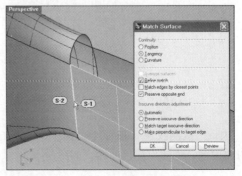

12_ 暂时将曲面S-1与S-2组合在一起，执行"斑马纹分析"（ , Zebra Analysis）命令，观察曲面衔接效果，保证曲面衔接呈相切连续。

13_ 执行"混接曲面"（ , Blend Surface）命令，选中眼镜腿底部的两条边缘线，在弹出的对话框中进行相关设置，如图所示，创建出混接曲面。

观察曲面连接状态，可以发现曲面间存在接缝。接下来，我们将处理这个问题。

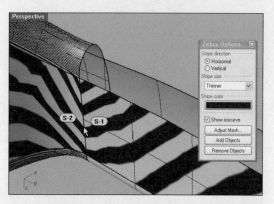

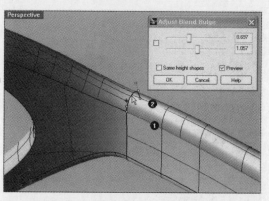

14_ 在右视图中，观察眼睛腿与前端部分的衔接状态（下图黄色矩形中区域），可以发现衔接并不平滑，存在接缝。

15_ 执行"分割"（ , Split）命令，利用矩形分割存在问题的部分，而后删除分割出的曲面片段，如图所示。

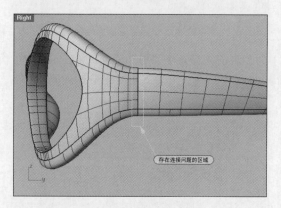

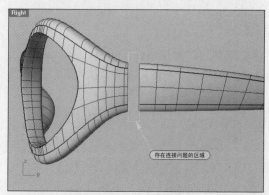

16_ 执行"混接曲线"（ , Blend Curves）命令，依次选择曲面1与2的边缘曲线，创建出4条混接曲线，如图所示。

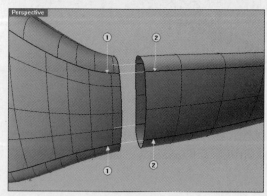

17_ 执行"从网线建立曲面"（ , Surface from Network of Curves）命令，选中相应的曲线与曲面边缘，创建出连接曲面，如图所示。

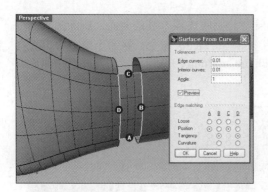
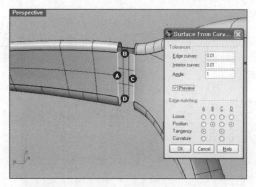

利用同样的方法，选择其他曲线与曲面的边缘线创建出连接曲面。在命令执行过程中，相关选项的设置如图所示。

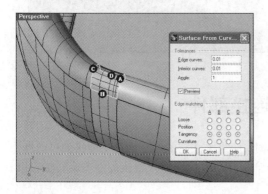
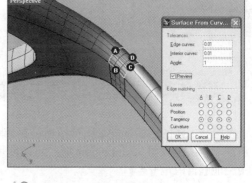

18_组合所有曲面，执行"斑马纹分析"（🖉，Zebra Analysis）命令，查看各个曲面的衔接状态，确保曲面衔接达到曲率连续性。

19_执行"以平面曲线建立曲面"（◎，Surface from Planar Curves）命令，在眼镜腿的末端创建一个曲面，将其封闭起来，如图所示。

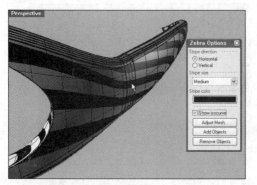
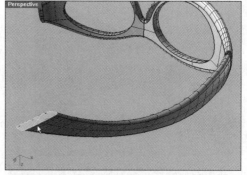

20_执行"复制边框"（🗇，Duplicate Border）命令，从刚刚创建的曲面中提取一条边框曲线。执行"圆管（平头盖）"（🗇，Pipe，Flat caps）命令，沿着提取的曲线创建一个直径为0.4mm的圆管。

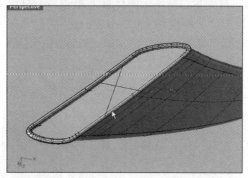

21_ 执行"分割"(Split)命令,利用"圆管"分割眼镜腿末端的曲面,删除圆管及分割出的曲面片段,而后执行"混接曲面"(Blend Surface)命令,在命令窗口中设置参数:自动连锁(AutoChain)=是,连锁连续性(ChainContinuity)=相切,创建好混接曲面,如图所示。

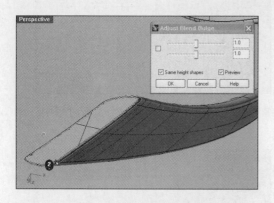
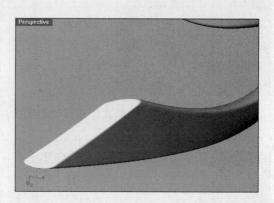

5 制作眼镜腿与眼镜主体的连接部件

镜腿与主体的连接部件是一个活动装置,制作时,应当关注它的细节特征与连接的自然性。在后期制作实体模型(Mock-up)时,可以使用一个圆柱形金属块取代连接部件的旋转轴,以便镜腿能够自由地开合。

01_ 在菜单栏中,依次选择"文件"、"导入"(File-Import)菜单,在"导入"对话框中,选择附录CD中的"04-眼镜腿连接部件"文件,将其导入到工作视图中。

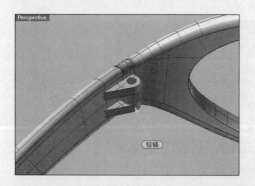
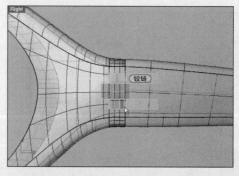

02_ 首先在如图所示的位置上制作一个薄薄的长方体,厚度约为0.2~0.3mm,执行"布尔运算差集"(Boolean Difference)命令,将眼镜腿分割开来。

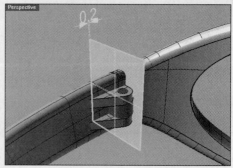

03_执行"布尔运算并集"（ , Boolean Union）命令，将连接部件合并到眼镜上，如图所示。

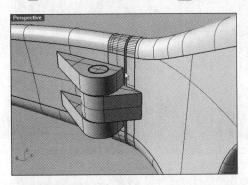
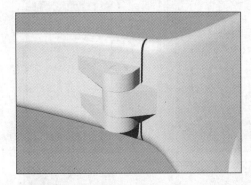

6 自然地连接眼镜框的左右两部分

太阳镜具有左右对称的结构，制作时，可以先制作好一侧，再通过镜像复制出另一侧，而后再处理左右两侧的衔接问题。下面我们将处理眼镜左右两侧的衔接问题，帮助大家掌握处理衔接的方法，并将它应用到其他建模实践中。

01_执行"镜像"（ , Mirror）命令，复制出眼镜的另一侧。观察左右两侧的连接部位，可以发现两者的衔接性不理想，需要进一步处理。

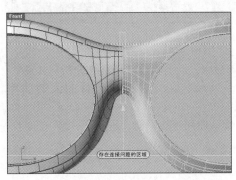

02_首先在左右两侧的衔接部分绘制一个矩形，执行"分割"（ , Split）命令，利用矩形进行分割操作，删除矩形与分割出的曲面片段，如图所示。

03_执行"混接曲线"（ , Blend Curves）命令，依次选择曲面1与2的边缘曲线，创建4条混接曲线，如图所示。

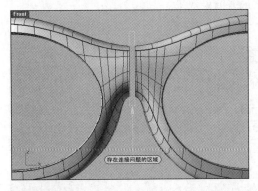
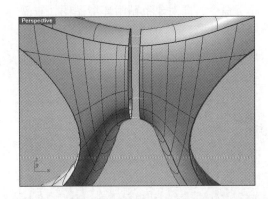

04_执行"从网线建立曲面"（ , Surface from Network of Curves）命令，选中相应的曲线与曲面边缘，创建出连接曲面，如图所示。

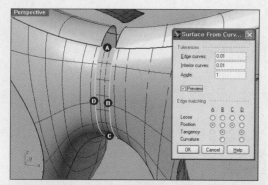

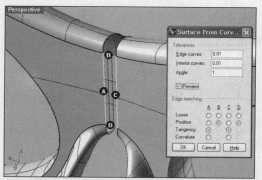

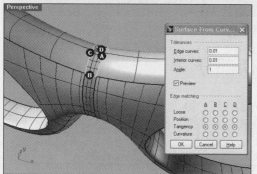

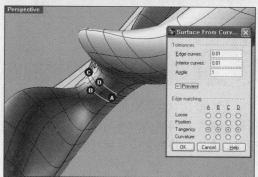

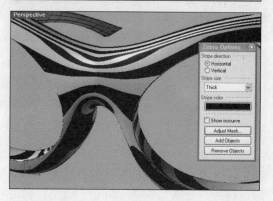

05_ 选中所有曲面，执行"组合"（，Join）命令，而后执行"斑马纹分析"（，Zebra Analysis）命令，查看曲面的曲率状态。

确认曲面连接平滑，进入下一步。

06_ 执行"环境贴图"（，Environment Map）命令，向对象上贴附环境贴图，查看曲面反射效果。

07_ 执行"渲染"（，Render）命令，观察最终渲染效果。

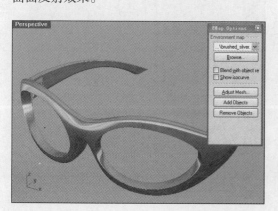

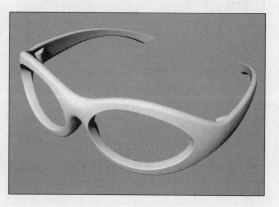

08_ 重新显示隐藏的镜片（Lens）曲面，执行 "挤出曲面"（, Extrude Surface）命令，制作一个厚度为1.5mm的镜片。

09_ 执行 "布尔运算差集"（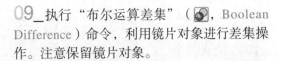, Boolean Difference）命令，利用镜片对象进行差集操作。注意保留镜片对象。

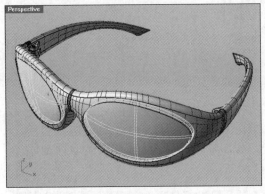

10_ 执行 "渲染"（, Render）命令，观察最终渲染效果。

11_ 执行 "着色"（, Shade）命令，确认最终建模效果。

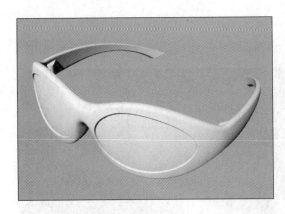

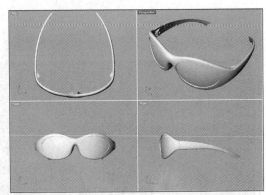

12_ 再次执行 "渲染"（, Render）命令，观察最终渲染效果。

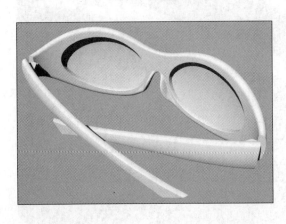

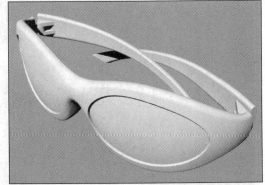

Chapter 03 制作牙刷

本章我们将学习牙刷的制作方法,在制作过程中,涉及到的知识有Blend Curve、Blend Surface、Edge Tools、Network Surface命令的用法,利用Flow along Curve进行对象变形的方法,利用Offset Surface在模型表面上印刷文字的方法等。

Rhinoceros *Rendering*

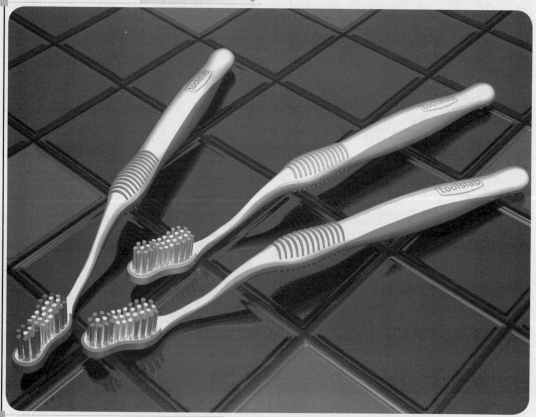

1 制作牙刷头

制作牙刷时，一次成型会降低建模的准确性。为避免出现这个问题，我们首先把牙刷拆分成牙刷头与牙刷柄两个部分，而后分别建模，最后把它们组合在一起，形成一个完整的牙刷。首先制作牙刷头部分。

01_ 在顶视图中执行"直线"（ , Line）命令，绘制一条45mm的水平中心轴线Top-Curve，而后执行"内插点曲线"（ , Curve: Interpolate Points）命令，绘制牙刷头轮廓线条。

绘制牙刷头时，首先绘制一半，而后执行"镜像"（ , Mirror）命令，对称复制出另一半。再执行"衔接曲线"（ , Match Curve）命令，保证曲线衔接达到相切连续性（Tangency=G1）。最后再绘制一条45mm长的曲线Side Curve，用作弯曲牙刷头的参考线。

02_ 执行"偏移"（ , Offset Curve）命令，在前视图中，对曲线1与曲线2进行偏移操作。

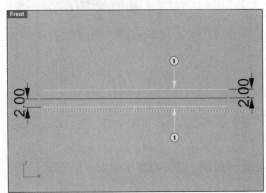

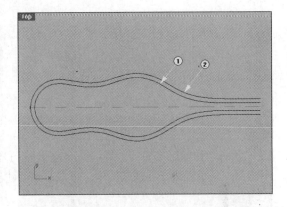

以中心轴线为基准，将曲线1分别向上与向下偏移2mm，如图所示。

以中心轴线为基准，将曲线2分别向上偏移1.5mm、向下偏移1mm，如图所示。

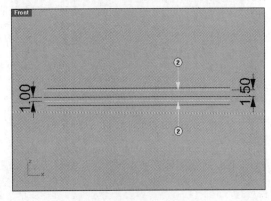

03_ 隐藏无关对象，而后执行"改变物件图层"（ , Change Objects Layer）命令，选中各条曲线，更改图层颜色，如图所示，以便更好地区分各条曲线。

04_ 在"物件锁点"（Osnap）中选择"端点"（End）选项，执行"内插点曲线"（ , Curve: Interpolate Points）命令，依次单击各条曲线的端点，创建出自然的连接曲线，用作牙刷头的断面曲线，如图所示。

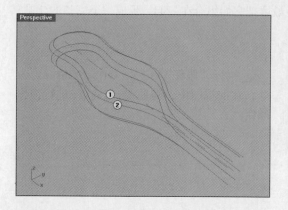

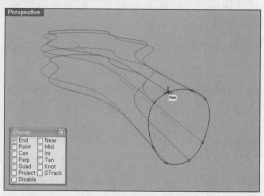

05_ 执行"分割"（ , Split）命令，利用曲线1与曲线2，分别分割刚刚绘制出的断面曲线。

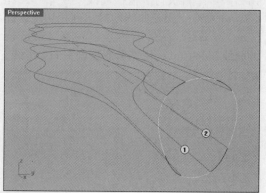

06_ 执行"切割用平面"（ , Cutting Plane）命令，同时选中4条曲线，在顶视图中，自上而下绘制一条垂直线，在透视图中，可以看到创建出的切割平面，如图所示。

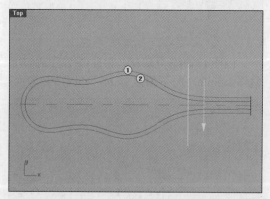

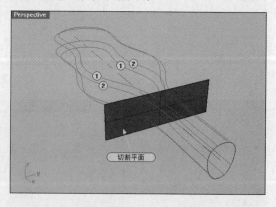

07_ 选择4条曲线与切割平面，执行"物件交集"（ , Object Intersection）命令，在曲线与平面的交接处产生8个交点，如图所示。

08_ 在"物件锁点"（Osnap）中选择"点"（Point）选项，执行"直线"（ , Line）命令，将交点连接起来，如图所示。

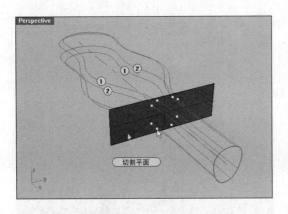
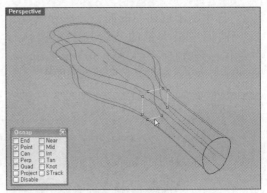

09_执行"双轨扫掠"（ , Sweep 2 Rails）命令，依次选中相关曲线，在选项对话框中，设置相应参数，创建出牙刷头的曲面（Surface），如图所示。

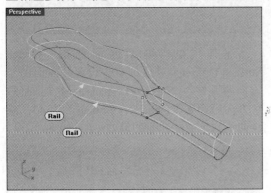

10_执行"嵌面"（ , Patch）命令，选中曲线1、2、3，创建出嵌面，如图所示。

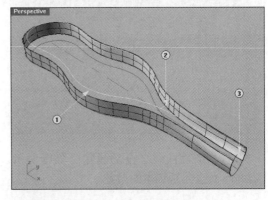

在弹出的"嵌面曲面选项"（Patch Surface Option）对话框中，将"曲面的U方向跨距数"（Surface U spans）与"曲面的V方向跨距数"（Surface V spans）设为40，减少曲线与生成的曲面的偏差（Deviation）。

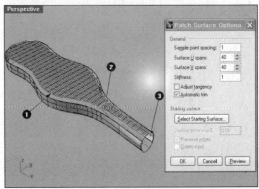

11_ 选中刚刚创建的嵌面，开启控制点，发现曲面中很大量的冗余控制点。执行"缩回已修剪曲面"（, Shrink Trimmed Surface）命令，减少冗余控制点的面积。

命令执行完毕后，冗余控制点面积大大减少，如图所示。

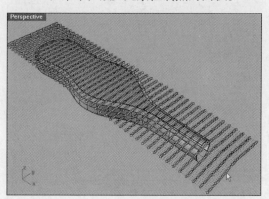
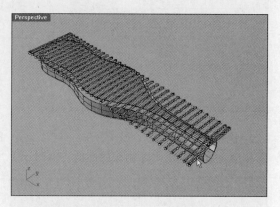

12_ 执行"嵌面"（, Patch）命令，选中曲线1、2、3，创建出嵌面，如图所示。

在弹出的"嵌面曲面选项"（Patch Surface Option）对话框中，设置"曲面的U方向跨距数"（Surface U spans）与"曲面的V方向跨距数"（Surface V spans）为40，减少曲线与生成的曲面的偏差（Deviation）。

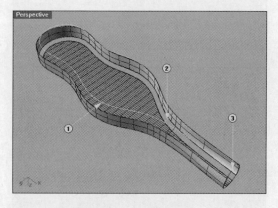
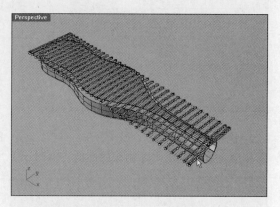

13_ 选中断面曲线，全部删除，如图所示。在生成嵌面时，曲面与这些曲线交接的端点（End）处会出现细微的误差。

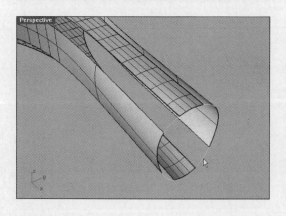
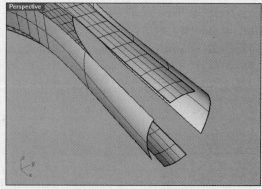

14_ 执行"混接曲线"（ , Blend Curve）命令，在曲面边缘1与2之间，创建混接曲线。采用同样的方法，创建出另外三条混接曲线，如图所示。

15_ 执行"混接曲线"（ , Blend Curve）命令，在直线1与2之间创建混接曲线。使用相同的方法，在其余的直线之间也创建出混接曲线，如图所示。

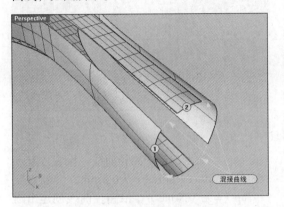

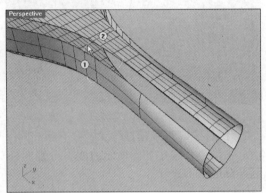

16_ 执行"双轨扫掠"（ , Sweep 2 Rails）命令，依次选中曲面边缘（Surface Edge-1，Surface Edge-2）与断面曲线（共4个对象），在曲面边缘之间，创建出曲面，如图所示。

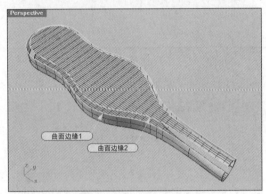

在弹出的"双轨扫掠选项"对话框中设置相应参数，如图所示。

使用相同的方法，在另一侧也创建出连接曲面，如图所示。

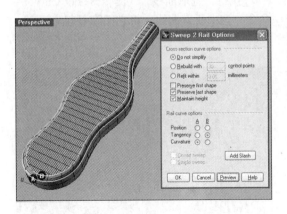

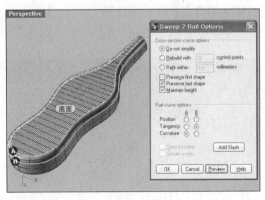

17_ 执行"选取曲面"（ , Select Surface）命令，选中各个曲面，执行"组合"（ , Join）命令，将它们组合在一起。而后执行"渲染"（ , Render）命令，检查曲面的连接状态。请看下图，图中箭头指示的部分显得十分不自然，需要进行平滑处理。

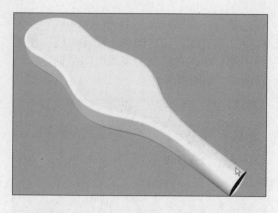
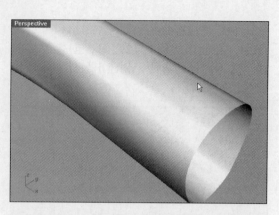

18_执行"以直线延伸"（ , Extend by Line）命令，选中如图所示曲线，分别向外延伸5mm。

19_执行"圆管（平头盖）"（ , Pipe, Flat caps）命令，选中路径曲线，设置"起点半径"（Start Radius）为0.3mm，"加盖"（Cap）=无（None），沿路径曲线创建出圆管，如图所示。

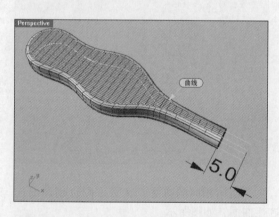
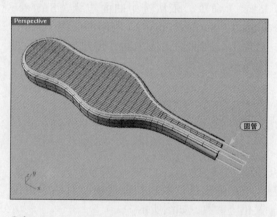

20_执行"分割"（ , Split）命令，以圆管分割曲面，而后删除圆管及分割出的部分，如图所示。

21_执行"选取曲线"（ , Select Curve）命令，选中所有曲线，将它们隐藏起来。

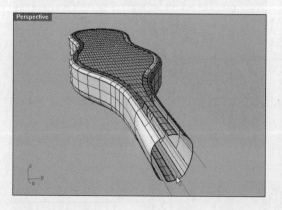
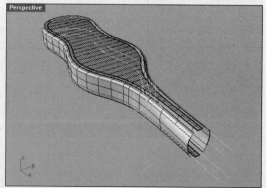

22_ 选中各个曲面，执行"显示边缘"（ ），Edge Tools-Show Edges）命令，在弹出的"边缘分析"（Edge Analyze）对话框中点选"显示"（Show）中的"全部边缘"（All Edges）选项，显示出所有边缘，即右图中粉红色线条标注的线条。

23_ 在"物件锁点"（Osnap）中选择"节点"（Knot）选项，执行"分割边缘"（ ，Split Edge）命令，在如图所示的位置上分割曲面边缘线。注意在分割过程中不要重复操作。若出现重复操作情况，可以按 Ctrl + Z 组合键进行取消，再执行分割操作。如果在操作过程中出现误操作，可以利用"合并边缘"（ ，Merge Edge）命令恢复到分割前的合并状态。

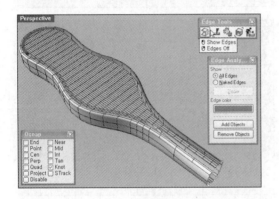

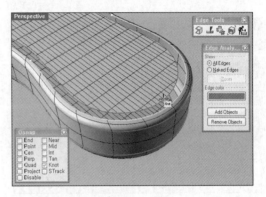

24_ "分割边缘"（ ，Split Edge）命令执行完毕后，可以在曲面边缘上观察到分割点，分割时，尽量保持分割点的对称性，如下图黄色圆圈（Circle）内的分割点。在另一面，采用同样的方法创建出分割点。

25_ 执行"混接曲线"（ ，Blend Curve）命令，设置"连续性=曲率"（Continuity=Curvature），创建4条连接曲线，如图所示。

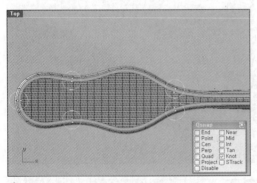

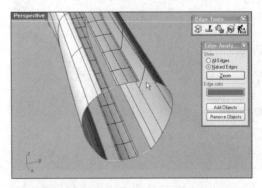

26_ 执行"混接曲面"（ ，Blend Surface）命令，选中分割出的曲面边缘（Surface Edge），创建出连接曲面，如图所示。

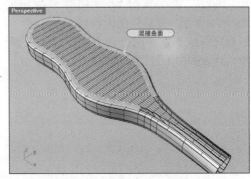

27_执行"从网线建立曲面"（，Surface from Network of Curves）命令，选中A、B、D曲面边缘，在弹出的对话框中进行如下设置，在其余的曲面边缘之间创建出连接曲面。若采用"混接曲面"命令，创建连接曲面，则在生成的曲面的右端会出现误差。

采用相同的方法，在另一侧创建好连接曲面。

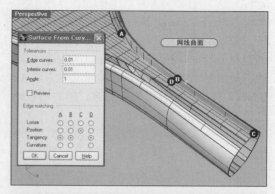

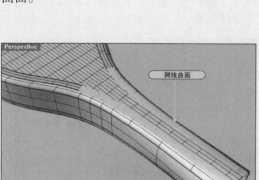

28_执行"渲染"（，Render）命令，检查曲面的衔接状态。观察可以发现，曲面衔接非常自然，连接性良好。若在连接曲面间出现问题，则需要修改容差（Tolerances），将其设置为0.001mm后再进行处理。

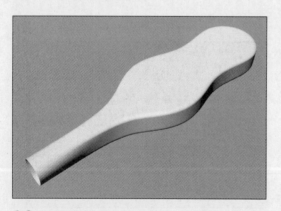

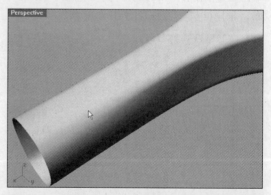

29_执行"斑马纹分析"（，Zebra Analysis）命令，观察各曲面状态。

若斑马纹非常平滑，未出现扭曲或断裂现象，则表明曲面连接状态良好。

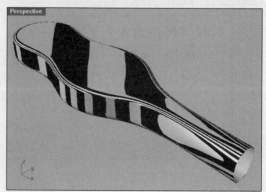

30_重新显示侧面曲线,在顶视图中选中,执行"重新对应至工作平面"(, Remap to CPlane)命令,在前视图中单击工作区域,选中的曲线的位置发生改变。

在前视图中单击工作区域,所选曲线位置发生改变。

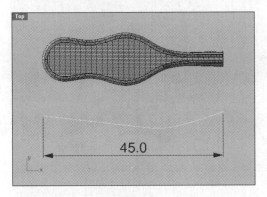
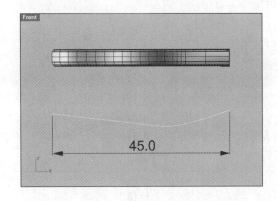

2 制作牙刷毛

在制作牙刷毛时,做工不必过于精细,首先利用挤出命令,挤出牙刷毛形态,而后在利用布尔运算差集命令塑造出凹凸不平的效果。

01_执行"显示选取的物件"(, Show Selected Objects)命令,将隐藏的牙刷毛圆形阵列显示出来。

每个圆圈的直径为 1.5mm。

02_执行"挤出封闭的平面曲线"(, Extrude closed planar curve)命令,选中所有圆形阵列,在前视图中向上挤出17mm左右,如图所示。

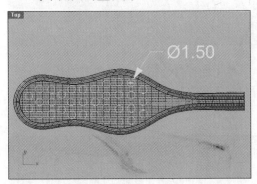
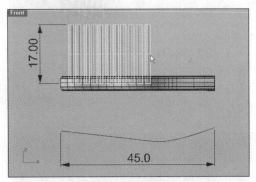

03_执行"直线"(, Line)与"内插点曲线"(, Curve: Interpolate Points)命令,在前视图中绘制一个多重线条(Polyline)1,执行"组合"(, Join)命令,将多重线条组合在一起。

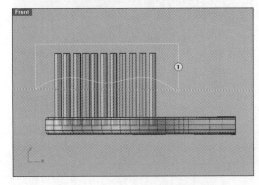

04_ 执行"挤出封闭的平面曲线"（ , Extrude closed planar curve）命令，选中刚刚绘制的多重线条，挤出一个实体对象，而后执行"布尔运算差集"（ , Boolean Difference）命令修剪牙刷毛，使其呈现出凹凸不平的效果，如图所示。

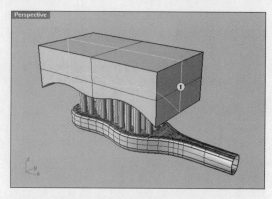
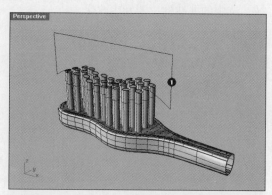

05_ 执行"布尔运算并集"（ , Boolean Union）命令，将牙刷毛1与牙刷头2合并成一个实体对象。

06_ 执行"直线"（ , Line）命令，在牙刷头的中心位置绘制一条水平中心轴线，长度为45mm，如图所示。

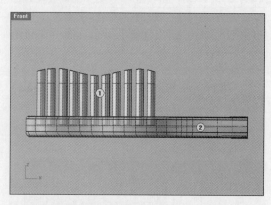
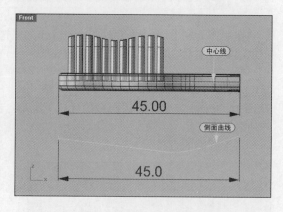

07_ 执行"沿着曲线流动"（ , Flow along Curve）命令，依次单击1、2、3对象，如图所示。

单击曲线3之后，对象1与对象2会沿着曲线3弯曲，如图所示。

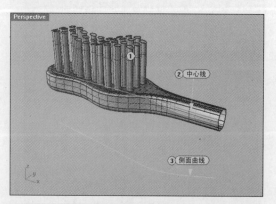
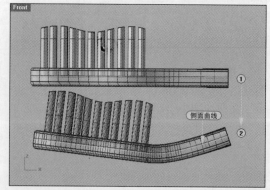

08_ 执行"渲染"（ , Render）命令，确认牙刷头状态。

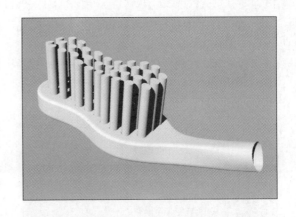

 绘制牙刷手柄

制作完牙刷头后，下面开始制作牙刷柄。在制作过程中，需要用到的命令有Curve from Cross Section profiles、Surface from Network of Curves等。

01_ 在顶视图中执行"直线"（ , Line）命令，绘制一条中心轴线。

而后执行"内插点曲线"（ , Curve：Interpolate Points）命令，绘制出牙刷手柄的边缘轮廓线条A，执行"镜像"（ , Mirror）命令，复制出另一侧边缘线条B，再执行"衔接曲线"（ , Match Curve）命令，确保两条轮廓线条衔接平滑。

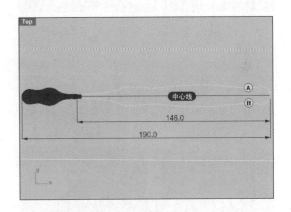

02_ 在前视图中执行"内插点曲线"（ , Curve：Interpolate Points）命令，绘制牙刷手柄曲线C与D，使它们与牙刷头自然地衔接在一起，长度为148mm，如图所示。

执行"衔接曲线"（ , Match Curve）命令，调整曲线C与D交接处的曲率，使之达到相切连续（Tangency=G1），在弹出的"衔接曲线"对话框中进行相应设置，如图所示。

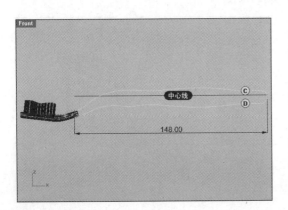

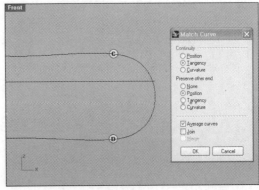

227

03_ 在前视图中执行"内插点曲线"（ , Curve: Interpolate Points）与"直线"（ , Line）命令，在曲线C与D之间绘制一条曲线E，如图所示。

04_ 执行"从两个视图的曲线"（ , Curve from 2 Views）命令，将曲线A与B沿曲线E进行自然扭转。在执行命令时，注意依次选中曲线A与B。

当然，也可以先将曲线A与B组合在一起，再执行扭转命令。命令执行完成后，再次将曲线炸开。

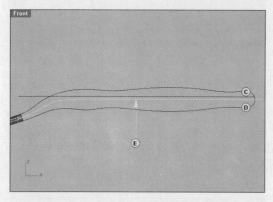

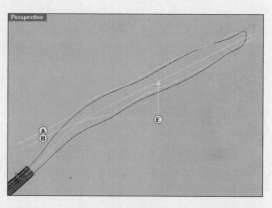

命令执行完毕后，生成曲线F与曲线G，见下图。

05_ 到此为止，牙刷柄的轮廓曲线A、B、F、G全部制作完毕，如图所示。

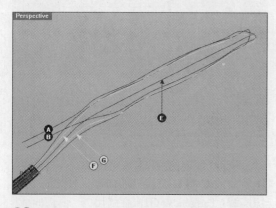

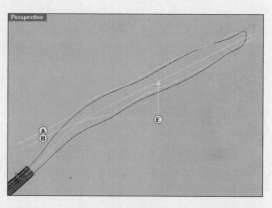

06_ 执行"从断面轮廓线建立曲线"（ , Curve from Cross Section profiles）命令，依次选中曲线F、A、G、B，在前视图中创建曲线断面，如图所示。

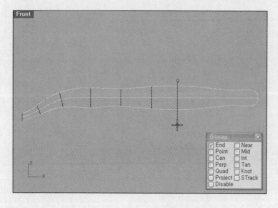

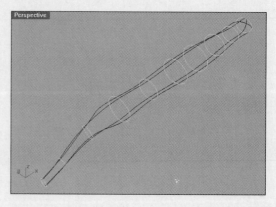

07_执行"从网线建立曲面"（ , Surface from Network of Curves）命令，在弹出的对话框中进行相关设置，选中创建出的所有曲线，创建出如图所示的曲面。

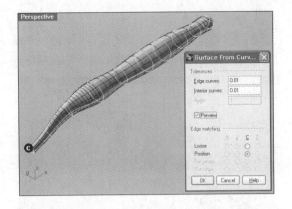

4 利用"混接曲面"命令将牙刷头与牙刷柄自然地衔接在一起

Rhinoceros

恰当运用"混接曲面"（Blend Surface）命令，将将牙刷头与牙刷柄自然地衔接在一起。

01_重新显示出隐藏的牙刷头，执行"渲染"（ , Render）命令，观察牙刷头与牙刷柄的连接部位，发现连接并不平滑，需要进一步处理。

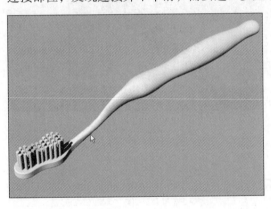
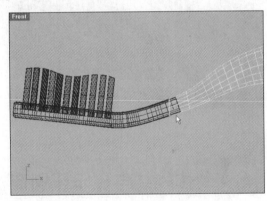

02_执行"直线"（ , Line）命令，在牙刷头A与牙刷柄B上绘制两条直线，而后执行"分割"（ , Split）命令，进行分割操作。然后删除分割出的所有曲面片段。

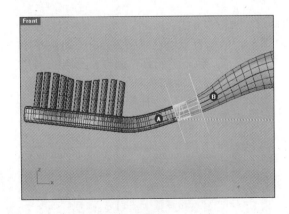

03_执行"混接曲面"（ , Blend Surface）命令，选中曲面边缘1与2，在命令执行窗口中，设置"自动连锁=是、连锁连续性=相切"（AutoChain=Yes, ChainContinuity=Tangency），在牙刷头A与牙刷柄B之间创建出自然的混接曲面，如图所示。

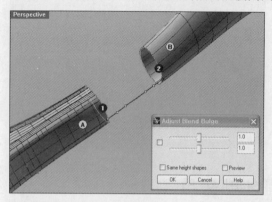
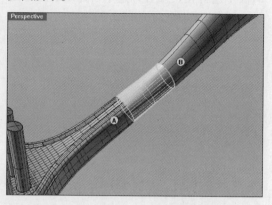

04_执行"渲染"（ , Render）与"斑马纹分析"（ , Zebra Analysis）命令，查看曲面的连接状态，可以看到曲面的衔接非常平滑。

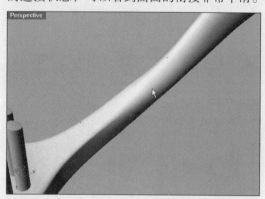
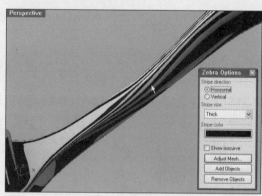

5 制作螺纹与雕印牙刷商标

灵活运用投影与偏移工具，在牙刷柄上制作螺纹与雕印商标。

01_执行"直线"（ , Line）命令，在如图所示的位置上绘制一条26mm长的水平中心线，而后执行"圆弧：起点、终点、通过点"（ , Arc: Start, End, Point on Arc）命令，在中心线左侧的端点处绘制一条圆弧2，如图所示。

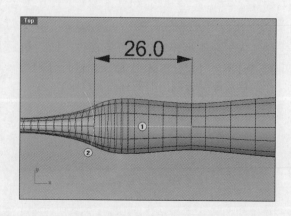

02_执行"沿着曲线阵列"（ , Array along Curve）命令，首先选中圆弧2，而后单击水平中心线1，沿其排列13条圆弧（Arc）。

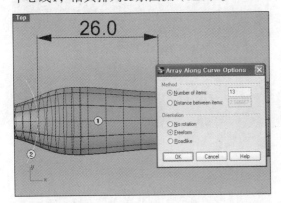 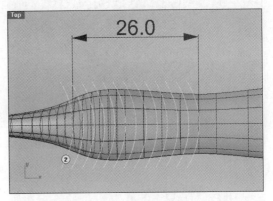

03_如图所示，绘制曲线3与曲线4，执行"修剪"（ , Trim）命令，对13条圆弧进行修剪整理。

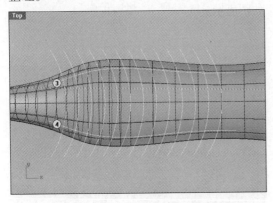 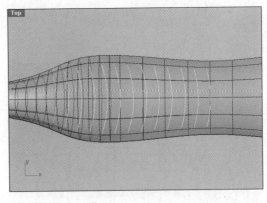

04_在顶视图中执行"投影至曲面"（ , Project to Surface）命令，将13条圆弧（Arc）投影到牙刷柄上，如图所示。

05_在"物件锁点"（Osnap）中选择"端点"（End）与"中点"（Mid）两项，执行"圆管（圆头盖）"（ , Pipe, Round Caps）命令，沿每条投影曲线创建圆管对象，形成螺纹效果。注意，端点（End）处的半径（Radius）设置为0.4，中点（Mid）处的半径（Radius）设置为0.6。

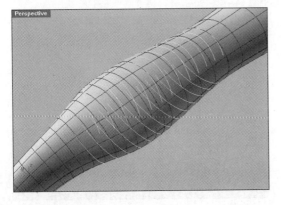 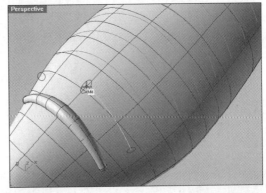

顶面螺纹

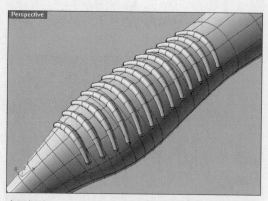
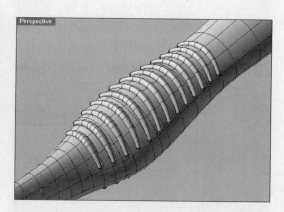

底面螺纹

06_ 执行"直线"（ , Line）命令，在如图所示的位置上绘制一条高度为6mm的垂直线，而后执行偏移曲线（Offset Curve）命令，设置偏移距离为5mm，偏移出另外一条垂直线。

07_ 执行"圆管（圆头盖）"（ , Pipe, Round Caps）命令，设置"半径"（Radius）为1.0mm，沿两条垂直线创建出两个圆管，如图所示。

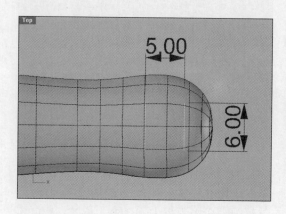
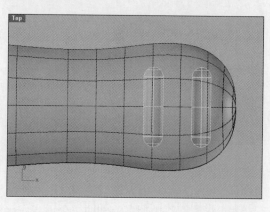

08_ 选中两个圆管，执行"移动"（ , Move）命令，在前视图中略微向下移动。

09_ 执行"布尔运算并集"（ , Boolean Union）命令，将创建的所有螺纹对象与牙刷柄合并在一起。

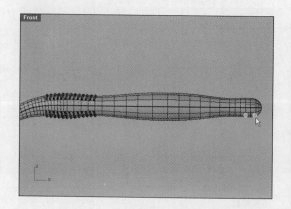
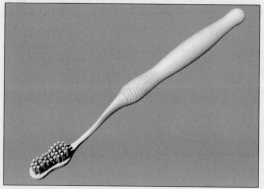

10_ 执行"文字物件"（ , Text Object）命令，输入文本，创建文本对象。

　　而后执行"投影至曲面"（ , Project to Surface）命令，将其投影到牙刷柄上，如图所示。

文本投影到牙刷柄上的效果。

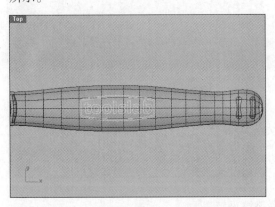

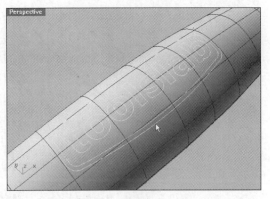

11_ 执行"分割"（ , Split）命令，利用文本及曲线分割牙刷手柄曲面。

12_ 执行"偏移曲面"（ , Offset Surface）命令，在命令窗口中，设置"偏移距离"（Offset Distance）为0.5mm，并选中"实体"（Solid）项，在牙刷柄上创建出实体文字。

　　注意选择"全部反转"（Flip All），使箭头指向内侧。

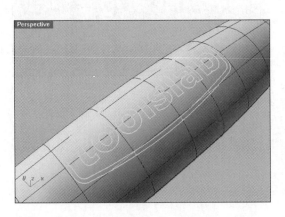

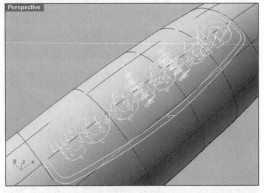

13_ 执行"抽离曲面"（ , Extrude Surface）命令，分离出实体文字的顶部面，而后删除，如图所示。

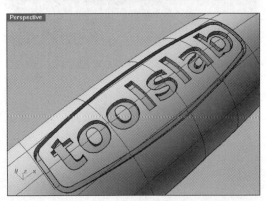

14_执行"组合"（ , Join）命令，将所有曲面组合在一起。

执行"渲染"（ , Render）命令，查看渲染结果。

15_执行"着色"（ , Shade）命令，查看模型的整体轮廓。

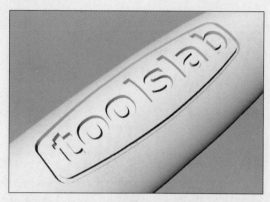

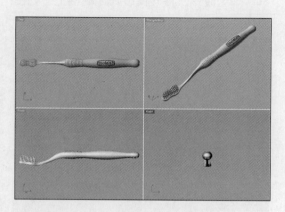

16_执行"渲染"（ , Render）命令，观察最终渲染结果。

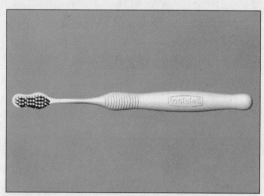

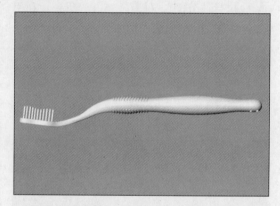

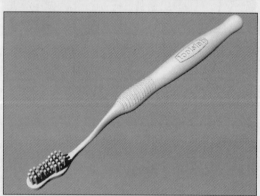

Chapter 04 制作玩具直升飞机

本章将学习玩具直升飞机的制作方法，在学习过程中，读者会学习到以下知识：可拆装的产品建模方法、Boss与Rib制作方法、Network Surface应用方法、Patch命令使用方法，以及Object Intersection与Cutting Plane应用方法等。

Rhinoceros *Rendering*

1 制作直升飞机机身

首先绘制出直升飞机的轮廓示意图，而后利用 Network Surface 命令创建出基本的曲面，再通过 Offset Surface 命令增添曲面的厚度感，从而制作出直升飞机的机身部分。

01_ 在状态栏（Status bar）中开启"锁定格点"（Snap）、"正交"（Ortho）、"平面模式"（Planar）功能，执行"直线：从中点"（, Line: from Midpoint）命令，在右视图中，以坐标原点为基准，沿y轴方向绘制一条90mm长的水平线。

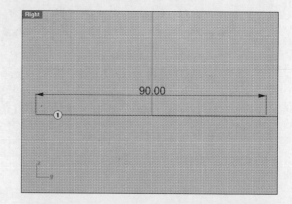

02_ 执行"直线"（, Line）命令，根据图示的位置与尺寸，分别绘制出A、B、C三条直线。

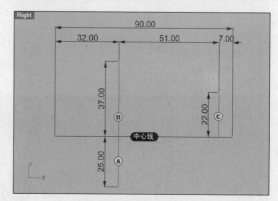

03_ 执行"内插点曲线"（, Curve: Interpolate Points）命令，绘制出曲线1、2、3、4、5，如图所示。

绘制时，注意保持各条曲线互相独立，方便后续编辑。

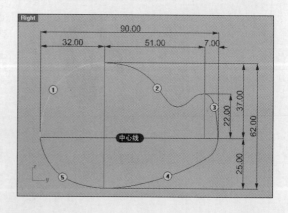

04_ 执行"衔接曲线"（, Match Curve）命令，选中曲线1与曲线2，在弹出的"衔接曲线"（Match Curve）对话框中设置如下参数：连续性（Continuity）=相切（Tangency），维持另一端（Preserve other end）=位置（Position），点选"互相衔接"（Average curves）选项，调整曲线1与2衔接连续性。采用相同的方法处理其余曲线衔接的连续性，如图所示。

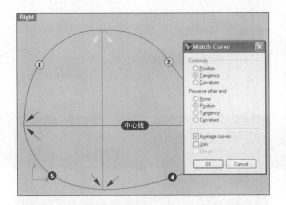
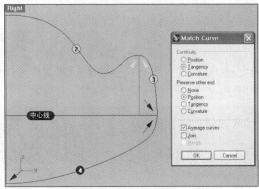
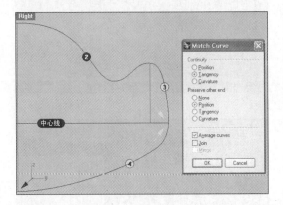
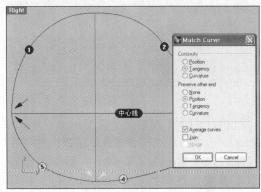
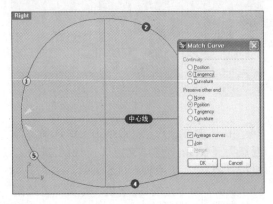

05_ 执行"直线：从中点"（ ✏ ，Line：from Midpoint）命令，按住 Shift 键，在如图所示的位置上分别绘制出直线1与直线2，尺寸见图中标注。

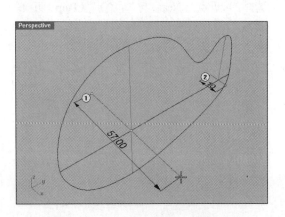

06_ 在"物件锁点"（Osnap）中选择"端点"（End）选项，执行"内插点曲线"（, Curve：Interpolate Points）命令，经过中心轴与直线1、2的端点绘制一条曲线A，如图所示。

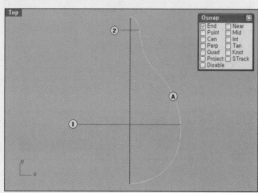

07_ 执行"镜像"（, Mirror）命令，将曲线A对称复制。

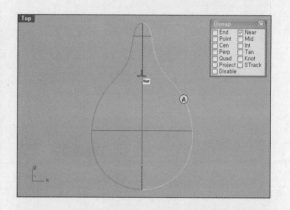

08_ 执行"衔接曲线"（, Match Curve）命令，选中曲线A与曲线B，在弹出的"衔接曲线"（Match Curve）对话框中设置如下参数：连续性（Continuity）=相切（Tangency），维持另一端（Preserve other end）=位置（Position），点选"互相衔接"（Average curves）选项，调整曲线A与B衔接连续性。采用相同的方法处理其余曲线衔接的连续性，如图所示。

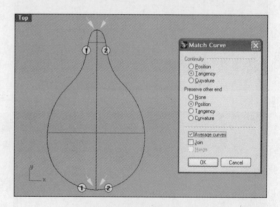

09_ 在"物件锁点"（Osnap）中选择"最近点"（Near）与"交点"（Int）选项，执行"直线"（, Line）命令，在如图所示的位置上绘制一条垂直线。

当然，还要在"物件锁点"（Osnap）中，选择"最近点"（Near）与"垂直点"（Perp）两项。

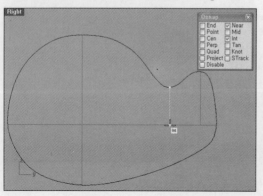

10_ 在"物件锁点"（Osnap）中选择"最近点"（Near）与"交点"（Int）选项，执行"直线：从中点"（, Line：from Midpoint）命令，按住 Shift 键，在交点处绘制一条直线，如图所示。

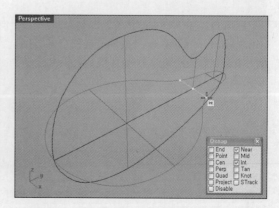

11_ 执行"直线挤出"（![], Extrude Straight）命令，选中直线1、2、3，分别创建出一个曲面（Surface），如图所示。

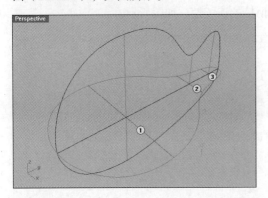
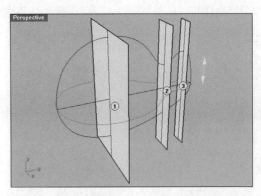

12_ 同时选中三个曲面与直升飞机的轮廓线条，执行"物件交集"（![], Object Intersection）命令，在相交处创建出交点，如图所示。

13_ 执行"隐藏物件"（![], Hide Object）命令，仅保留曲面1、相关交点，以及轮廓线条，隐藏其他无关对象。

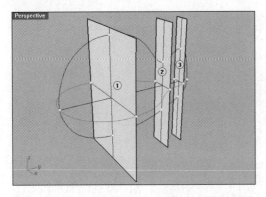
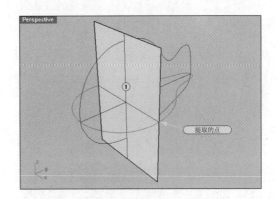

14_ 在"物件锁点"（Osnap）中选择"点"（Point）选项，执行"内插点曲线"（![], Curve: Interpolate Points）命令，在前视图中绘制出A、B、C、D4条曲线。

曲线呈对称分布，在绘制过程中，可以使用"镜像"（![], Mirror）命令。

执行"衔接曲线"（![], Match Curve）命令，选中相应曲线，在弹出的"衔接曲线"（Match Curve）对话框中，设置相应参数（同前），调整曲线间衔接连续性。

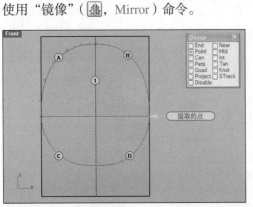
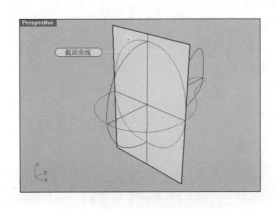

15_ 显示曲面2与相关交点,执行"内插点曲线"(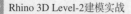,Curve:Interpolate Points)命令,绘制出曲线A、B、C、D。绘制时,可以使用"镜像"(,Mirror)命令,绘制完成后,使用"衔接曲线"(,Match Curve)命令调整曲线衔接的连续性,如图所示。

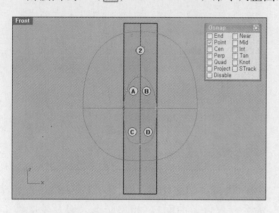
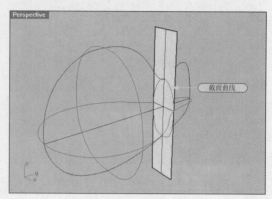

16_ 显示曲面3与相关交点,采用相同的方法绘制出断面曲线3,并调整各条子曲线衔接的连续性,如图所示。

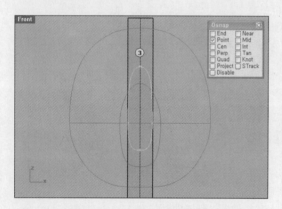
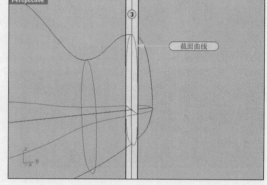

17_ 执行"从网线建立曲面"(,Surface from Network of Curves)命令,选中轮廓曲线1、2、3、4,以及刚刚绘制的断面曲线5、6、7,弹出"以网线建立曲面"对话框。

注意不要选中中心轴线。

在"以网线建立曲面"(Surface from Curve)对话框中设置如下参数:边缘曲线(Edge curves)=0.01,内部曲线(Interior curves)=0.1,单击"确定"(OK)按钮,创建出直升飞机机身。

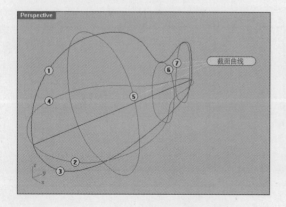
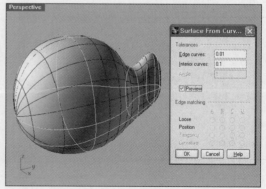

18_ 观察制作出的机身曲面，尽量减少箭头所指部分的歪曲程度，方便以后处理。

造成曲面弯曲的一个重要原因是断面曲线绘制得不够理想。即若断面曲线出现问题，则生成的曲面也会存在问题。

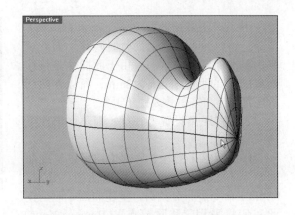

19_ 当曲面中出现接缝，在使用"偏移曲面"（ , Offset Surface）命令偏移曲面时，往往会造成曲面断裂的后果。为防止出现这个问题，首先需要处理曲面中的接缝问题。

执行"显示边缘"（ , Show Edges）命令，单击机身曲面，在"边缘分析"（Edge Analysis）对话框中点选"显示全部边缘"（Show=All Edge），即可观察到接缝（Scam）的位置。

若接缝出现在曲面的顶部或底部，则应当使用"调整封闭曲面的接缝"（ , Adjust Closed Surface Seam）命令移动接缝的位置，将其移动到如图所示的位置上即可。

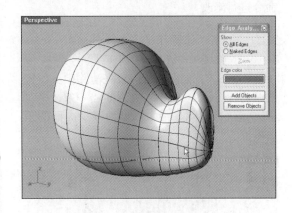

20_ 执行"偏移曲面"（ , Offset Surface）命令，选中机身曲面，在命令窗口中设置如下参数：公差（Tolerance）=0.1，偏移距离（Offset distance）=2.0，并选择"全部反转"（FlipAll），使偏移方向指向机身内侧，将机身曲面向内偏移2mm。

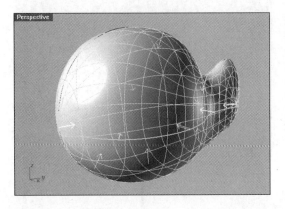
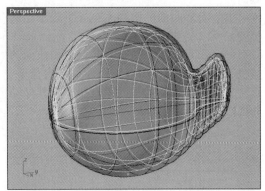

21_ 执行"隐藏物件"（💡, Hide Object）命令，将机身的外侧曲面暂时隐藏。而后观察内侧曲面尾部的状态。由于此曲面是偏移而成的，并且偏移距离为2mm，所以在曲面的尾部容易出现重叠或锐角现象。

若偏移距离设置得很小，则不会出现上述问题。

仔细观察1号与2号部位，可以发现曲面状态不理想。修改时，可以使用"分割"（Split）命令进行分割后，重建曲面，但是在此我们将采用"移除节点"（Remove Knot）命令进行修改。

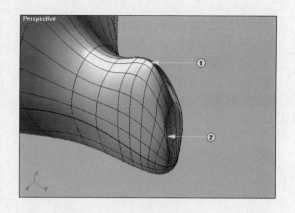

22_ 执行"移除节点"（✏️, Remove Knot）命令，清除出现问题的结构线（Isocurve），如图所示。首先清除中央位置的结构线（Isocurve），而后间隔一条，呈对称方式进行清除，最大限度地减少曲面的歪曲程度。

在清除时，若想更改结构线（Isocurve）的方向，可以在命令窗口中选择U或V选项。

注意结构线（Isocurve）清除不可过多，否则同样会造成扭曲现象的发生。

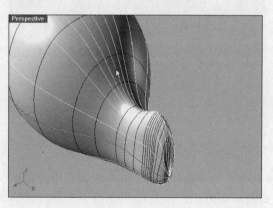
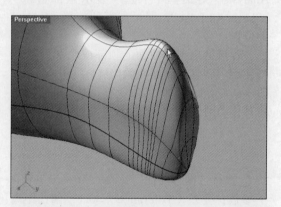

23_ 内侧曲面修改完毕后，显示出隐藏的外侧曲面。

由于内外曲面的接缝（Seam）处于相同位置，所以在进行"分割"（✂️, Split）操作时有时会出现问题，执行"调整封闭曲面的接缝"（🔧, Adjust Closed Surface Seam）命令，选中内侧曲面，移动接缝的位置，将其移动曲面底部的中央位置上。

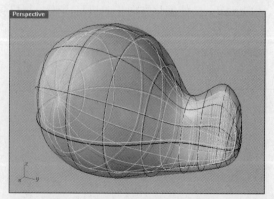

2 制作直升飞机的分模线（Parting line）

我们制作的直升机必须能够自由地进行拆装，因此必须制作分模线以及各种内部构件。

01_ 在状态栏（Status bar）中，开启"锁定格点"（Snap）、"正交"（Ortho）、"平面模式"（Planar）功能，执行"切割用平面"（ ，曲面Surface-平面Plane-切割用平面Cutting Plane）命令，选中机身的内外两个曲面，在右视图中沿中心轴方向创建一个切割用平面，如图所示。

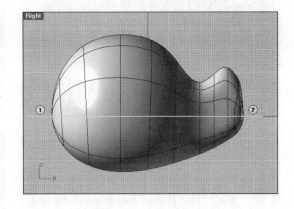

02_ 执行"分割"（ ，Split）命令，利用曲面A分割直升飞机机身的内外两个曲面，而后删除切割用曲面A，并把切割出的上半部分曲面暂时隐藏起来。

03_ 执行"复制边框"（ ，Duplicate Border）命令，从内外两个曲面中提取边缘（Edge）线条。

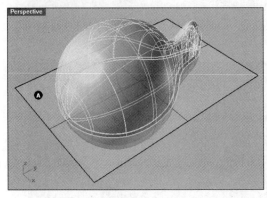

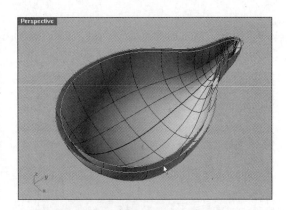

04_ 同时选中提取的两条边框，执行"以平面曲线建立曲面"（ ，Surface from Planar Curve）命令，创建出如图所示的曲面。

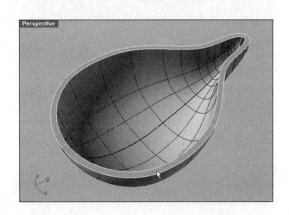

05_执行"偏移曲面上的曲线"(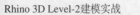, Offset curve on surface)命令,选中外侧曲面曲线,而后选中刚刚创建的曲面,将外侧曲线向内偏移1mm,新建出另外一条曲线,如图所示。

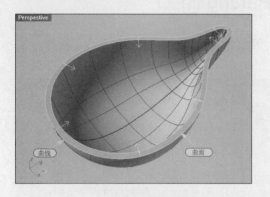
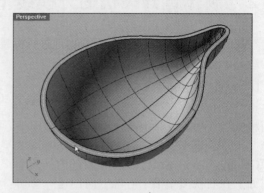

06_执行"挤出封闭的平面曲线"(, Extrude Closed Planar Curve)命令,选中向内侧偏移1mm的曲线,在命令执行窗口中设置如下参数:挤出距离(Extrusion distance)=1.0,两侧(BothSides)=是(Yes),加盖(Cap)=是(Yes),创建出一个厚度为2mm的实体(Solid)对象。

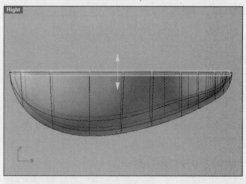

07_执行"布尔运算差集"(, Boolean Difference)命令,依次选中2号对象与1号对象,求两者的差集,计算结果如图所示。

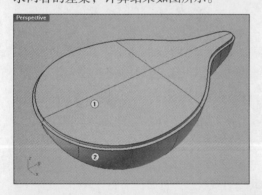
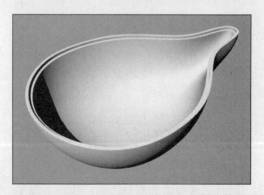

08_处理上半部分,将暂时隐藏的上半部重新显示出来。执行"复制边框"(, Duplicate Border)命令,再次从内外两个曲面中提取边缘(Edge)线条。

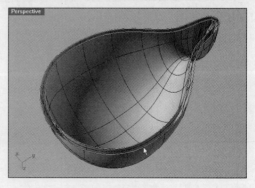

09_同时选中提取的两条边框,执行"以平面曲线建立曲面"(, Surface from Planar Curve)命令,创建出如图所示的平面。

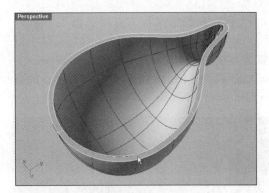

10_执行"偏移曲面上的曲线"(, Offset curve on surface)命令,选中外侧曲面曲线,而后选中刚刚创建的曲面,将外侧曲线向内偏移1mm,新建出另外一条曲线,如图所示。

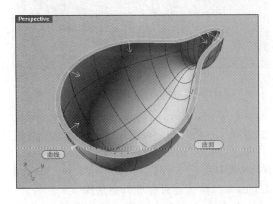

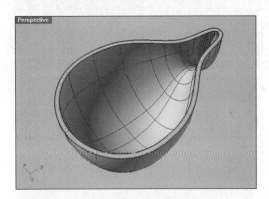

11_利用偏移曲线,执行"分割"(, Split)命令,将基面二等分,如图所示。

12_选中二等分曲面的内侧部分,将其删除。

13_如图所示,选中两条曲线。

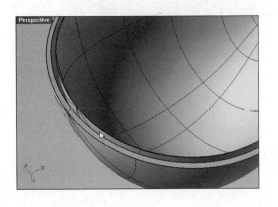

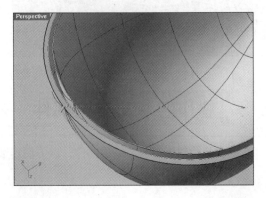

14_ 在右视图中执行"直线挤出"（ , Extrude Straight）命令，在命令执行窗口中设置如下参数：挤出距离（Extrusion distance）=-1.0，两侧（BothSides）=否（No），加盖（Cap）=否（No），向下挤出1mm。

命令执行完毕后，挤出的两个曲面。

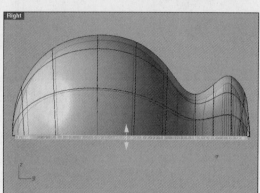

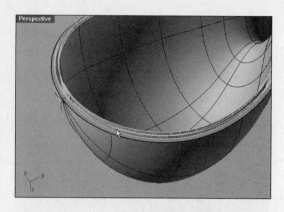

15_ 执行"以平面曲线建立曲面"（ , Surface from Planar Curve）命令，选中挤出的两个曲面的边缘线，创建出新的曲面，如图所示。

16_ 选中所有曲面，执行"组合"（ , Join）命令，将它们组合在一起，执行"显示边缘"（ , Show Edges）命令，单击机身曲面，在"边缘分析"（Edge Analysis）对话框中点选"外露边缘"（Show=Naked Edges），检查是否存在外露边缘。

若在命令窗口中出现"总共发现21条边缘；无外露边缘"（Found 21 edges total；no naked edges）信息，则表明对象已完全实体化，不存在裂缝或未封闭的曲面。

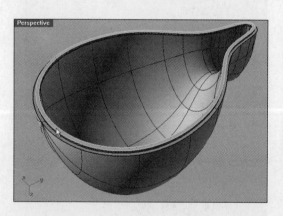

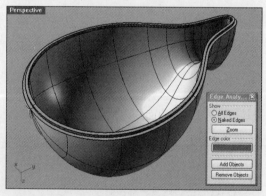

3 制作组装与结构部件

下面开始制作组装与结构部件，以方便组装模型。

01_在"物件锁点"(Osnap)中选择"端点"(End)选项,执行"直线:从中心点"(📝, Line: from Midpoint)命令,以对象的中心为基准绘制一条水平线,如图所示。

02_执行"偏移曲线"(📝, Offset Curve)命令,在图示位置上,绘制出1、2、3三条水平线,尺寸见下图。

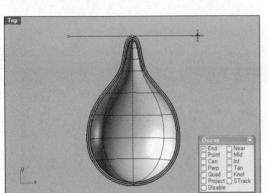

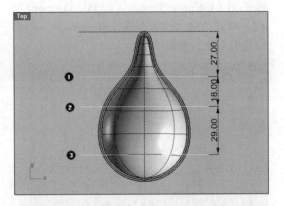

03_返回到右视图中,选中刚刚绘制的1、2、3三条水平线,执行"移动"(📝, Move)命令,向下移动5mm。

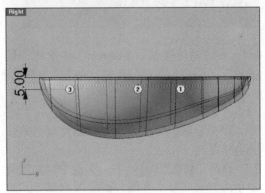

04_在"物件锁点"(Osnap)中选择"最近点"(Near)选项,在2号水平线上,使用"单点"(📝, Single Point)命令设置一个单点。而后执行"镜像"(📝, Mirror)命令,以中心轴线为基准,在右侧复制出另外一个单点。

05_执行"修剪"(📝, Trim)命令,利用两个单点修剪2号水平线,删除中间部分,如图所示。

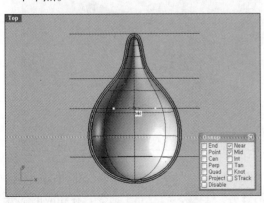

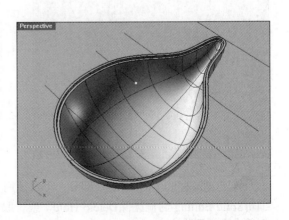

06＿执行"柱肋"（ , 实体Solid-挤出实体Extrude Solid-柱肋Rib）命令，依次选中1、2、3三条直线，以及实体对象A，在命令窗口中，设置如下参数：偏移（Offset）=曲线平面（InCurvePlane），距离（Distance）=2，模式（Mode）=直线（Straight），创建出柱肋对象，如图所示。

命令执行后，在实体对象A上创建出柱肋对象（Rib）。但是在2号直线创建柱肋时，出现了曲面断裂问题。

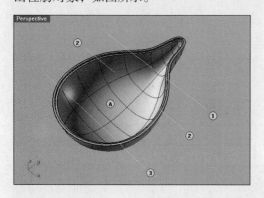
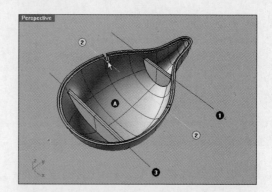

07＿在"物件锁点"（Osnap）中选择"最近点"（Near）选项，执行"单点"（ , Single Point）命令，先在2号直线上设置一个单点，而后执行"镜像"（ , Mirror）命令，以中心轴线为基准，在右侧复制出另外一个单点。

执行"修剪"（ , Trim）命令，利用两个单点修剪2号水平线，删除两侧部分，如图所示。

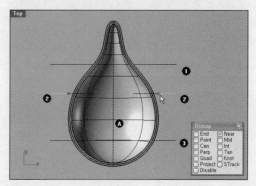

08＿再次执行"柱肋"（ , Rib）命令，依次选中2号直线、实体对象A，在命令窗口中设置如下参数：偏移（Offset）=曲线平面（InCurvePlane），距离（Distance）=2，模式（Mode）=直线（Straight），创建出柱肋对象，如图所示。

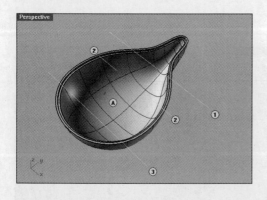
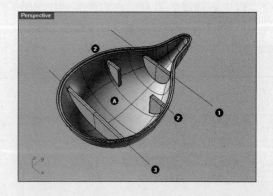

09＿若想删除柱肋（Rib）的一部分，可以使用"将洞删除"（ , 实体工具Solid Tools-实体编辑Solid Editing-将洞删除Delete Hole）或"取消修剪"（ , Untrim）命令，在相应的部分上单击即可删除之。

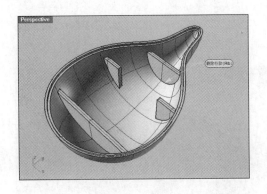
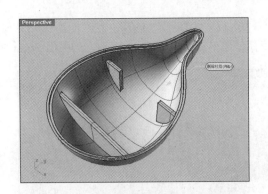

10_ 在"物件锁点"（Osnap）中选择"中点"（Mid）与"中心点"（Cen）选项，在顶视图（Top View）中，执行"圆：中心点、半径"（⊙, Circle: Center, Radius）命令，以对象的中心线为基准，绘制出两组同心圆，如图所示。

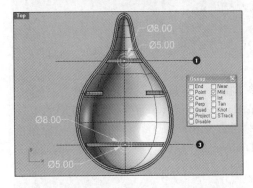

11_ 执行"移动"（ , Move）命令，同时选中两组同心圆（5mm、8mm），在右视图中，向上移动约10mm。

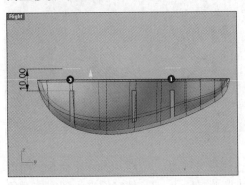
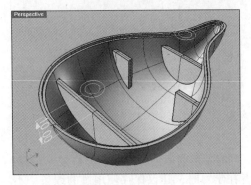

12_ 执行"凸缘"（ , Boss）命令，依次选中两个外侧正圆1与实体对象A，在命令窗口中设置如下参数：模式Mode=锥状Tapered，拔模角度DraftAngle=2，创建出凸缘实体，如图所示。

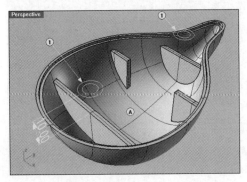
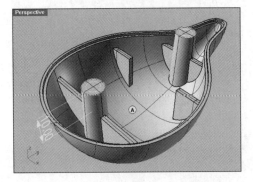

13_ 执行"线切割"(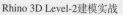,实体工具Solid Tools-实体编辑Solid Editing-线切割Wire cut)命令,依次单击对象1、2,沿Z轴方向凿出-3mm的孔洞,如图所示。

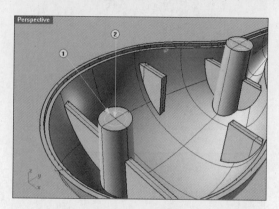
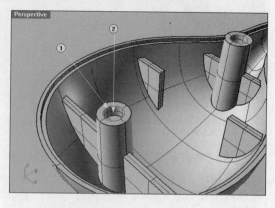

14_ 执行"半透明模式工作视图"(,Ghosted Viewport)命令,观察玩具直升飞机柱肋(Rip)、凸缘(Boss)、拔模角度(DraftAngle)、线切割(Wire cut)的效果。

15_ 隐藏机身下半部分。
执行"显示选取的物件"(,Show Selected Objects)命令,将直升飞机机身上半部分与直径为5mm的正圆显示出来,如图所示。

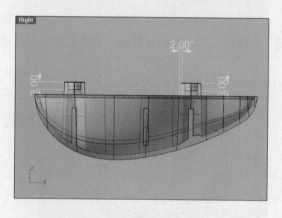
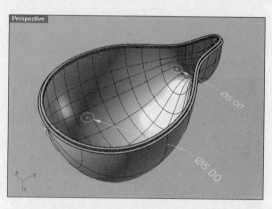

同时保留前面创建的水平线1、2、3。初学者在学习时,建议保存使用过的线条,不要随便删除。

16_ 执行"移动"(,Move)命令,向下移动水平线1、2、3,使它们进入到实体对象的内部,如图所示。

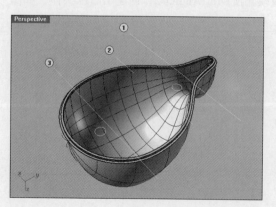
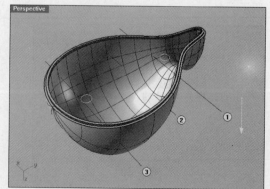

17_利用前面使用的方法，使用"柱肋"（ , Rib）命令，在机身的上半部分中创建出柱肋对象，如图所示。

18_执行"移动"（ , Move）命令，选中两个正圆，向下移动3mm，如图所示。

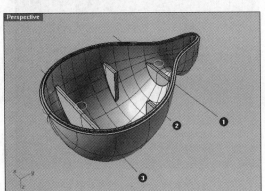
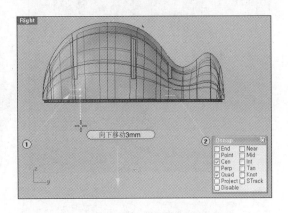

19_执行"凸缘"（ , Boss）命令，依次选中圆形1与实体对象B，创建出凸缘对象，如图所示。

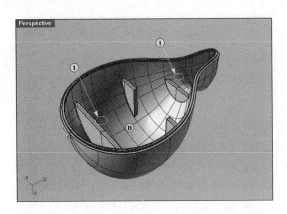
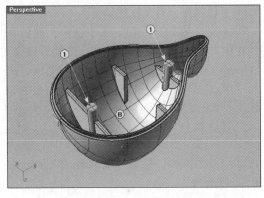

20_执行"半透明模式工作视图"（ , Ghosted Viewport）命令，再次显示出机身的下半部分，检查机身上下两部分的衔接状态。

观察可以发现，机身上下两部分衔接正常，状态良好。在制作实体模型（Mock-up）时，需要在连接部位预留出一定的公差。

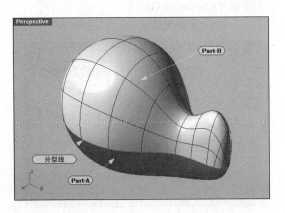
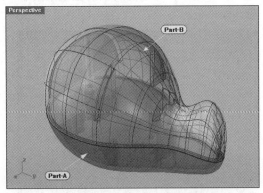

21_ 执行"渲染"（ , Render）命令，观察机身上下两部分（Part-A，Part-B）的建模效果，如图所示。

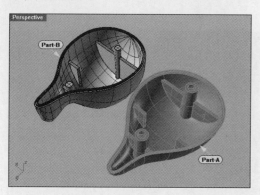
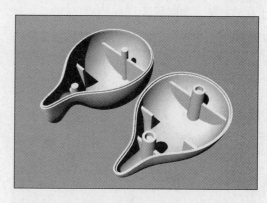

 制作螺旋桨

制作螺旋桨的方法很多，在此着重学习如何使用"嵌面"（Patch）命令制作螺旋桨，帮助大家理解"嵌面"（Patch）命令的特征与原理。

01_ 开始制作直升飞机螺旋桨。

执行"直线"（ , Line）命令，在机身的正中央绘制一条中心轴线1。在"物件锁点"（Osnap）中选择"最近点"（Near）选项，执行"单点"（ , Single Point）命令，在中心轴上设置一个单点。

然后执行"圆：中心点、半径"（ , Circle : Center, Radius）命令，以中心轴的顶部端点为圆心，绘制一个直径为85mm的正圆（Circle）。

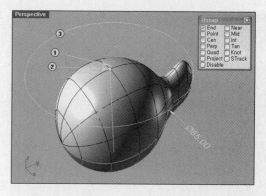

02_ 切换到右视图中，在"物件锁点"（Osnap）中，选择"点"（Point）与"四分点"（Quad）选项，执行"圆弧：起点、终点、通过点"（ , Arc: Start, End, Point on Arc）命令，在如图所示的位置上绘制一条圆弧（Arc）。

03_ 执行"镜像"（ , Mirror）命令，在另一侧对称复制出圆弧（Arc）。而后执行"衔接曲线"（ , Match Curve）命令，调整左右两条圆弧衔接的连续性，使其达到曲率连续（Curvature G2）。

参数设置如图所示。

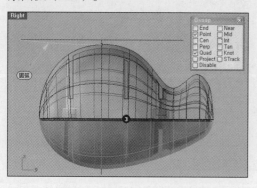
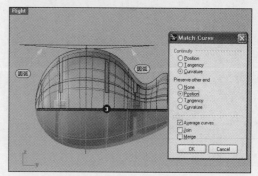

04_ 删除复制出的圆弧（右侧圆弧），执行"旋转成形"（ , Revolve）命令，选中左侧圆弧，以中心轴为基准，通过旋转得到曲面，如图所示。

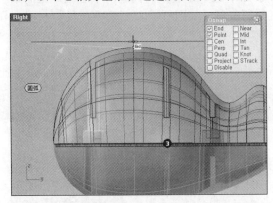
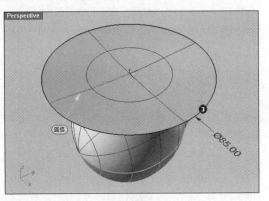

05_ 切换到顶视图中，执行"内插点曲线"（ , Curve: Interpolate Points）命令，在旋转得到的曲面上，绘制出螺旋桨的轮廓线条1，如图所示。

06_ 在顶视图中，执行"投影至曲面"（ , Project to Surface）命令，依次选中螺旋桨轮廓线条与旋转而成的曲面，进行投影操作，如图所示。

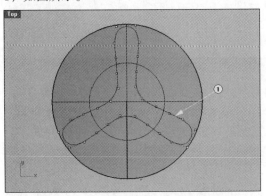
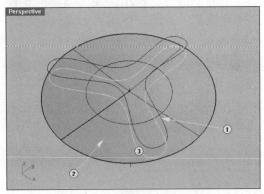

07_ 执行"偏移曲面上的曲线"（ , Offset curve on surface）命令，选中投影得到的轮廓线条与基底曲面，设置偏移距离为1mm，向内侧偏移1mm，得到内侧螺旋桨曲线4。

如图所示，4号曲线即为偏移所得到的螺旋桨曲线。

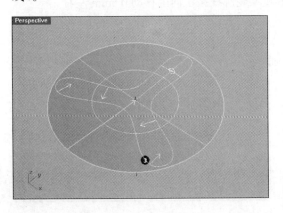
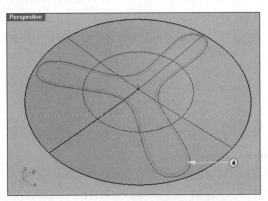

08_执行"分割"（ ,Split）命令，利用曲线4分割旋转而成的曲面，删除分割出的冗余片段。

09_执行"复制"（ ,Copy）命令，在前视图中选中螺旋桨曲面，沿中心轴略微向下进行复制，如图所示。

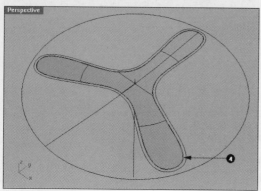

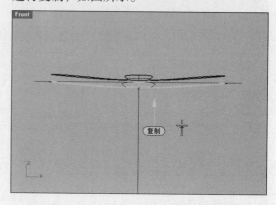

10_执行"混接曲面"（ ,Blend Surface）命令，选中螺旋桨曲面的轮廓线条，在弹出的"调整混接转折"对话框中进行相关设置，如图所示，创建出自然的连接曲面。在对话框中，点选"预览"（Preview）项能够随时查看设置的效果。

11_执行"着色"（ ,Shade）命令，观察螺旋桨形状。

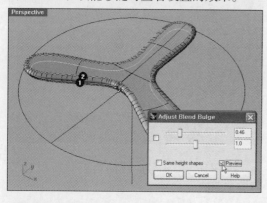

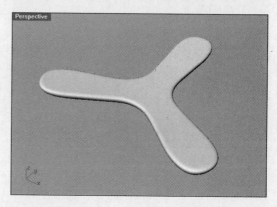

12_下面我们尝试使用"嵌面"（Patch）命令来制作螺旋桨。执行"复原"（Undo）命令，返回到先前的状态中，如图所示。

执行"移动"（ ,Move）命令，将内侧螺旋桨轮廓线条1向上移动0.5mm左右。

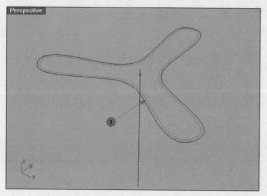

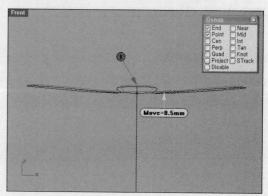

13_ 执行"嵌面"（ , Patch）命令，依次选中曲线1与2，在弹出的"嵌面曲面选项"对话框中，将"曲面的U方向跨距数"（Surface U Spans）与"曲面的V方向跨距数"（Surface V Spans）设为30~40，创建出嵌面，如图所示。

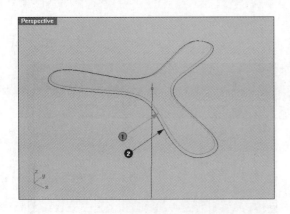
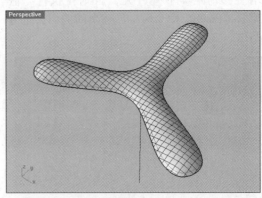

14_ 执行"复制"（ , Copy）命令，在前视图中选中螺旋桨曲面，沿中心轴略微向下复制，如图所示。

15_ 执行"混接曲面"（ , Blend Surface）命令，在弹出的"调整混接转折"对话框中进行相关设置，如图所示，创建出自然的连接曲面。

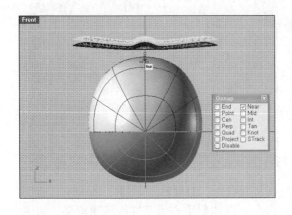
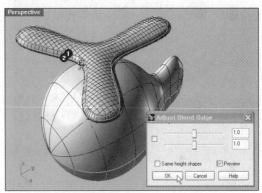

16_ 接下来，在直升飞机的尾部制作一个小型螺旋桨。执行"直线"（ , Line）命令，在右视图中绘制两条互相垂直的中心轴线，而后执行"内插点曲线"（ , Curve: Interpolate Points）命令，绘制出直升飞机尾部螺旋桨的轮廓线条，如图所示。然后再利用"镜像"（ , Mirror）、"衔接曲线"（ , Match Curve）、"偏移曲线"（ , Offset Curve）命令进行相应处理，如右图所示。

其中，偏移距离约为 0.5mm。

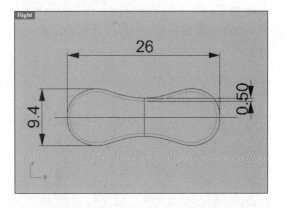

17_ 执行"移动"(　, Move)命令,选中内侧轮廓曲线(图中的红色线条),在顶视图中,向右移动0.05~0.2mm,如图所示。移动距离不宜过大,否则在执行"嵌面"(Patch)命令时,创建出的曲面会过分凸出。

18_ 执行"嵌面"(　, Patch)命令,依次选中曲线1与2,在弹出的对话框中设置相应选项,如图所示,创建出嵌面。

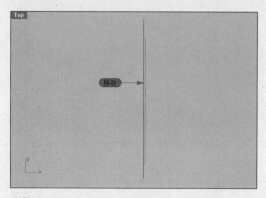

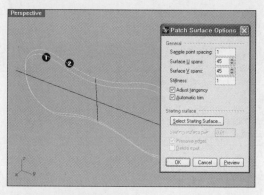

19_ 执行"镜像"(　, Mirror)命令,选中刚刚创建的嵌面进行对称复制。而后执行"混接曲面"(　, Blend Surface)命令,创建出自然的连接曲面,如图所示。

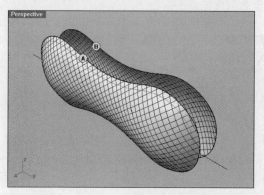

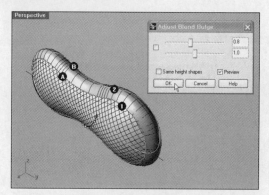

20_ 执行"组合"(图, Join)命令,选中相关曲面,将它们组合在一起。而后执行"体积重心"(　, Volume Centroid)命令,选中小型螺旋桨,计算出其重心位置。

21_ 执行"2D旋转"(　, Rotate 2-D)命令,以体积重心为基准旋转螺旋桨,如图所示。

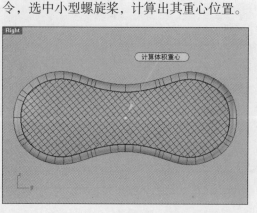

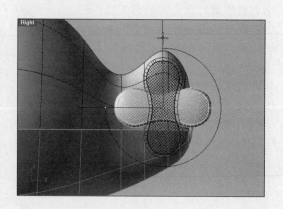

22_ 执行"圆柱体"(⬛, Cylinder)命令，在顶部螺旋桨与机身之间创建一个圆柱体，将它们连接起来。

执行"圆柱管"(⬛, Tube)命令，在直升飞机尾部与小型螺旋桨之间创建一个圆柱管，将它们互相连接起来。

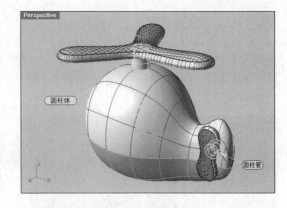

在顶视图中，查看圆柱体与圆柱管的位置，如图所示。

23_ 执行"圆柱体"(⬛, Cylinder)命令，在圆柱管与直升飞机尾部之间再创建一个圆柱体，如图所示。

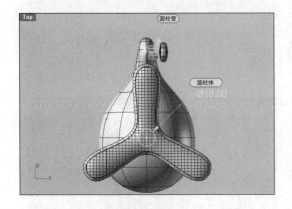

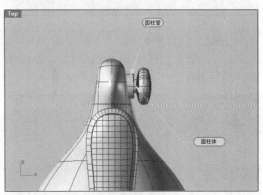

24_ 接下来制作直升飞机的舱窗。执行"抽离曲面"(⬛, Extrude Surface)命令，将曲面1抽离出来，如图所示。

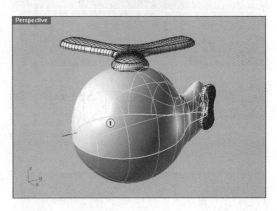

⑤ 制作直升飞机舱窗与起落架

最后，制作直升飞机舱窗与起落架，完成最终制作。

01_ 执行"内插点曲线"（🔲，Curve：Interpolate Points）命令，在右视图中绘制出曲线A。

而后执行"分割"（🔲，Split）命令，利用曲线 A 分割曲面1。

02_ 执行"偏移曲面"（🔲，Offset Surface）命令，选中舷窗曲面，设置"偏移距离"（Offset Distance）为0.6mm，在命令窗口中设置"实体Solid=是Yes"，将选中的曲面向内偏移0.6mm，如图所示。

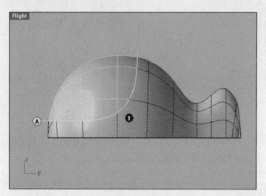

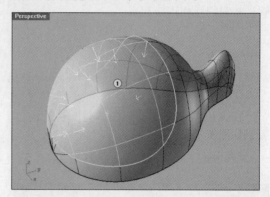

03_ 执行"抽离曲面"（🔲，Extrude Surface）命令，选中偏移的曲面，将其抽离，而后删除之，如图所示。

命令执行完毕后，创建出的效果，如图所示。

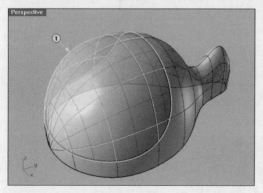

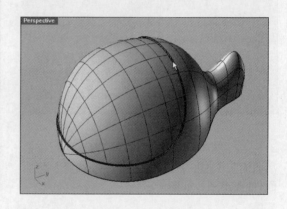

04_ 执行"渲染"（🔲，Render）命令，观察建模状态。

05_ 接着，制作直升飞机起落架。

在右视图中，利用"直线"（🔲，Line）与"曲线圆角"（🔲，Fillet Curves）命令绘制出一条曲线，如图所示。

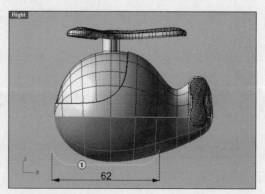

06_ 返回到前视图中,执行"圆弧:起点、终点、半径"(, Arc: Start, End, Radius)命令,绘制出圆弧2。

07_ 分别利用"圆管(圆头盖)"(, Pipe, Round Caps)与"圆管(平头盖)"(, Pipe, Flat Caps)命令绘制出1号与2号实体圆管,如图所示。

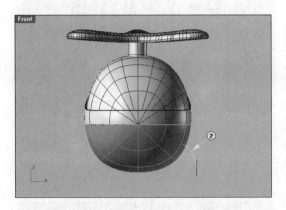

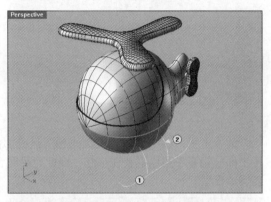

执行"布尔运算并集"(, Boolean Union)命令,合并1号与2号实体圆管。

08_ 在前视图中执行"镜像"(, Mirror)命令,在另一侧复制出起落架,如图所示。

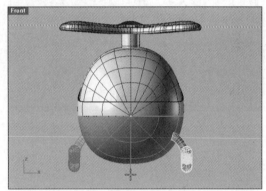

09_ 执行"渲染"(, Render)命令,观察建模状态。

10_ 执行"不等距边缘圆角"(, Variable Radius Fillet)命令,在起落架与机身的棱角部分进行圆化处理。

　　在命令执行过程中,"半径"(Radius)不宜设置得过大。

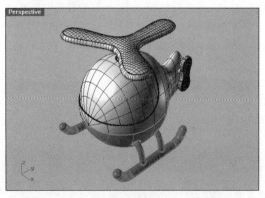

11_执行"着色/着色全部工作视图"（ ，Shade/Shade All Viewport）与"渲染"（ ，Render）命令，观察玩具直升飞机的最终建模效果。

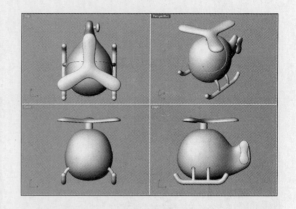

请看下图，图中是直升飞机的各个组成部件。在制作实体模型（Mock-up）时，必须保证各个部分能够顺利地组装在一起，因此建模时，应当充分考虑，预留出相应的尺寸，以方便组装实体模型。

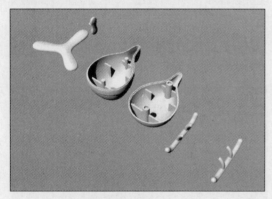 

Chapter 05 制作电吹风

本章学习电吹风的制作方法,在学习过程中,我们会学到如下知识:可拆装的模型制作方法、UV Curve工具的用法,以及Network Surface应用的相关知识。至于电吹风的RP(Rapid Prototyping)制作方法,请参考前面相关内容。

Rhinoceros *Rendering*

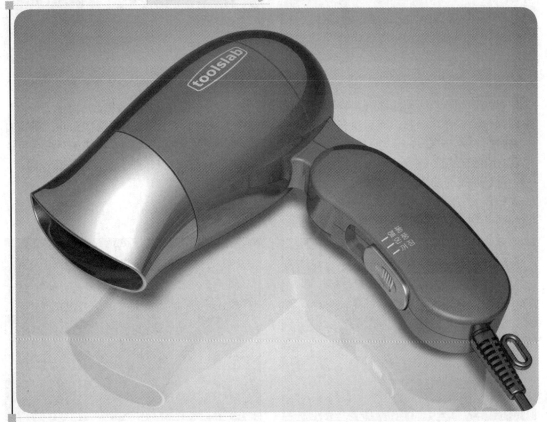

1 制作电吹风机身

首先制作电吹风的机身,以具有厚度的实体对象构建,方便进行 RP(Rapid Prototyping)制作。

01_ 执行"直线:从中点"(, Line: from Midpoint)命令,以坐标原点(0,0,0)为基准,绘制一条长度为96mm的水平线。

在"物件锁点"(Osnap)中选择"端点"(End)选项,执行"内插点曲线"(, Curve: Interpolate Points)命令,绘制出曲线线条1。

02_ 执行"镜像"(, Mirror)命令,选中曲线1,以水平线为对称轴进行垂直复制。执行"衔接曲线"(, Match Curve)命令,在弹出的对话框中进行如下设置,调整两条曲线衔接的连续性。

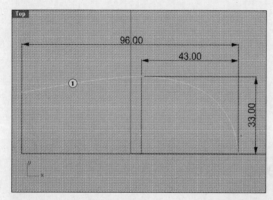

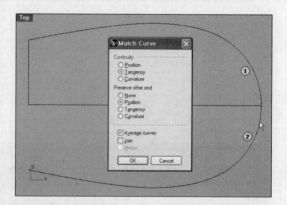

03_ 执行"组合"(, Join)命令,将曲线1与曲线2组合在一起,而后执行"开启曲率图形"(, Curvature Graph On)命令,观察曲线的连续性(Continuity)。

观察曲线的曲率,可以发现曲线衔接得非常平滑。关闭曲率图形,执行"炸开"(, Explode)命令,炸开合并的曲线,删除曲线2。

04_ 执行"偏移曲线"(, Offset Curve)命令,选中曲线1,向内侧偏移3mm,得到曲线A。观察曲线A,可以发现其左侧端点与竖直线之间存在缝隙,并未直接衔接在一起。

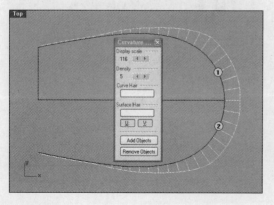

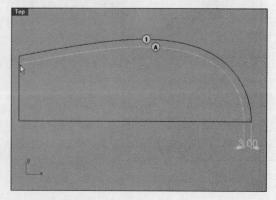

05_在"物件锁点"(Osnap)中选择"最近点"(Near)与"交点"(Int)选项,执行"以圆弧延伸"(曲线工具Curve Tools-延伸Extend-以曲线延伸Extend by Arc, keep radius)命令,向左延伸曲线A,使其与左侧竖直线相接,如图所示。

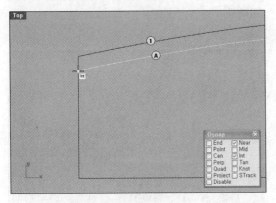

06_执行"镜像"(Mirror)命令,将曲线A呈对称复制,得到曲线B,执行"衔接曲线"(Match Curve)命令,在弹出的对话框中进行如下设置,调整两条曲线衔接的连续性,单击"确定"(OK)按钮。而后删除曲线B。

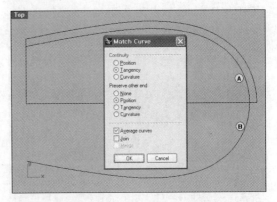

07_执行"直线"(Line)、"偏移曲线"(Offset Curve)、"修剪"(Trim)命令,参考右图中的尺寸,绘制出断面剖析图。考虑到制作实体模型(Mock-up)时涂料的厚度,应当在各个部分之间预留出0.2mm间隔(Gap)。当然,为了使分型线(Parting Line)更清晰,建议将预留的间隔设置为0.4mm。

断面剖析图在附录CD中有,读者朋友可以在"附录CD>Rhino 文件 >05-电吹风剖析图"路径下找到此文件。

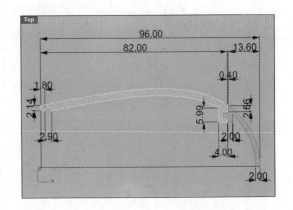

08_在"物件锁点"(Osnap)中选择"最近点"(Near)选项,执行"旋转成形"(Revolve)命令,沿中心轴旋转Part-1与Part-2轮廓线条,得到实体对象,如图所示。

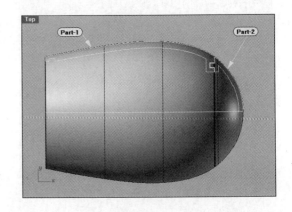

09_ 利用"直线"（ /, Line）、"圆：中心点、半径"（◎, Circle: Center, Radius）、"偏移曲线"（🖾, Offset Curve）命令，绘制出电吹风手柄与机头的衔接部位的轮廓线条。

在执行偏移命令时，应当将"偏移距离"（Offset Distance）设为 2.4mm。绘制出的连接部件的轮廓线条如图所示。

10_ 执行"挤出封闭的平面曲线"（🗔, Extrude closed planar curve）命令，选中曲线2，在命令窗口中设置如下参数：两侧（BothSides）=是（Yes），加盖（Cap）=是（Yes），挤出封闭的平面曲线1。

采用同样的方法挤出封闭的平面曲线2，如图所示。

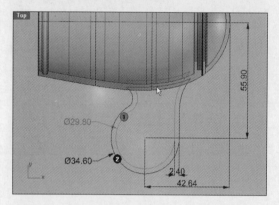
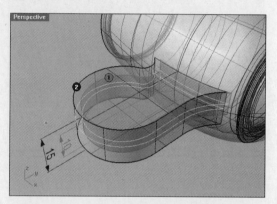

11_ 执行"布尔运算并集"（🌐, Boolean Union）命令，将part-2与Part-1合并成一个实体对象（Solid），如图所示。

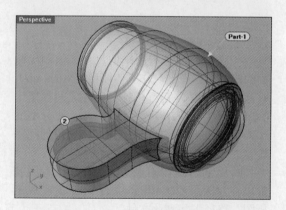

12_ 执行"布尔运算差集"（🌐, Boolean Difference）命令，选中Part-1对象，在其上打洞，如图所示。

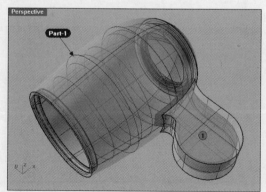
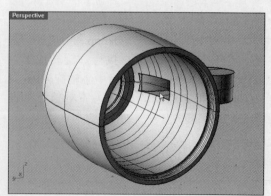

执行"布尔运算差集"命令，在Part-1内侧打洞

13_ 执行"不等距边缘圆角"（ ），Variable Radius Fillet）命令，如图所示，选中边缘曲线，设置"半径"（Radius）为1.2，圆化实体边缘。

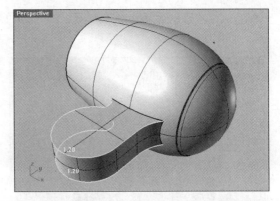

14_ 执行"不等距边缘圆角"（ ，Variable Radius Fillet）命令，如图所示，选中边缘曲线，设置"半径"（Radius）为1.0，圆化实体边缘。

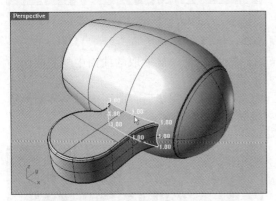
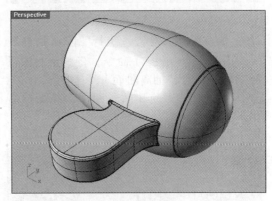

2 制作分模线（Parting Line）

制作模型分模线（Parting Line）的方法有许多种，在此，我们选用一种最为简单的方法。

01_ 在顶视图中执行"矩形：三点"（ ，Rectangle：3Points）命令，参考图中相关尺寸，绘制一个厚度为0.4mm的矩形。

02_ 执行"挤出封闭的平面曲线"（ ，Extrude closed planar curve）命令，在命令窗口中设置如下参数：两侧（BothSides）=是（Yes）加盖（Cap）=是（Yes），以矩形为基础，创建出一个平面实体，如图所示。

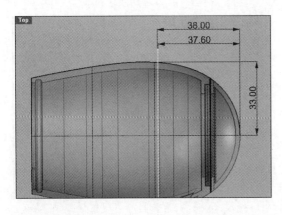
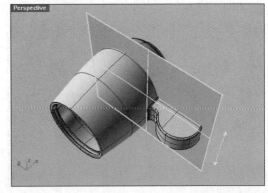

03_ 执行"布尔运算差集"（ , Boolean Difference）命令，利用Part-B对象分割Part-A对象，如图所示。

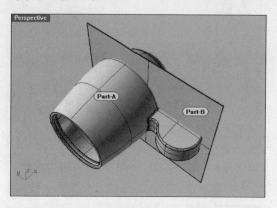
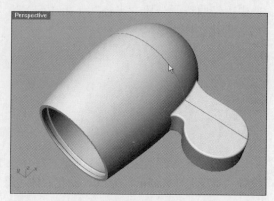

04_ 保留Part-A对象，执行"隐藏物件"（ , Hide Objects）命令，将其余对象暂时隐藏。执行"抽离曲面"（ , Extrude Surface）命令，选中黄色曲面，将其抽离出来。

05_ 执行"复制边框"（ , Duplicate Border）命令，从抽取的曲面中复制曲面边框线条。

命令执行完毕后，曲面内侧与外侧的边框同时被复制出来。

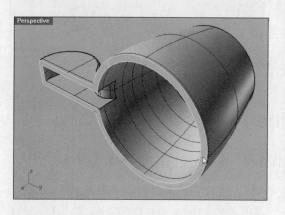
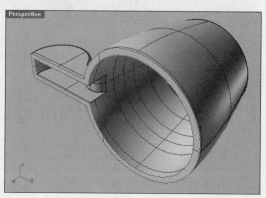

06_ 执行"偏移曲面上的曲线"（ , Offset curve on surface）命令，选中内侧边框线条与曲面，将其向外偏移1.25mm，如图所示。

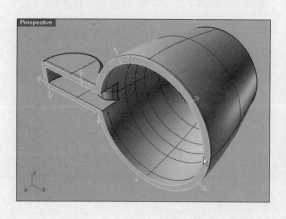
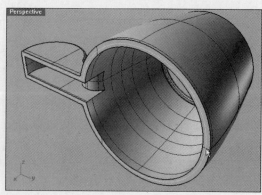

07_执行"分割"（ , Split）命令，利用步骤6中偏移的曲线（Polyline）分割曲面，而后删除分割出的内侧曲面片段，如图所示。

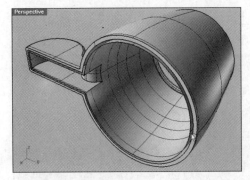

08_执行"直线挤出"（ , Extrude Straight）命令，选中内侧边缘线条，在命令窗口中设置如下参数：两侧（BothSides）=否（No），加盖（Cap）=否（No），挤出距离=1.4mm，创建一个凸出的曲面，如图所示。

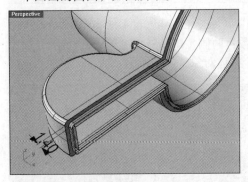
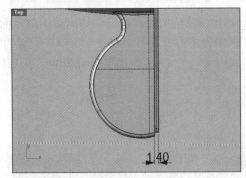

09_执行"以平面曲线建立曲面"（ , Surface from planar curves）命令，依次选中如图所示的边缘线条，创建曲面，将其封闭起来。执行"组合"（ , Join）命令，将各个部分组合起来。

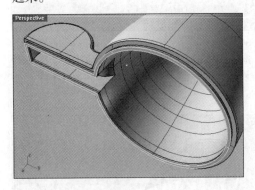
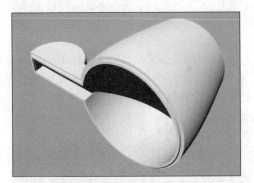

10_执行"隐藏物件"（ , Hide Objects）命令，将Part-A对象隐藏，显示出其余对象。

执行"抽离曲面"（ , Extrude Surface）命令，选中断面曲面，将其抽离出来。执行"复制边框"（ , Duplicate Border）命令，从抽取的曲面中复制曲面边框线条。

命令执行完毕后，曲面内侧与外侧的边框同时被复制出来。

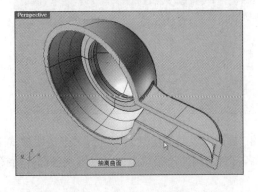

11_ 执行"偏移曲面上的曲线"（ , Offset curve on surface）命令，选中内侧边框线条与曲面，在命令窗口中，点选"反转"（Flip）项，将其向外偏移1.5mm，如图所示。

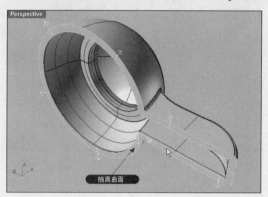
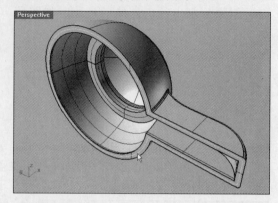

12_ 选中偏移的曲线，执行"挤出封闭的平面曲线"（ , Extrude closed planar curve）命令，选中内侧边缘线条，在命令窗口中设置如下参数：两侧（BothSides）=是（Yes），加盖（Cap）=是（Yes），挤出距离=1.2mm，创建出一个实体对象，如图所示。

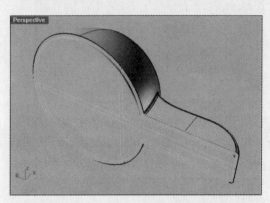
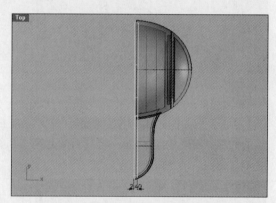

13_ 执行"布尔运算差集"（ , Boolean Difference）命令，利用2号实体对象在1号实体对象上打洞。当然，在执行布尔计算前，需要先执行"组合"（ , Join）命令，将与1号对象相关的对象全部组合在一起。

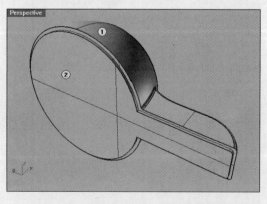
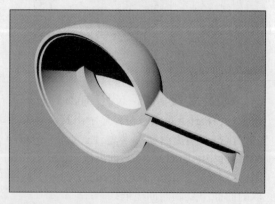

14_ 修改对象的图层颜色，执行"半透明模式工作视图"（ , Ghosted Viewport）命令，查看各部件之间的连接状态，可以发现各部件衔接正常、自然。

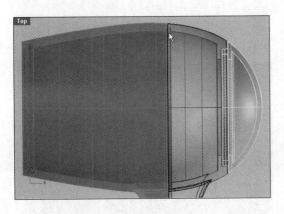
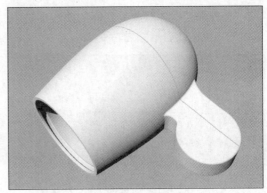

制作通风口

在电吹风中，风扇的后面是通风口，下面学习电吹风通风口的制作方法。

01_ 执行"椭圆：直径"（, Ellipse：Diameter）命令，在如图所示的位置上绘制两个椭圆，而后执行"重建"（, Rebuild）命令，调整椭圆形状，如图所示。

02_ 在"物件锁点"（Osnap）中选择"中心点"（Cen）选项，执行"环形阵列"（, Polar Array）命令，选中两个椭圆，以中心点为环形阵列中心，在命令行窗口中设置如下参数：项目数（Number of items）=7，旋转角度总和（Angle）=360，按环形排列7组椭圆，如图所示。

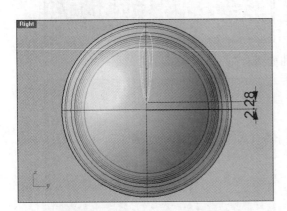
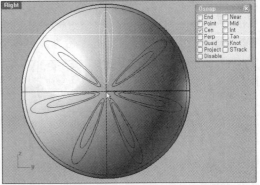

03_ 在右视图中执行"投影至曲面"（, Project to Surface）命令，将两个椭圆投影到实体对象上。

注意，投影曲线会出现在实体对象的内外两个曲面上。

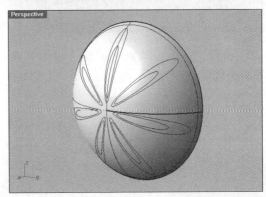

04_ 在投影到实体对象外侧面的曲线中选中每组的内侧曲线，删除之。

05_ 在投影到实体对象内侧面的曲线中选中每组曲线的外侧曲线，删除它们。

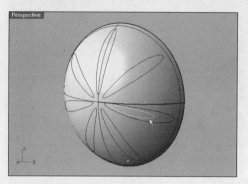

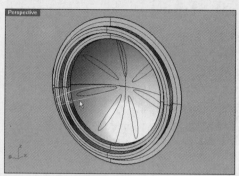

06_ 执行"分割"（ , Split）命令，利用投影曲线分割实体曲面，而后删除分割出的曲面片段。

07_ 执行"放样"（ , Soft）命令，分别单击各条曲面边缘线（Surface Edge），在弹出的对话框中进行如下设置，创建出曲面，如图所示。

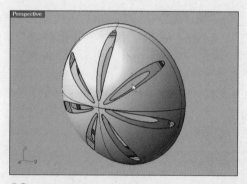

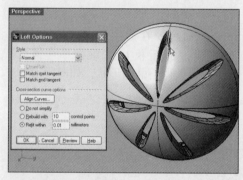

08_ 执行"组合"（ , Join）命令，将各个曲面组合在一起，观察组合效果。

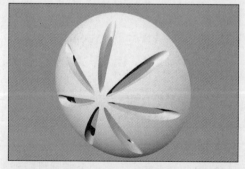

09_ 执行"渲染"（ , Render）命令，观察渲染效果。

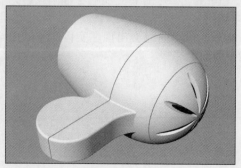

4 制作出风口

在电吹风的前端部分有一个出风口,暖风或冷风从出风口中吹出来。下面开始学习出风口的制作方法。

01_ 在"物件锁点"(Osnap)中选择"端点"(End)选项,执行"圆:中心点、半径"(⊙, Circle: Center, Radius)命令,以中心轴线为基准,绘制一个直径为52mm的正圆。

02_ 利用"圆弧:起点、终点、通过点"(⌐, Arc: Start, End, Point on Arc)或"内插点曲线"(⌐, Curve: Interpolate Points)命令绘制出曲线1,而后执行"镜像"(⌐, Mirror)命令,以中心轴为基准复制出曲线2,如图所示。

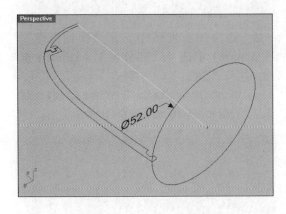

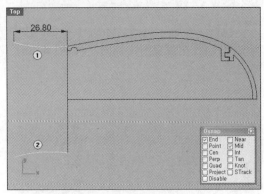

03_ 在"物件锁点"(Osnap)中选择"端点"(End)选项,执行"圆弧:起点、终点、半径"(⌐, Arc: Start, End, Radius)命令,设置"圆弧半径"(Radius)为68,绘制一条圆弧,如图所示。

04_ 在右视图中,利用"圆弧:起点、终点、通过点"(⌐, Arc: Start, End, Point on Arc)或"圆弧:与数条直线相切"(⌐, Arc: Tangent to Curves)命令,绘制出椭圆形曲线1,而后利用"偏移曲线"(Offset Curve)将其向内侧偏移1.4mm,得到椭圆形曲线2,如图所示。

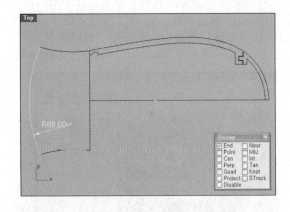

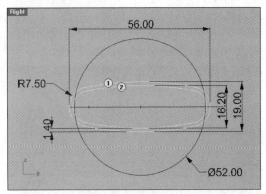

05_执行"从两个视图的曲线"(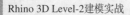, Curve from 2 Views)命令，分别选中曲线1与3，曲线2与3，在曲线3上创建出两条弯曲的椭圆曲线（图中的黄色曲线），如图所示。

06_执行"偏移曲线"（ , Offset Curve）命令，选中圆形曲线，设置偏移距离为1.4mm，向内侧偏移，得到一个直径为49.20mm的圆形曲线，如图所示。

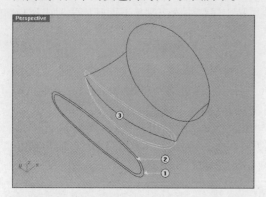

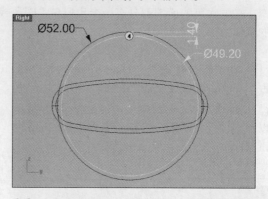

07_执行"移动"（ , Move）命令，选中圆形曲线4，在顶视图中，向左移动1.4mm，如图所示。

08_切换到前视图中，在"物件锁点"（Osnap）中选择"四分点"（Quad）选项，执行"圆弧：起点、终点、半径"（ , Arc: Start, End, Radius）命令，绘制4条圆弧（Arc/Radius=76.50），如图所示。

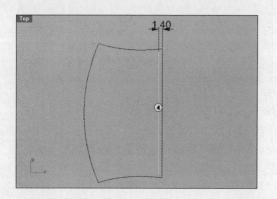

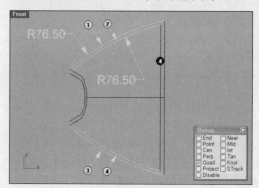

09_在顶视图中，在"物件锁点"（Osnap）中选择"四分点"（Quad）选项，执行"圆弧：起点、终点、半径"（ , Arc: Start, End, Radius）命令，绘制两条圆弧（Arc/Radius=66.50），如图所示。

10_执行"从网线建立曲面"（ , Surface from Network of Curves）命令，选中出风口内侧面的所有曲线，在弹出的对话框中，进行如下设置，创建出内侧曲面，如图所示。

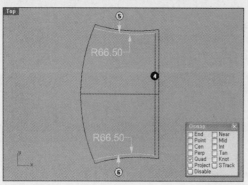

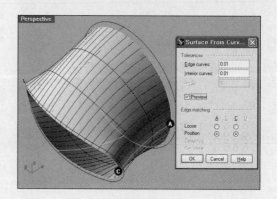

采用相同方法创建出风口的外侧曲面。

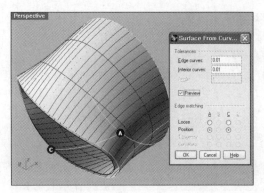

11_ 执行"混接曲面"（ , Blend Surface）命令，选择出风口内外两个曲面的边缘线条，在弹出的"调整混接转折"（Adjust Blend Bulge）对话框中进行如下设置，创建混接曲面，如图所示。

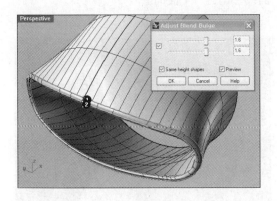

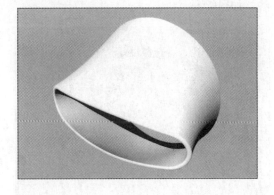

12_ 执行"偏移曲线"（ , Offset Curve）命令，选中内侧曲面的边缘曲线（Edge Curve），向内侧偏移1.2mm，得到圆形（Circle）曲线2，如图所示。

13_ 执行"以平面曲线建立曲面"（ , Surface from Planar Curves）命令，选中圆形曲线1与曲线2，创建出一个曲面，如图所示。

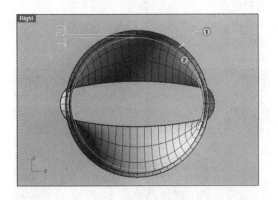

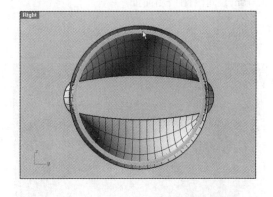

14_ 执行"直线挤出"（ , Extrude Straight）命令，选择内侧边缘曲线，设置挤出距离为5.7mm，向前挤出一个凸出的曲面，如图所示。

15_ 执行"复制边缘"（ , Duplicate Edge）命令，选中挤出的曲面的外侧边缘线条，复制曲面边缘。

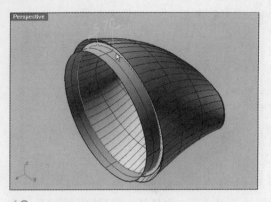

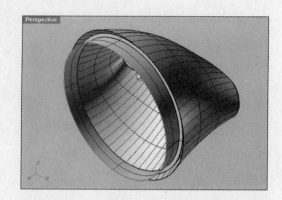

16_ 执行"偏移曲线"（ , Offset Curve）命令，选中复制出的边缘线条（Edge Curve），向内侧偏移0.5mm，得到一圆形曲线，如图所示。

17_ 执行"以平面曲线建立曲面"（ , Surface from Planar Curves）命令，选择圆形曲线，创建一个曲面。

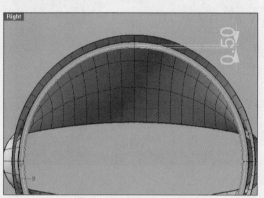

18_ 执行"直线挤出"（ , Extrude Straight）命令，选中刚刚创建的曲面的内侧边缘（Edge Curve），设置偏移距离为4.3mm，向内侧挤出曲面。

19_ 执行"以平面曲线建立曲面"（ , Surface from Planar Curves）命令，选中外侧曲面的边缘线条（Edge Curve），创建曲面，如图所示。

而后执行"组合"（ , Join）命令，将所有曲面全部组合在一起。

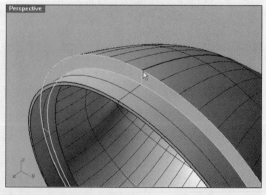

20_ 执行"渲染"（ , Render）命令，观察渲染效果。

Chapter 05 制作电吹风

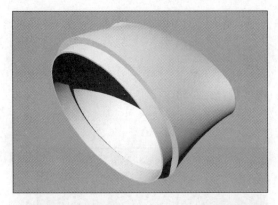

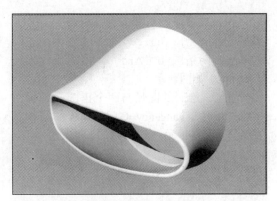

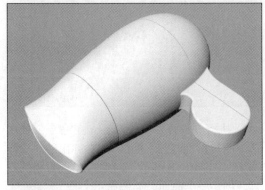

5 制作电吹风手柄

Rhinoceros

　　电吹风的手柄是一个能够前后自由活动的部件，建模时，需要做到精细、自然。同时，在电吹风的手柄上有各种按钮与开关，对建模的精度要求比较高。在制作电吹风手柄时，需要使用的命令有 UV 命令、Network Surface 命令等。

01_ 执行"圆：环绕曲线"（⊙，Circle: Around Curve）命令，以连接部件的中心点为基准绘制一个直径为35mm的正圆（Circle），如图所示。

02_ 再次执行"圆：环绕曲线"（⊙，Circle: Around Curve）命令，在如图所示的位置上绘制一个直径为35mm的正圆。

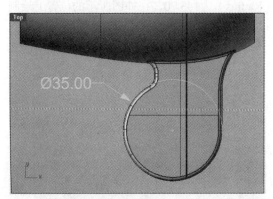

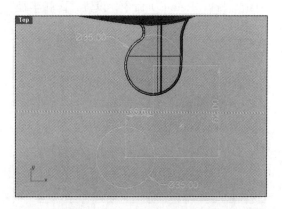

275

03_执行"圆弧:与数条直线相切"（ , Arc: Tangent to Curves）命令，在两个正圆之间绘制两条圆弧（Arc），各圆弧的半径（Radius）如图所示。

注意，绘制的圆弧与两个正圆必须保持相切连接性（Tangency=G1），确保曲线相交的部分不存在锐角。

04_选中圆形与圆弧，执行"修剪"（ , Trim）命令，删除不必要的部分，如图所示。

执行"组合"（ , Join）命令，将各条曲线组合在一起。

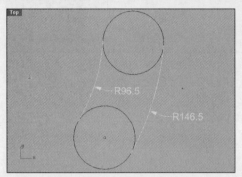

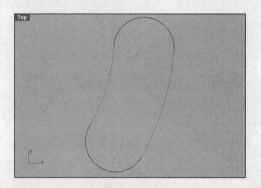

05_执行"偏移曲线"（ , Offset Curve）命令，选中刚刚制作的多重曲线1，分别向上或向下进行偏移，得到曲线2与曲线3，偏移距离见图中尺寸。

06_执行"放样"（ , Loft）命令，依次选中曲线1、曲线2、曲线3，在弹出的"放样选项"（Loft Options）对话框中进行相关设置，创建一个曲面，如图所示。

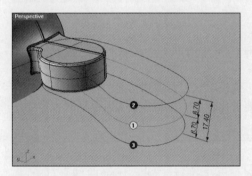

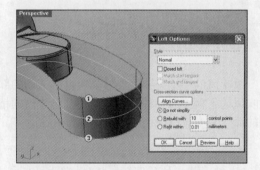

07_接着制作手柄部件的顶部面，它具有一定的凸度，采用的方法不是"嵌面"（ , Patch）命令，而是一种准确性更高的方法。在"物件锁点"（Osnap）中选择"节点"（Knot）选项。将工作视图切换至顶视图，执行"圆弧:起点、终点、半径"（ , Arc: Start, End, Radius）命令，设置"圆弧半径"（Radius）为143.70，在如图所示的位置上绘制一条圆弧（Arc）A。

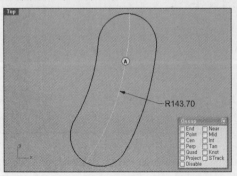

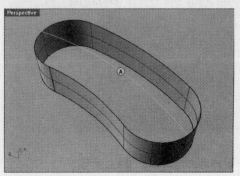

08_ 执行"直线挤出"（ , Extrude Straight）命令，在命令窗口中，设置"两侧（BothSides）=是（Yes）"，沿着圆弧A挤出一个曲面，如图所示。

09_ 执行"建立UV曲线"（ , Create UV Curves）命令，从曲面A中提取UV曲线，如图所示。

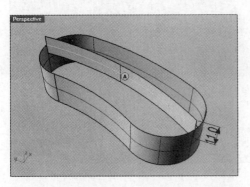

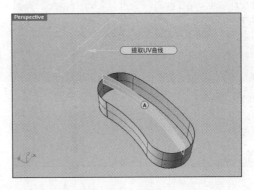

10_ 在"物件锁点"（Osnap）中选择"中点"（Mid）选项，在提取的UV曲线中，以"中点"（Mid）为基准绘制两条互相垂直的中心轴线（红色线条），而后绘制出曲线-A，如图所示。

11_ 执行"镜像"（ , Mirror）命令，对称复制曲线A，得到其余三条曲线，如图所示。

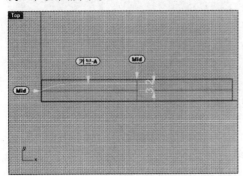

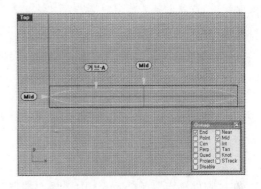

曲线-A

12_ 右键单击"建立UV曲线/套用UV曲线"（Create UV Curves/Apply UV Curve）图标（ ），将刚刚绘制的曲线贴附到曲面A上，如图所示。

在贴附到曲面A上的曲线中，选中下部曲线，将其删除，保留上部曲线，如图所示。

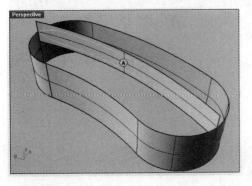

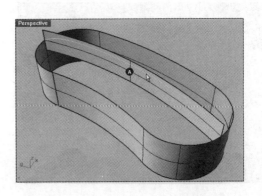

13_在"物件锁点"（Osnap）中选择"中点"（Mid）选项，执行"直线"（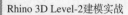，Line）命令，在如图所示的位置上，绘制一条直线。

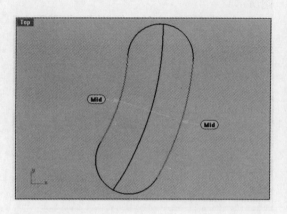

14_执行"直线挤出"（，Extrude Straight）命令，选中刚刚绘制的直线B，在命令窗口中，设置"两侧（BothSides）=是（Yes）"，挤出一个高度为11mm的曲面，如图所示。

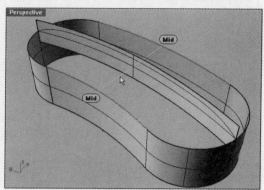

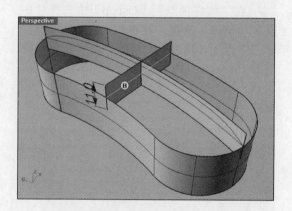

15_在"物件锁点"（Osnap）中选择"端点"（End）与"交点"（Int）选项，执行"圆弧：起点、终点、通过点"（ ，Arc：Start，End，Point on Arc）命令，在如图所示的位置上绘制一条圆弧。

其中，交点（Int）恰好在曲面A的贴附曲线上。

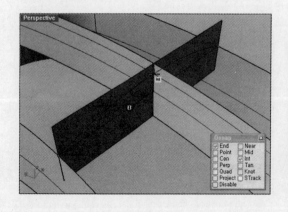

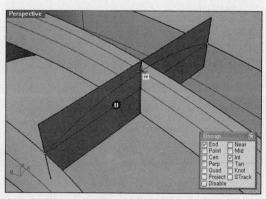

16_ 执行"分割"（🔲，Split）命令，将手柄曲面的上边缘分割成两条曲线1与曲线2，如图所示，而后删除无关曲面与线条。

至此为止，总共得到4条曲线，分别是曲线1、曲线2、曲线3、曲线4。

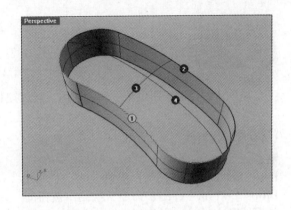

17_ 执行"从网线建立曲面"（🔲，Surface from Network of Curves）命令，依次选中4条曲线，在弹出的"以网线建立曲面"对话框中设置"公差"（Tolerance）为0.01，创建出手柄的顶部曲面。采用这种方法创建出的曲面比使用"嵌面"（🔲，Patch）命令创建的曲面准确度更高、更自然。

执行"镜像"（🔲，Mirror）命令，在手柄的另一侧复制出底部曲面。

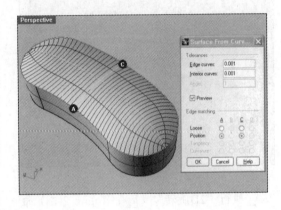

18_ 执行"组合"（Join）命令，将手柄的各部分组合在一起。而后执行"不等距边缘圆角"（🔲，Variable Radius Fillet）命令，选中手柄实体对象的边缘曲线，设置圆角半径（Radius Fillet）为2.5，圆化对象边缘。

若因节点(Knot)与接缝(Seam)重复造成圆化出现问题,则可以利用"调整封闭曲面的接缝"（图，Adjust Closed Surface Seam）命令，将曲面A上的接缝（Seam）移到其他位置。命令执行完毕后，效果如下图。

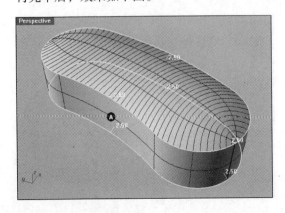
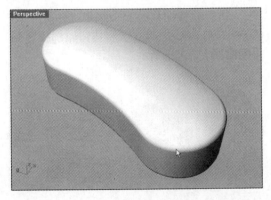

6 制作操作按钮

电吹风的控制按钮位于手柄上，用户通过控制按钮调节电吹风的温度与电源。

01_ 利用"直线"（ , Line）、"圆弧：起点、终点、半径"（ , Arc: Start, End, Radius）、"椭圆：从中心点"（ , Ellipse: From Center）命令，绘制出按钮的轮廓线条（4条），如图所示。

02_ 选中按钮的相关对象，将其移动到如图所示的位置。

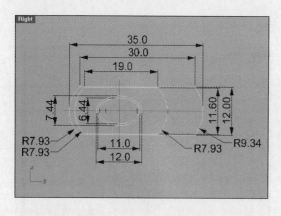

03_ 执行"2D旋转"（ , Rotate 2-D）命令，在顶视图中，选中按钮相关对象，将其旋转19.56°左右，如图所示。

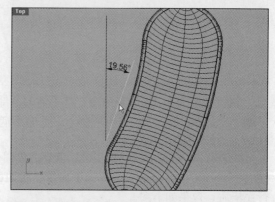

04_ 执行"将曲线拉至曲面"（ , Pull Curve to Surface）命令，将按钮轮廓投影到手柄曲面上，如图所示。

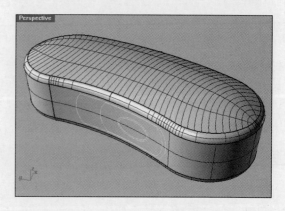

05_ 执行"分割"（📐, Split）命令，利用按钮的外部轮廓线条，分割手柄曲面，如图所示。

06_ 执行"偏移曲面"（🌀, Offset Surface）命令，选中分割出的按钮曲面，在命令窗口中，点选"实体（Solid）=是（Yes）"，设置偏移距离为2.7mm，得到一个实体对象。

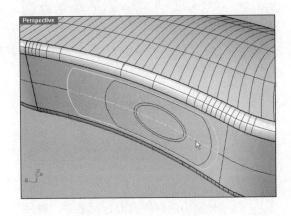

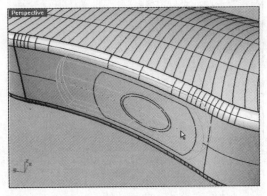

07_ 执行"抽离曲面"（🔲, Extrude Surface）命令，将刚刚创建的实体对象的前面抽离出来。

08_ 执行"分割"（📐, Split）命令，利用内侧曲线（图中鼠标指示的曲线）分割抽离出的曲面，删除不必要的曲面，如图所示。

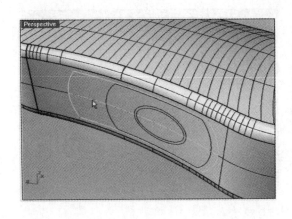

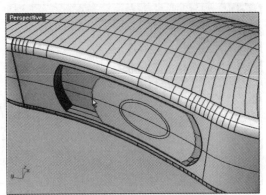

09_ 执行"偏移曲面"（🌀, Offset Surface）命令，选中分割出的按钮的内侧曲面，在命令窗口中，点选"实体（Solid）=是（Yes）"，设置偏移距离为3.7mm，向内偏移曲面，得到一个实体对象，如图所示。

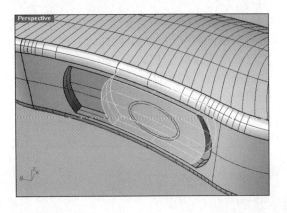

10_ 执行"分割"（, Split）命令，利用外侧椭圆分割曲面，如图所示。

11_ 选中分割出的椭圆曲面，执行"面积重心"（, Area Centroid）命令，在曲面的中心位置创建一个面积重心点。

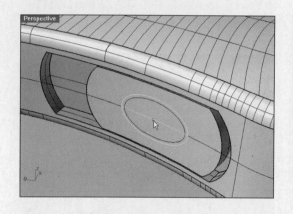
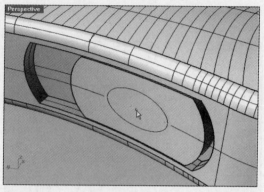

12_ 执行"直线：曲面法线"（, Line: Surface Normal）命令，选中椭圆曲面，经过面积重心点，沿曲面法线方向绘制一条直线，如图所示。注意执行命令时，需要设置"两侧"（BothSides）= "是"（Yes）。

13_ 删除分割出的椭圆曲面，而后在"物件锁点"（Osnap）中选择"最近点"（Near）选项，执行"移动"（, Move）命令，选中内侧椭圆曲线，将其向内移动0.2mm左右。

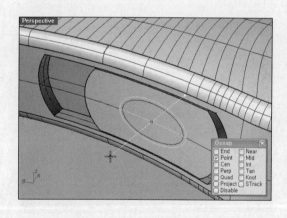
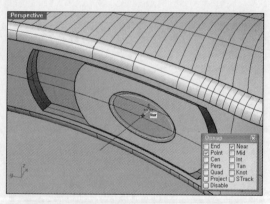

14_ 执行"嵌面"（, Patch）命令，单击外侧椭圆曲线与内侧椭圆曲线，在弹出的"嵌面曲面选项"（Patch Surface Options）对话框中进行相关设置，如图所示，创建出嵌面曲面。

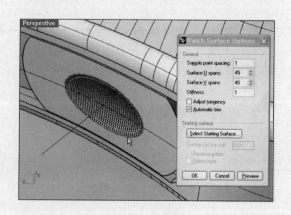

15_执行"组合"(, Join)命令,将创建出的对象组合起来。而后执行"不等距边缘圆角"(, Variable Radius Fillet)命令,分别选择按钮的边缘,进行圆化处理,如图所示。

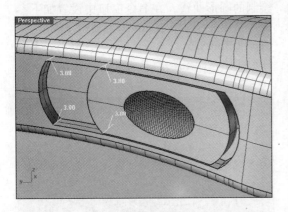
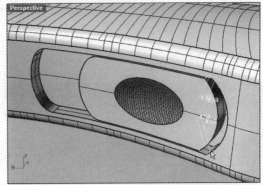
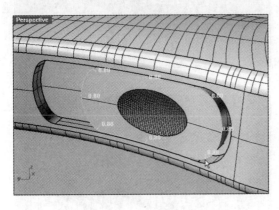
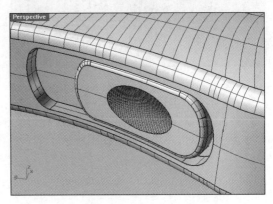

7 制作电吹风机身与手柄的连接部件

Rhinoceros

电吹风的机身与手柄的连接部件是一个活动装置,下面学习这个部件的制作方法。

01_执行"圆:中心点、半径"(, Circle: Center, Radius)命令,在如图所示的位置绘制直径为6mm和直径为35mm的同心圆,如图所示。

在确定圆心时,需要将绘制手柄时使用的圆弧或曲线重新显示出来,帮助我们准确地确定圆心的位置。

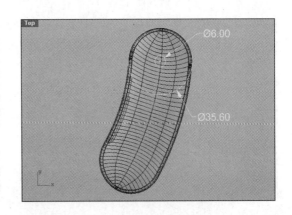

02_ 请看下图，图中白色箭头指示的曲线也要显示出来。

03_ 执行"挤出封闭的平面曲线"（ , Extrude closed planar curve）命令，选中刚刚绘制的圆形曲线，在命令窗口中设置如下参数：挤出距离=15.20mm（半径=7.6mm），两侧（BothSides）=是（Yes），挤出一个圆柱形实体，如图所示。

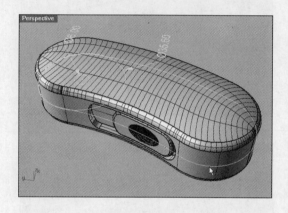

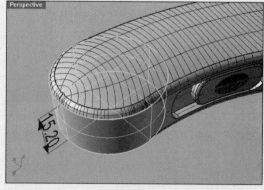

04_ 执行"布尔运算差集"（ , Boolean Difference）命令，利用刚刚绘制的圆柱形实体在手柄上抠出一块空间，如图所示。

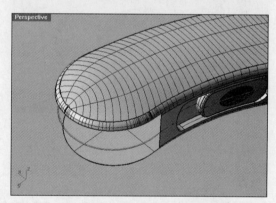

05_ 观察差集运算计算出的结果，发现抠出的曲面存在锐角，即图中黄色箭头指示的部分。处理时，可以使用与圆柱实体同高、同尺寸的立方体，执行"布尔运算差集"（ , Boolean Difference）命令，进行修复处理。

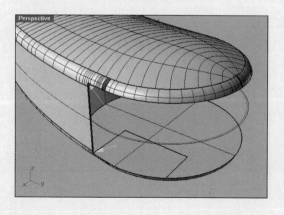

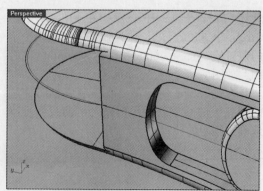

06_执行"立方体：角对角、高度"（▣，Box：Corner to Corner，Height）命令，创建一个与圆柱体同高的立方体（Box 1）。而后将其移动到存在问题的部位，执行"布尔运算差集"（◉，Boolean Difference）命令，进行修复处理。

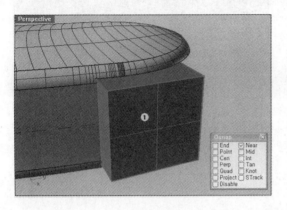
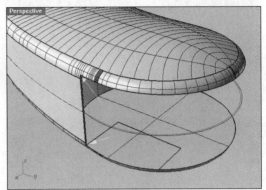

采用相同的方法处理其他存在问题的部位。

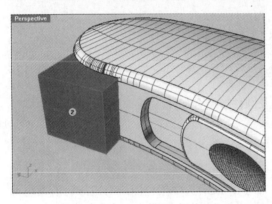
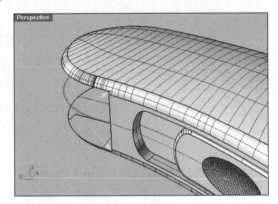

07_在进行修复处理时，在实体对象的内侧面会残留着立方体的线条。单击"合并两个共平面的面"（Merge two coplanar faces）图标（▣），将残留的曲线清理干净，如图所示。

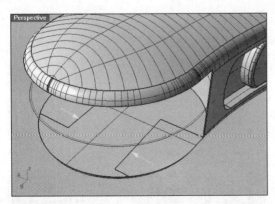
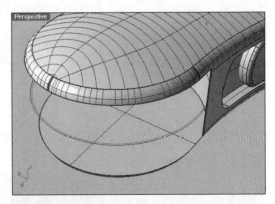

残留的曲线　　　　　　　　　　　　　　　清除残留曲线

Rhino 3D Level-2建模实战

08_ 执行"显示选取的物件"(, Show Selected Objects)命令,显示出隐藏的对象,观察手柄与连接部件的衔接状态,可以发现各个部分衔接平滑,未出现任何异常。

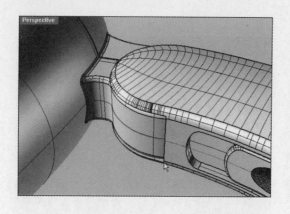
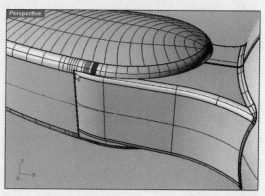

8 制作手柄分模线(Parting Line)以及圆柱形结合部件

在手柄部件上制作分模线(Parting Line)以及圆柱形结合部件。

01_ 在"物件锁点"(Osnap)中,选择"四分点"(Quad)选项,执行"矩形:中心点、角"(, Rectangle: Center, Corner)命令,在右视图中,以紫色曲线(手柄的轮廓线)为基准,绘制一个10mm×0.4mm的矩形,准备制作分型线(Parting Line),如图所示。

02_ 执行"单轨扫略"(, Sweep 1 Rail)命令,依次选中紫色曲线与矩形,沿紫色曲线扫略,制作出如图所示的曲面实体。

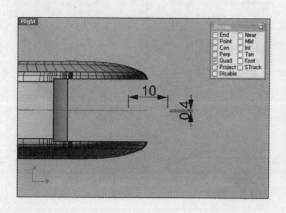
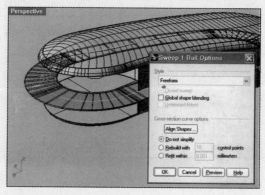

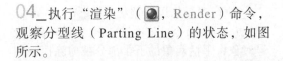

03_ 执行"布尔运算差集"（ , Boolean Difference）命令，利用曲面实体2分割手柄实体对象，如图所示。

04_ 执行"渲染"（ , Render）命令，观察分型线（Parting Line）的状态，如图所示。

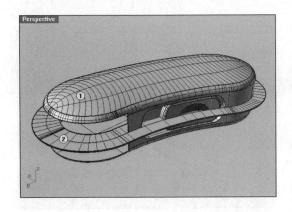

05_ 执行"以平面曲线建立曲面"（ , Surface from Planar Curves）命令，选中紫色曲线，创建一个曲面。

06_ 反复执行"复制"（ , Copy，快捷键 Ctrl+C）与"粘贴"（ , Paste，快捷键 Ctrl+V）命令，将手柄的各个部分在原位置复制出一个。当然紫色的曲面同样需要复制一个，如图所示。

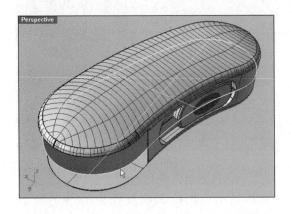

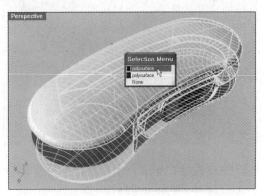

07_ 执行"分析方向"（ , Analyze Direction）命令，使紫色曲面的法线方向（Surface Normal）向上，如图所示。

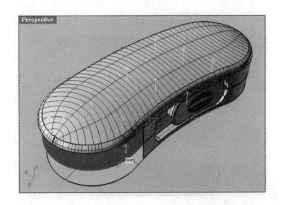

08_执行"布尔运算差集"（，Boolean Difference）命令，依次选中1号实体对象与2号对象，手柄对象的下半部分被剪除掉，如图所示。

命令执行完毕后，手柄实体的下半部分被剪除掉，上半部分被保留下来。

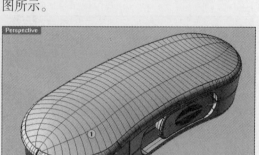

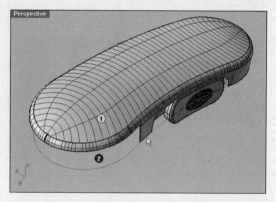

09_重新显示隐藏的手柄实体对象，执行"分析方向"（ ，Analyze Direction）命令，使紫色曲面的法线方向（Surface Normal）向下，如图所示。

10_执行"布尔运算差集"（ ，Boolean Difference）命令，依次选中1号实体对象与2号对象，手柄对象的上半部分被剪除掉，如图所示。

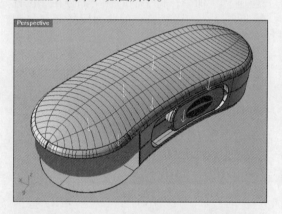

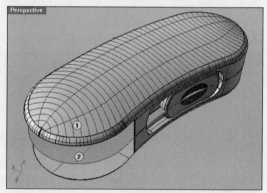

命令执行完毕后，手柄实体的上半部分被剪除掉，下半部分被保留下来。

11_接下来制作圆柱形结合部件。首先，重新显示前面绘制的直径为6mm的圆形曲线。

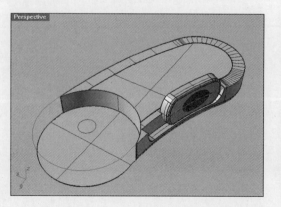

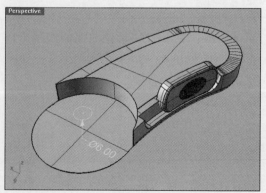

12_ 在右视图中选中直径为6mm的圆形曲线，执行"偏移曲线"（ , Offset Curve）命令，向上或向下分别偏移2mm，得到另外两条圆形曲线，如图所示。

13_ 执行"凸缘"（ , Boss）命令，选择最下方一条圆形曲线，创建出一个凸缘对象，如图所示。

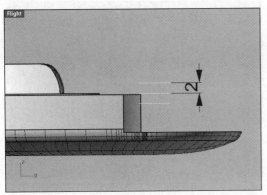

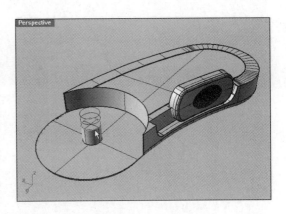

14_ 重新显示手柄实体对象的上半部分，执行"凸缘"（ , Boss）命令，选择最上方一条圆形曲线，创建出一个凸缘对象，如图所示。

15_ 在顶视图中，执行"圆：中心点、半径"（ , Circle: Center, Radius）命令，在如图所示的位置上绘制一条直径为6.2mm的正圆（Circle）。

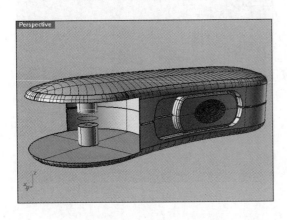

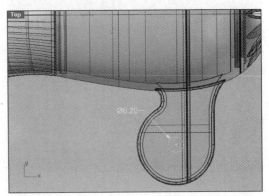

16_ 执行"挤出封闭的平面曲线"（ , Extend closed planar curve）命令，创建一个贯穿实体对象的圆柱体，如图所示。

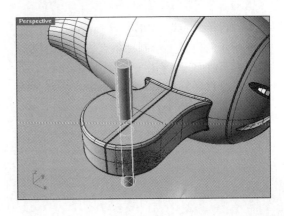

17_ 执行"布尔运算差集"（ , Boolean Difference）命令，利用刚刚创建的圆柱体，在实体对象上凿出一个孔洞，以便安装旋转轴，如图所示。

18_ 执行"半透明模式工作视图"（ , Ghosted Viewport）命令，观察手柄连接是否正常，可以发现电吹风的各个部件连接均正常。

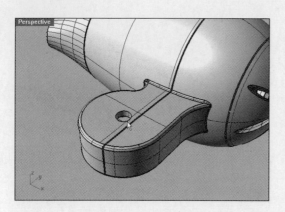
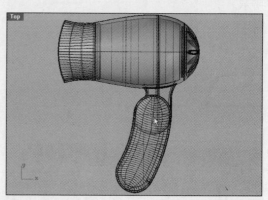

19_ 最后，在手柄实体的内部进行凿挖处理，以便在制作RP（Rapid Prototyping）时减少RP材料的消耗。至于挖凿的形状与高度，由各位自行决定。若采用"截面线"（ , Section）命令实施挖凿操作，那么断面曲面如下图所示。

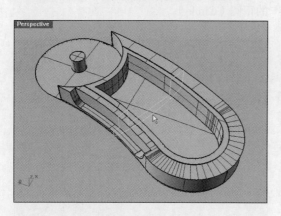
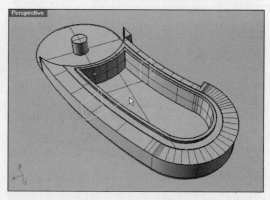

20_ 执行"直线"（ , Line）命令，在如图所示的位置上绘制一条直线，而后执行"投影至曲面"（ , Project to Surface）命令，将其投影到曲面上。接下来，在此直线基础上制作防转阀。

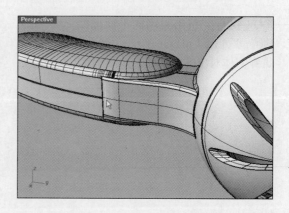

21_ 选中投影线条，执行"圆管（圆头盖）"（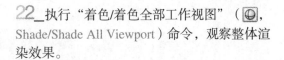，Pipe：Round Caps）命令，创建一个直径为1.0mm的圆管，如图所示。

执行"布尔运算并集"（，Boolean Union）命令，将圆管与电吹风合并在一起。

22_ 执行"着色/着色全部工作视图"（，Shade/Shade All Viewport）命令，观察整体渲染效果。

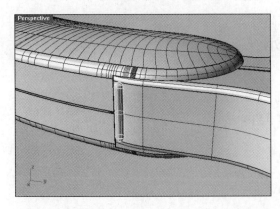

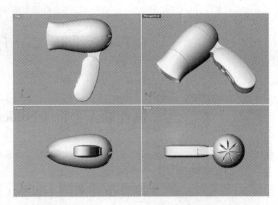

23_ 执行"渲染"（，Render）命令，观察各种渲染效果。

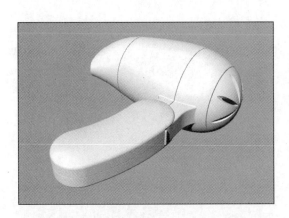

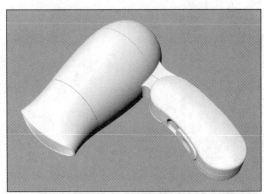

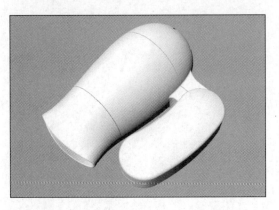

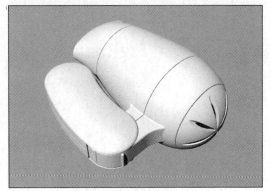

Part 04 Chapter

Chapter 01
制作直板手机（Bar Type）

Chapter 02
制作翻盖手机（Folder Type）

Chapter 03
制作安全帽（Helmet）

Rhino 3D
Level-3 建模实务

Part.04

大量学习实践证明：成为Rhion3D高手，并不在于掌握多少高级技能与独门绝技，而在于对基本知识的准确理解与把握，在于对基本技术的灵活组合与运用。要成为Rhion3D高手，必须培养勤思考、勤动手的能力，从多个角度、多个视角考虑问题，通过对同一模型的反复制作掌握各种知识与技能，并达到融会贯通的境界。在本部分中，我们将继续学习一些常见物体的建模方法，通过这些学习进一步提高读者对基本知识与基本技术的掌握程度，使得读者的建模水平更上一层楼。

Chapter 01 制作直板手机（Bar Type）

本章学习直板手机的建模方法，在学习过程中，读者将学到曲率检测（Curvature Graph On、Zebra、E-Map、Draft Angle）、Variable Radius Fillet应用、Naked Edge、Sweep 2 Rail、Patch、Seam等相关知识。

Rhinoceros *Rendering*

Chapter 01 制作直板手机（Bar Type）

1 绘制直板手机轮廓图

Rhinoceros

日常生活中，我们接触到的手机形状各异。下面我们要学习的是直板手机的制作方法，首先绘制直板手机的轮廓图。

01_ 在状态栏（Status bar）中，开启"锁定格点"（Snap）、"正交"（Ortho）、"平面模式"（Planar）功能，执行"矩形：中心点、角"（ , Rectangle: Center, Corner）命令，在顶视图中，以坐标原点为中心绘制一个41mm×96mm的矩形，确定直板手机的尺寸，如图所示。

02_ 执行"炸开"（ , Explode）命令，炸开矩形的各条边线。而后执行"偏移曲线"（ , Offset Curve）命令，分别将直线1向内侧偏移3.2mm，直线2向内侧偏移3.9mm，直线3向内侧偏移1.6mm，如图所示。

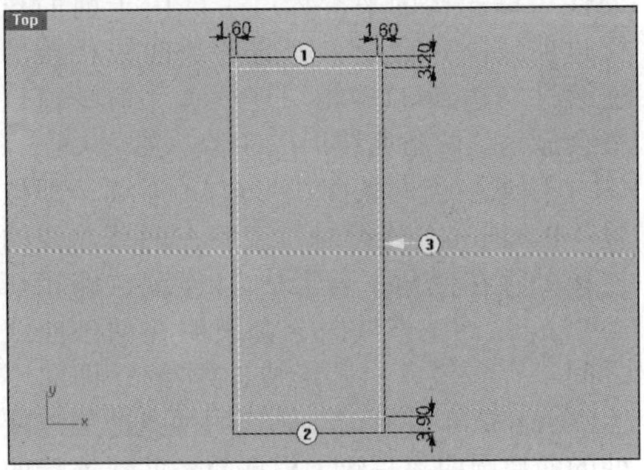

03_ 在状态栏（Status bar）中，开启"锁定格点"（Snap）、"正交"（Ortho）、"平面模式"（Planar）功能，执行"圆弧：起点、终点、通过点"（ , Arc: Start, End, Point on Arc）命令，在上下两个位置分别绘制圆弧A与B，如图所示。
注意，在绘制圆弧A时，应当在"物件锁点"中点选"交点"（Int）选项。

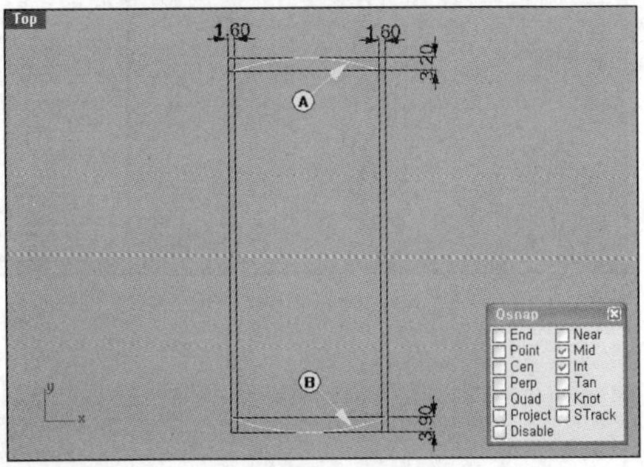

04_ 执行"内插点曲线"（ , Curve: Interpolate Points）命令，绘制曲线（Arc）C，将圆弧的两个端点连接起来。
在绘制曲线C时，使用"镜像"（ , Mirror）命令会更加方便（注意选中"物件锁点"中的"中点"[Mid]选项）。

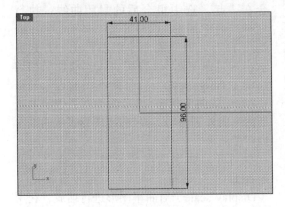

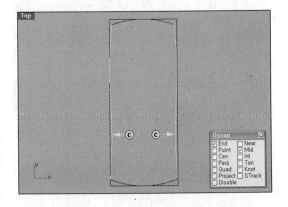

295

05_ 执行"曲线圆角"（，Fillet Curves）命令，圆化圆弧与曲线的交角，圆化半径（Radius）分别为5.0与9.0，如图所示。
当前所有线条均处于分离状态下，在执行"组合"（ ，Join）命令组合各条曲线前，应当首先查看并调整各条曲线之间连接的连续性（Continuity）。

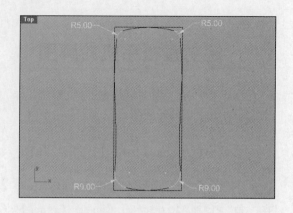

06_ 执行"两条曲线的几何连续性"（ ，Geometric Continuity of 2 Curves）命令，单击圆弧1与圆弧2，查看两条圆弧相接的连续性（即连接的平滑程度）。由于前面执行过曲线圆角命令，因此各条曲线相接的连续性均达到G1（相切连接），命令窗口中会显示"两条曲线形成G1"（Curves are G1）信息。当两条曲线形成G0连续，即位置（Position）连续时，表明在两条曲线的连接处存在锐角；若形成G1连续，即相切（Tangency）连续时，则表明在两条曲线之间不存在锐角；若形成G2连续，即曲率（Curvature）连续时，则表明两条曲线连接处的曲率圆曲率一致。根据两条曲线连接的连续性不同，所生成的曲面的平滑程度也不相同。

07_ 接下来，通过分析工具来分析一下曲线的曲率问题。选中所有曲线（呈G1连续），执行"组合"（ ，Join）命令，将它们组合在一起。选中组合后的封闭曲线，执行"开启曲率图形"（ ，Curvature Graph On）命令，曲线的曲率以图形化的方式显示出来。曲率图形1表明曲线连续性呈相切连续（Tangency），2号曲率图形表示圆弧（Arc）的曲率状态，3号曲率图形表示曲线的曲率向外侧凸出，4号曲率图形表示曲线向内弯曲。
在执行开启曲率图形命令时，会弹出"曲率图形"对话框，利用"显示缩放比"（Display scale）对曲率图形进行缩放，利用"密度"（Density）选项增减曲率图形放射线的数量。用户可以利用此对话框设置相关参数，随时调整曲率图形，获得最佳的观察效果。

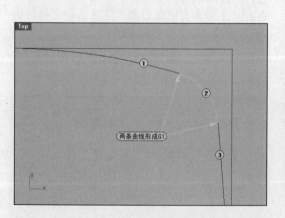

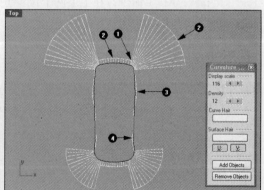

08_继续调整曲线的曲率状态。执行"炸开"（Explode）命令，炸开"组合"（，Join）在一起的曲线，使各条曲线成为独立的线条。

而后执行"剪切"（，Cut，快捷键 Ctrl + X）命令，删除边角处的4条圆弧（Arc）。

09_执行"混接曲线"（，Blend Curves）命令，分别选择曲线1、曲线2，在命令窗口中设置"连续性=曲率"（Continuity=Curvature），在两条曲线之间创建一条混接曲线，如图所示。

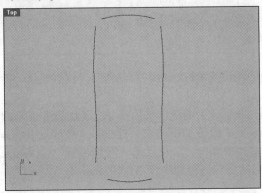

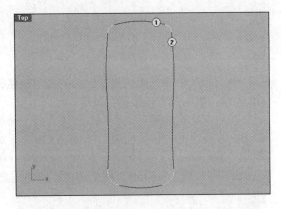

10_执行"两条曲线的几何连续性"（，Geometric Continuity of 2 Curves）命令，单击圆弧1与圆弧2，观察可以发现两条圆弧呈曲率连续（G2）。采用同样的命令查看圆弧2与曲线3的连续性，它们之间也呈曲率连续。

曲率连续（G2）比相切连续（G1）平滑性更好，曲线连接更加自然。

11_选中所有线条，执行"组合"（，Join）命令将它们组合在一起。而后选中组合后的封闭曲线，执行"开启曲率图形"（，Curvature Graph On）命令，曲线的曲率以图形化的方式显示出来。

观察曲率图形，可以发现与前面的曲率图形形状略有不同，特别是1号曲率图形由扇形变成了鱼鳍形状，表明曲线的衔接更加平滑，在此基础上创建出的曲面边缘更加柔和。

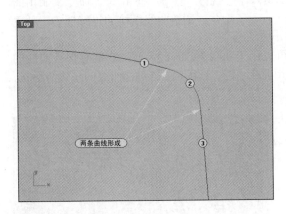

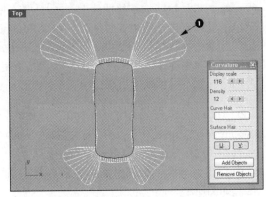

12_在"物件锁点"（Osnap）中选择"最近点"（Near）选项，执行"内插点曲线"（，Curve: Interpolate Points）命令，在顶视图中绘制出曲线1与曲线2，如图所示。

13_在"物件锁点"（Osnap）中选择"最近点"（Near）选项，执行"镜像"（，Mirror）命令，将曲线1与曲线2复制到左侧。

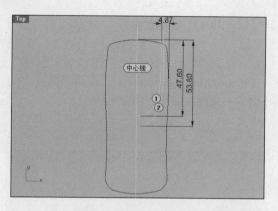
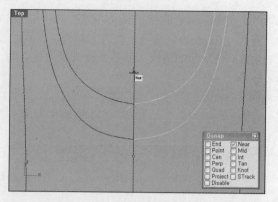

执行相关命令,测试复制出的曲线与原曲线的相接连续性,可以发现它们呈位置连续,即 G0 连续,表明曲线连接存在锐角。

执行"衔接曲线"(,Match Curve)命令,分别选中曲线 1 与曲线 2,以及曲线 A 与曲线 B。在弹出的"衔接曲线"(Match Curve)对话框中设置如下参数:连续性(Continuity)=相切(Tangency),维持另一端(Perserve)=位置(Position),并点选"互相衔接"(Average curves)与"组合"(Join)两个选项,使曲线之间的衔接呈相切连续 G1(Tangency)。

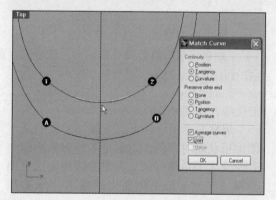
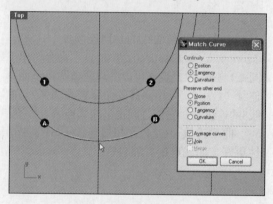

14_前面的处理方法总体归结为两步,第一步是采用"镜像"(,Mirror)命令复制出曲线;第二步是执行"衔接曲线"(,Match Curve)命令,调整曲线衔接的连续性。一种更简单的处理方法是使用"对称"(,Symmetry)命令。

此命令不仅可以用于曲面(Surface),也可以用于曲线(Curve),通过它能够保证曲线的衔接具有曲率连续性(G2 Curvature)。但是使用此命令时,千万要注意对称曲线的位置与形状,否则会导致不可预期的后果。

15_执行"矩形:中心点、角"(,Rectangle:Center,Corner)与"椭圆:从中心点"(,Ellipse:from Center)命令,以中心线为基准,绘制出液晶显示屏与耳机孔,如图所示。

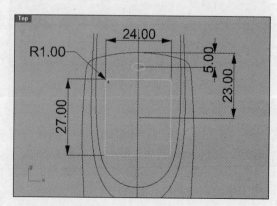

16_ 执行"圆弧：起点、终点、通过点"（ , Arc: Start, End, Point on Arc）命令，绘制一个按钮轮廓，如图所示。执行"曲线圆角"（ , Fillet Curves）命令，设置"半径"（Radius）为1.0mm，即圆弧边角。

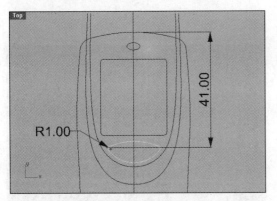

17_ 接下来制作手机按键。首先在手机面板区域中绘制一条长度为28.40mm的中心线。而后绘制出圆弧2，再沿圆弧绘制3个椭圆形手机按键，其中左右两侧椭圆的倾斜度约为20°，如图所示。

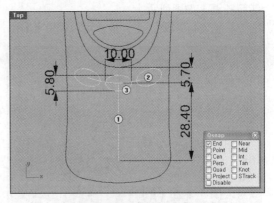

18_ 执行"偏移曲线"（ , Offset Curve）命令，以刚刚绘制的椭圆为基准，分别向内、向外偏移0.1mm，得到另外两个椭圆，如图所示。

在执行"嵌面"（ , Patch）命令时，以3个椭圆为基础创建按键曲面。分别更改3个椭圆的图层颜色，以更好地区分它们。

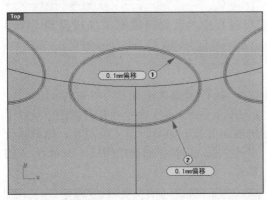

19_ 选中所有的椭圆图形与圆弧，单击"沿着曲线阵列"（Array along Curve）图标（ ），在弹出的"沿着曲线阵列选项"（Array Along Curve Options）对话框中，设置"项目数"（Number of items）为5，并点选"自由旋转"（Freeform），单击"确定"（OK）按钮，沿中心轴线进行阵列排布。

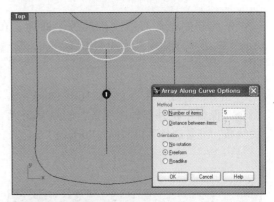

命令执行完毕后，5组手机按键沿中心轴线分布，如图所示。执行"剪切"（ , Cut）命令，选中最后一组按键，将其删除，如图所示。

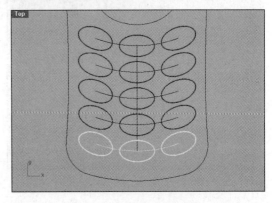

20_ 在"物件锁点"(Osnap)中选择"端点"(End)选项,利用"椭圆:从中心点"(, Ellipse: from Center)与"圆:中心点、半径"(, Circle: Center, Radius)命令,在中心轴线的下端点处绘制出手机的话筒孔洞,如图所示。

根据实际需要,此处设计可以略有不同。

21_ 到此为止,手机的轮廓线条绘制完毕,如下图。

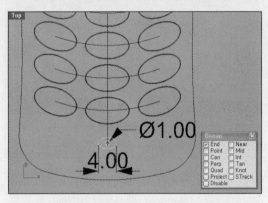
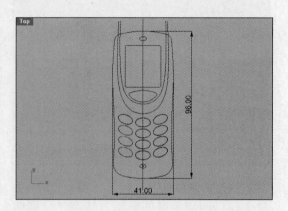

2 制作直板手机的各个曲面

下面开始制作直板手机的各个曲面,在建模过程中,需要向模型添加拔模角(Draft Angle),方便制作模具(Mold)。

01_ 执行"隐藏物件"(, Hide Objects)命令,保留手机外部轮廓线条,隐藏其余无关线条,准备制作手机曲面(Surface)。

02_ 执行"内插点曲线"(, Curve: Interpolate Points)命令,在右视图中绘制手机侧面曲线,如图所示。绘制时,尽量减少点的个数,以减少曲面结构线(Isocurve)的数量。

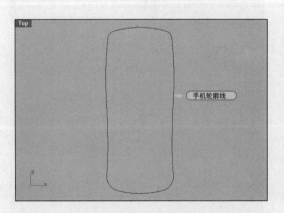
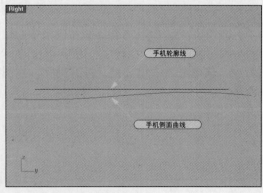

03_ 在"物件锁点"（Osnap）中选择"端点"（End）与"中点"（Mid）选项，在前视图中绘制一条圆弧（Arc），如图所示。

绘制圆弧时，也可以先绘制出圆弧（Arc），而后执行"移动"（, Move）命令，将其移动到如图所示的位置。

在透视图视图（Perspective View）中，观察圆弧的位置。

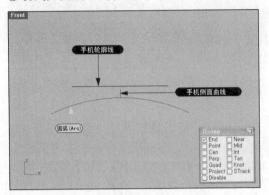

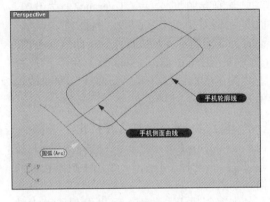

04_ 执行"沿着曲线挤出"（, Extrude Along Curve）命令，选择圆弧A，按 Enter 键，再选择中心线B，绘制出手机的正面曲面，如图所示。

观察创建出的曲面，可以发现曲面的结构线（Isocurve）数目较少，状态良好，方便初学者学习。

05_ 按 Ctrl + Z 组合键，或执行"复原"（, Undo）命令，返回到第三步状态下。

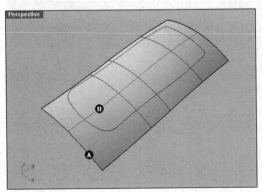

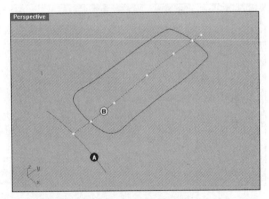

06_ 选择中心线B，执行"重建"（, Rebuild）命令，在弹出的"重建曲线"（Rebuild Curve）对话框中，设置"点数"（Point count）为5，[7]是重建前中心线B上的点数，重建曲线。

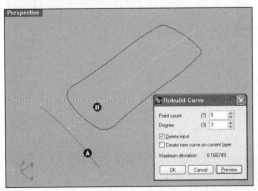

在"重建曲线"对话框中单击"预览"按钮，会显示出"最大偏差值"（Maximum divation），即原曲线与重建曲线的偏离程度。若"点数"（Point count）设置得过少，"最大偏差值"就会增大，重建出的曲线将与原曲线相差甚大，创建出的曲面也会变得非常不同。

当前允许的公差（Tolerance）为0.01，而实际偏差值为0.166749，因此将"点数"设置为5问题不大。执行"分析曲线偏差值"（[图标]，Analyze Curve Deviation）命令，选择需要测试的曲线，计算出新曲线与原曲线的偏差值。

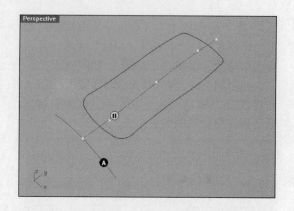

07_ 再次执行"沿着曲线挤出"（[图标]，Extrude Along Curve）命令，选择圆弧A，按 Enter 键，再选择中心线B，绘制手机的正面曲面，如图所示。

观察创建出的曲面，可以发现曲面中的结构线（Isocurve）的数量明显地减少了，曲面被最优化。

08_ 执行"挤出成锥状"（[图标]，Extrude Tapered）命令，在前视图中，选中手机的外轮廓线条C，在命令窗口中设置如下参数：挤出距离=-20mm，拔模角度（Draft Angle）=-2.0°，创建出一曲面，如图所示。

拔模角是指为了让铸件更好地脱离（拔出）模具而人为设定的铸件与模具分模面相交的侧面切向与模具分模面法向之间的夹角。在拔模中，必须设定恰当的拔模角，否则拔模会出现问题。产品不同，设定的拔模角也不同。

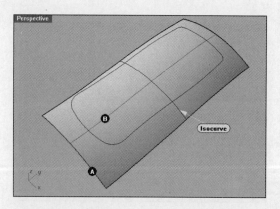

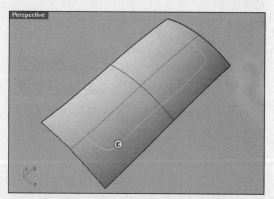

09_ 在前视图中，可以清晰地观察到设定的拔模角度，如图所示。

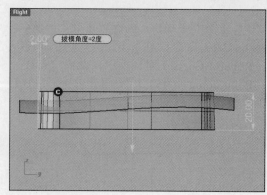

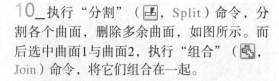

在透视视图（Perspective View）中观察拔模角。

10_ 执行"分割"（ , Split）命令，分割各个曲面，删除多余曲面，如图所示。而后选中曲面1与曲面2，执行"组合"（ , Join）命令，将它们组合在一起。

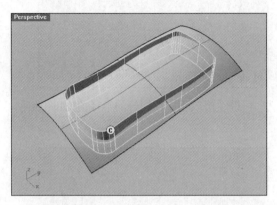

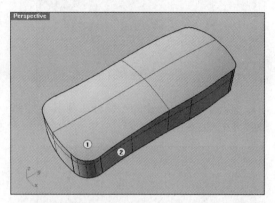

11_ 执行"不等距边缘圆角"（ , Variable Radius Fillet）命令，在命令窗口中，设置"目前的半径=3"（Current Radius=3），选中手机正面边缘线条，按 Enter 键。

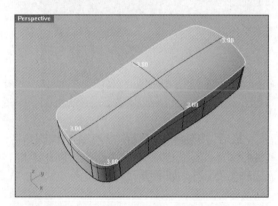

在"物件锁点"（Osnap）中选择"节点"（Knot）选项，在命令窗口中单击"新增控制杆"，在 Radius=3 的位置上新增控制杆，如图所示。若想删除增加的控制杆，可以在命令窗口中单击"移除控制杆"（Remove Handle），再单击想要移除的控制杆，将其删除。但是，接缝（Seam）位置上的控制杆删除不了。

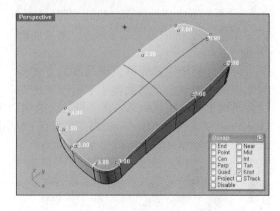

在添加控制杆时，采用全手工方式往往很难使添加的控制杆呈对称分布，此时可以先在一侧设置好附着点，而后借助"镜像"（ , Mirror）命令，在另一侧对称复制出点再添加控制杆，从而使添加的控制杆呈现对称分布状态。

控制杆添加完毕后，按 Enter 键，分别选中底部两侧的两个控制杆，将其半径修改为 5。

选中相应的控制杆，按住鼠标拖动可以移动控制杆的位置。

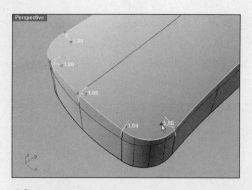
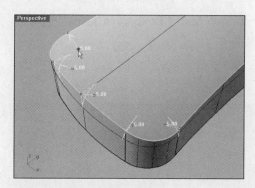

12_ 再选中上面两侧的控制杆,将其半径修改为4.0,如图所示。

继续修改相应控制杆的半径值,如图所示。

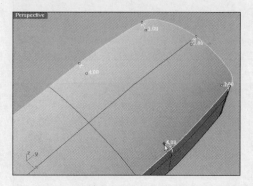

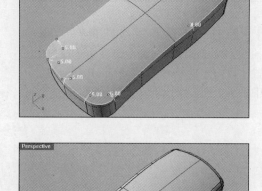

最后,按 Enter 键,执行"不等距边缘圆角"(, Variable Radius Fillet)命令,圆化手机正面边缘线条,如图所示。

13_ 分析一下生成的曲面。执行"斑马纹分析"(, Zebra Analysis)命令,查看曲面状态。

斑马纹分析工具能够以斑马纹的方式检测曲面的平滑状态。若曲面不平滑,则斑马纹会出现扭曲或交错状态,在"斑马纹选项"对话框中,可以灵活地设置条纹的方向(Stripe Direction):或水平(Horizontal),或垂直(Vertical),用户可以根据要求自行设置。

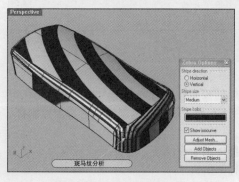
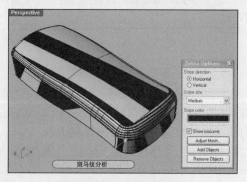

条纹方向(Stripe Direction)= 垂直(Vertical)

条纹方向(Stripe Direction)= 水平(Horizontal)

14_采用"环境贴图"(Environment Map)命令检查曲面。执行"环境贴图"(），Environment Map）命令，选择曲面，在"环境贴图选项"对话框中，可以不断更改环境贴图类型，检查曲面的状态。通过这种方式，可以把建模对象放置于虚拟的贴图环境中，借助环境贴图的虚拟映射查看曲面的反射效果，环境贴图常常应用在检查流线型曲面中。

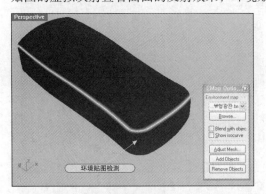
环境贴图分析

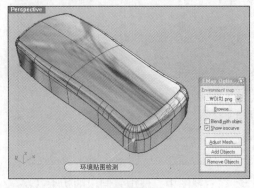
环境贴图分析

15_执行"拔模角度分析"(，Draft Angle Analysis）命令，借助可视的色彩分析拔模角度或凹割（Under Cut）。在不同视图下可以进行多种不同的检查。

在透视视图（Perspective）中，选择分析对象，在弹出的"拔模角度"对话框中，分别设置90°与2°（-2°）进行分析，结果如下图所示。

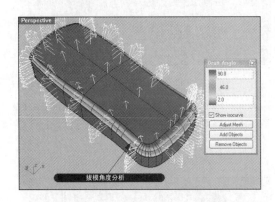

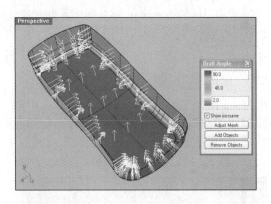

执行"分析方向"(，Analyze Direction）命令，更改曲面（Surface）的法线（Normal）方向（白色箭头方向），确定拔模方向。

在命令窗口中，点选"反转"（Flip，快捷键 F ）项改变曲面的法线方向。

16_执行"直线"(，Line）命令，在距离手机正面的最高点12mm处，绘制一条水平直线1，如图所示。

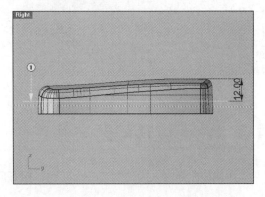

Rhino 3D Level-3 建模实务

17_ 在右视图中，执行"分割"（ ，Split）命令，利用水平线1分割手机曲面，删除分割出的下半部分，如图所示。

18_ 执行"复制边框"（ ，Duplicate Border）命令，复制手机曲面（Surface）的下边缘线条（Edge Curve）。

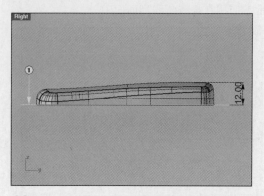

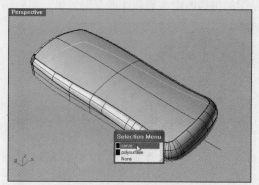

19_ 在右视图中，选中复制出的边框线条，执行"挤出曲线成锥状"（ ，Extrude Curve Tapered）命令，在命令窗口中设置如下参数：拔模角度（DraftAngle）=2，挤出距离（Extrude distance）=-8，加盖（Caps）=否，挤出曲面，如图所示。

选中手机的正面部分，将其暂时隐藏起来。

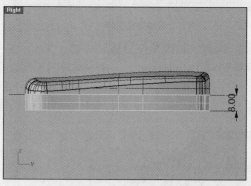

20_ 执行"以平面曲线建立曲面"（ ，Surface from Planar Curves）命令，选中刚刚挤出的曲面的底部边缘线，创建出底部曲面1，如图所示。而后执行"组合"（ ，Join）命令，将它们组合在一起。

21_ 执行"曲面圆角"（ ，Fillet Surface）命令，选择底部曲面1与侧面2，设置半径为3.0，圆化曲面。

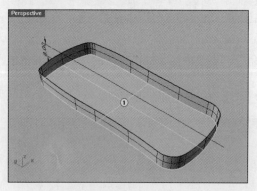

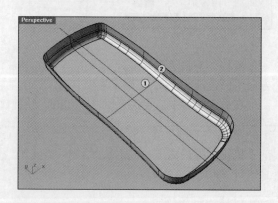

 3 曲面偏移问题与修正

在偏移曲面时人为地制造一个问题，探寻问题的解决方案。

01_ 执行"偏移曲面"（ , Offset Surface）命令，选择手机外侧面，更改偏移方向，设置"偏移距离"（Offset distance）为1.7mm，在内部偏移出一个曲面"A-内侧面"。

执行"组合"（ , Join）命令，将"A-内侧面"的所有曲面组合在一起。

02_ 检查"A-内侧面"，确定通过"偏移曲面"（ , Offset Surface）命令偏移出的内侧曲面是否存在误差或扭曲现象。若存在问题，那么在创建实体时，在执行布尔运算（ , Boolean）时，在将其导入其他程序时，在制作RP（Rapid Prototyping）时，以及在变换成*.stl（Stereorithograpy）时都会出现问题。

选中"A-内侧面"，执行"显示边缘"（ , Show Edges）命令，在弹出的"边缘分析"（Edge Analysis）对话框中点选"外露边缘"（Naked Edges），而后利用缩放（Zoom）命令观察存在问题的部位，如图下图，在箭头指示的位置与红色线条指示的位置存在外露边缘（Naked）或断裂。

执行"显示边缘"时，在命令窗口中会出现"Found 14 Edges total ; 5 naked edges"信息，显示全部边缘与外露边缘的数目。接下来修复这些外露边缘。

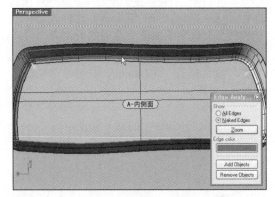

03_ 执行"合并两个外露边缘"（ , Join 2 Naked Edges）命令，单击1号与2号两个部位，弹出"合并边缘"（Edge Joining）对话框，提示超过允许的公差（Tolerance, 0.01），询问是否执行强制合并，单击"是"（Yes）按钮，将红色的缝隙合并起来。

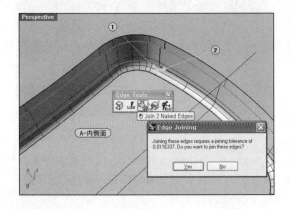 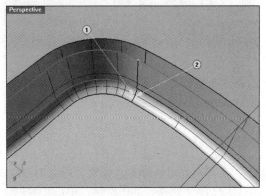

04_ 采用相同的方法执行"合并两个外露边缘"（ , Join 2 Naked Edges）命令，修复1号与2号部位的边缘（Edge）。但是有时通过"合并两个外露边缘"（ , Join 2 Naked Edges）命令无法完成修改，此时最好重新创建存在问题的曲面。

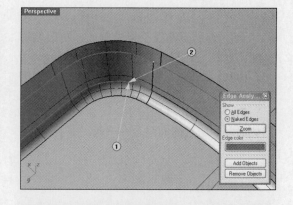

05_ 执行"抽离曲面"（ , Extract Surface）命令，将存在问题的曲面抽离出来，或者执行"炸开"（ , Explode）命令，将"A-内侧面"全部炸开。执行"分割/以结构线分割曲面"（ , Split/Split Surface by Isocurve）命令，将曲面四等分，如图所示，标号为1、2、3、4。注意在单击"分割/以结构线分割曲面"（Split/Split Surface by Isocurve）图标（ ）时，需要右键单击，这样才能利用结构线分割选中的曲面。曲面的分割方向可以通过UV选项进行调整。进行作业处理时，应当在"物件锁点"（Osnap）中点选"端点"（End）选项。

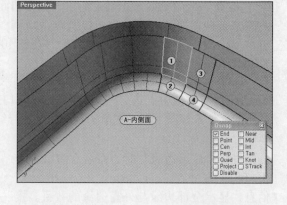

06_ 删除分割出的4个曲面，如图。

07_ 执行"混接曲线"（ , Blend Curves）命令，设置"连续性=曲率（Curvature）"，选中1号与2号曲面边缘（Edge），创建出混接曲线（Blend Curve），如图所示。

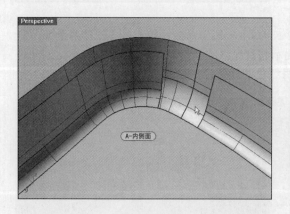

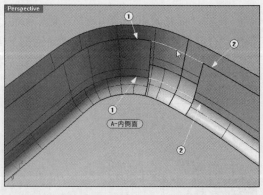

08_ 执行"从网线建立曲面"（ , Surface from Network of Curves）命令，依次选中各条曲线，在弹出的对话框中，设置公差（Tolerance）=0.01，并且在曲线B与D下，点选"相切"（Tangency）选项，如图所示，单击"确定"（OK）按钮创建曲面。

Chapter 01 制作直板手机（Bar Type）

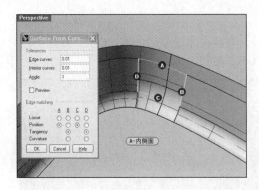
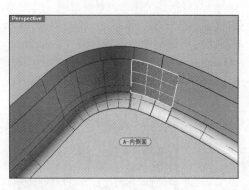

09_ 在执行"从网线建立曲面"（ , Surface from Network of Curves）命令时，若同时选中了断裂的边缘线，则命令无法正常执行，得不到曲面。因此，需要先把此边缘线条删除。

10_ 选中"A-内侧面"，执行"显示边缘"（ , Show Edges）命令，在弹出的"边缘分析"（Edge Analysis）对话框中点选"外露边缘"（Naked Edges）。而后右键单击"分割边缘"（Split Edge）图标（ ），执行"合并边缘"命令。

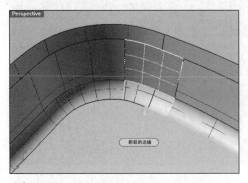

11_ 如图所示，单击曲面边缘（Edge），清除边缘点（Edge Point）。

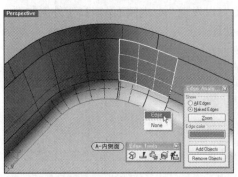
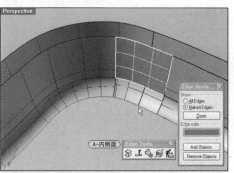

12_ 在"物件锁点"（Osnap）中选择"端点"（End）选项，单击"分割边缘"（Split Edge）图标（ ），在端点处，分割"A-内侧面"边缘线。

在操作中，一定要注意不要在分割的位置重复进行分割。

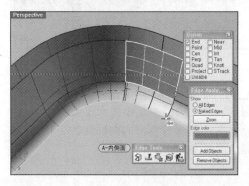

309

13_ 执行"从网线建立曲面"（ , Surface from Network of Curves）命令，依次选中各条曲线，在弹出的对话框中，设置公差（Tolerance）=0.01，并且在曲线A、B、C、D下，点选"相切"（Tangency）选项，如图所示，单击"确定"（OK）按钮，创建曲面。

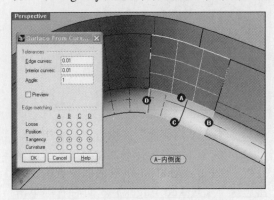
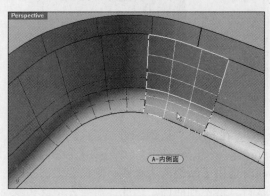

14_ 选中所有内侧曲面，执行"组合"（ , Join）命令，将它们组合在一起。而后执行"显示边缘"（ , Show Edges）命令，在弹出的"边缘分析"（Edge Analysis）对话框中，点选"外露边缘"（Naked Edges）。

观察可以发现，外露边缘（Naked Edges）已经完全消失，修改作业完毕。

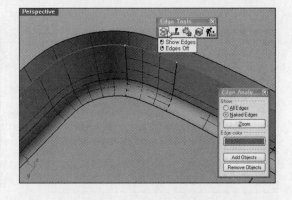

15_ 请看下图，在箭头指示的部分上创建曲面，将其关闭起来。

在右视图中，观察"A-内侧面"与外侧曲面，可以发现"A-内侧面"略高于外侧曲面，需要处理一下。

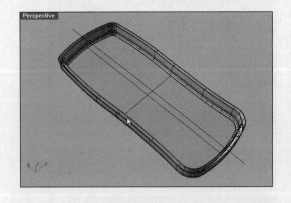
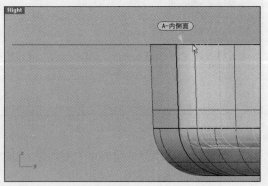

16_ 执行"分割"（ , Split）命令，在右视图中，利用前面绘制出的水平线分割"A-内侧面"，删除分割出的曲面片段，使其与外侧曲面高度一致。

17_ 执行"复制边框"（ , Duplicate Border）命令，复制内侧面与外侧面的边缘线，如图所示。

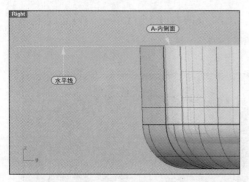
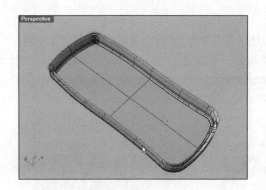

  制作凸出分型线

前面，手机的上下两个曲面制作完毕。接下来，开始制作凸出的分型线。

01_ 执行"多重直线"（Polyline）命令，在右视图中绘制出如图所示的曲线形状，充当凸出的分型线。

02_ 执行"定位：两点"（Orient：2 Points）命令，在"物件锁点"（Osnap）中选择"端点"（End）选项，在右视图中选择刚刚绘制的曲线，而后依次单击点1与点2，如图所示。

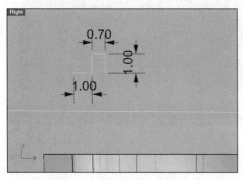
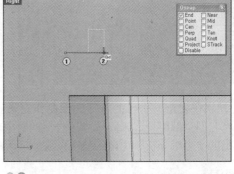

切换至透视视图（Perspective View），在"物件锁点"（Osnap）中选择"最近点"（Near）与"垂直点"（Perp）选项，将曲面定位至如图所示的位置。

03_ 执行"双轨扫略"（Sweep 2 Rails）命令，依次选中三条曲线，在弹出的"双轨扫略选项"（Sweep 2 Rail Options）对话框中，务必点选"保持高度"（Maintain height）选项，点选此项可以保证所生成对象的高度保持相同。

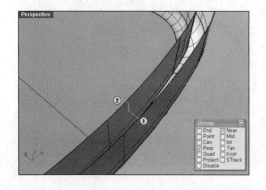
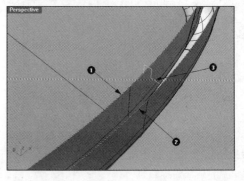

而后单击"加入控制断面"（Add Slash）按钮，矫正曲面上发生弯曲或倾斜的结构线（Isocurve），如图所示。

在两条曲线上进行单击，矫正结构线，如图所示。

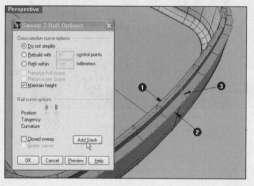

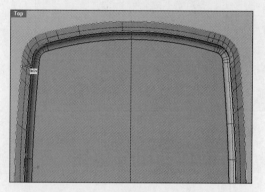

采用相同方法不断矫正结构线，直至得到良好的曲面效果。

在另一侧与下端部分，采用相同的方法进行处理，完成结构线的矫正工作。

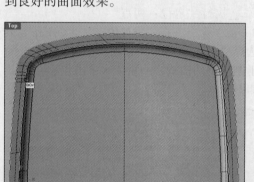

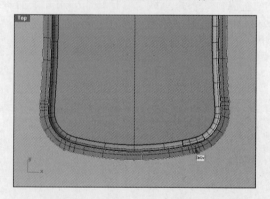

04_ 到现在为止，手机的背部曲面制作完毕。选中所有对象，执行"组合"（, Join）命令，将它们全部组合起来。选中组合后的对象，执行"显示边缘"（, Show Edges）命令，在弹出的"边缘分析"（Edge Analysis）对话框中，点选"外露边缘"（Naked Edges），命令窗口中显示"Found 30 edges total; no naked edges"信息，表明对象已经完全实体化，不存在任何外露边缘（Naked Edges）。在制作RP（Rapid Prototyping，快速成形）时，必须达到这个标准。

05_ 执行"渲染"（, Render）命令，观察渲染效果。

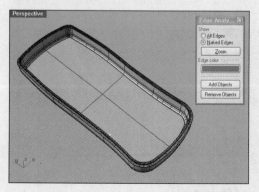

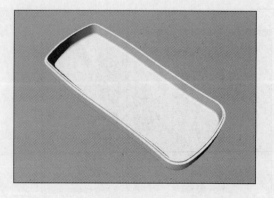

06_ 重新显示手机的上半部分。执行"偏移曲面"（ , Offset Surface）命令，选中手机的上半部分，将其向内侧偏移1.7mm。

而后执行"复制边框"（ , Duplicate Border）命令，复制出边缘线条1与线条2，如图所示。

07_ 执行"以平面曲线建立曲面"（ , Surface from planar Curves）命令，选中复制出的两条边框线条，创建曲面3。

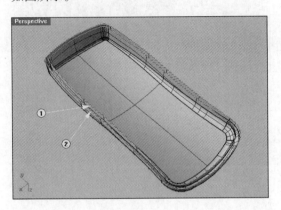

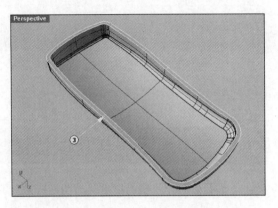

08_ 执行"组合"（ , Join）命令，选中手机上半部分的各个曲面，将它们组合起来进行实体化。

09_ 执行"显示选取的物件"（ , Show Selected Objects）命令，选择手机Part-2（下半部分）与轮廓线条（按键与LCD等），将它们重新显示出来，观察整体的状态。

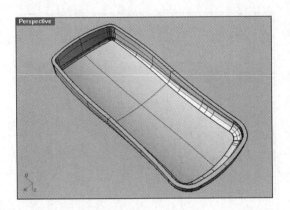

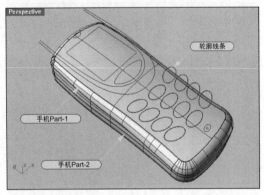

10_ 确认完毕后，选中手机Part-2，将其暂时隐藏起来。

保留手机的Part-1部分，在透视视图中将其翻转过来，而后选中如图所示的曲面，执行"抽离曲面"（ , Extrude Surface）命令，将其抽离出来。

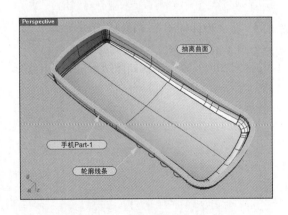

11_执行"隐藏物件"（ ，Hide Objects）命令，将内侧曲面全部隐藏，仅保留手机的Part-1部分与轮廓线条，如图所示。

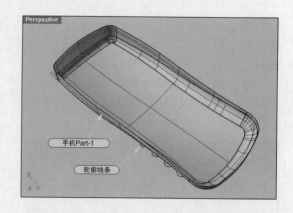

5 制作显示屏与功能按键

下面开始制作手机的显示屏与功能按键。

01_将工作视图切换到顶视图，执行"投影至曲面"（ ，Project to Surface）命令，选中曲线1与曲线2，将它们投影到手机的Part-1曲面上，如图所示。

02_执行"分割"（ ，Split）命令，利用投影到Part-1曲面上的线条分割曲面，如图所示，删除分割出的曲面片段。

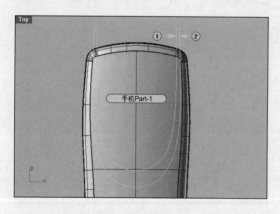

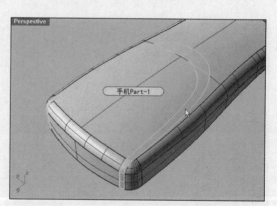

03_在"物件锁点"（Osnap）中选择"端点"（End）选项，执行"单点"（ ，Single Point）命令，在如图所示的位置上设置4个单点。

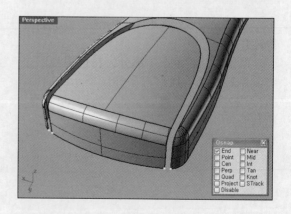

04_ 切换到顶视图，在"物件锁点"（Osnap）中选择"中点"（Mid）选项，执行"内插点曲线"（,Curve：Interpolate Points）命令，绘制出曲线1，而后执行"镜像"（,Mirror）命令，复制出曲线2，如图所示。注意，绘制曲线1时，保持它具有恰当的弯曲度。

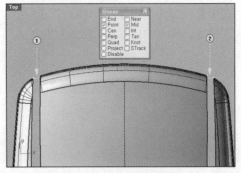

05_ 执行"双轨扫略"（,Sweep 2 Rails）命令，依次单击选中各条曲线，如图所示。

在弹出的"双轨扫略选项"（Sweep 2 Rail Options）对话框中，点选"保持高度"（Maintain Height），使创建出的曲面高度一致。

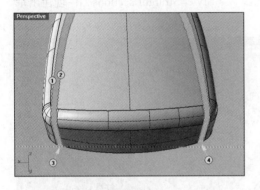

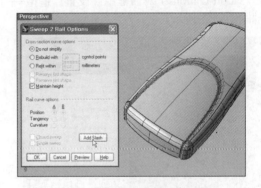

单击"加入控制断面"（Add Slash）按钮，矫正扭曲的结构线（Isocurve），如图所示。

06_ 选中显示屏轮廓线条，执行"直线挤出"（,Extrude Straight）命令，在命令窗口中，设置"两侧=是"（BothSides=Yes），挤出一个曲面。

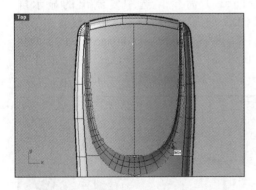

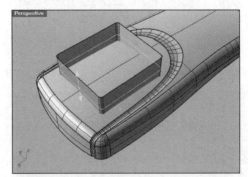

07_ 执行"分割"（,Split）命令，利用曲面2分割曲面1，删除非必要的曲面，如图所示。

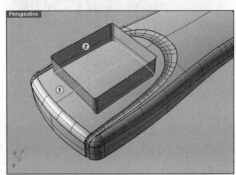

08_ 选中显示屏曲面,执行"移动"(, Move)命令,将其向内移动1.5mm左右。

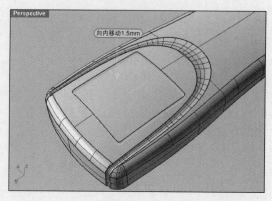

09_ 执行"放样"(, Loft)命令,依次选中曲面1与曲面2的边缘线,在弹出的"放样选项"(Loft Options)对话框中,设置"造型=平直区段"(Style=Straight sections),创建出垂直曲面,如图所示。

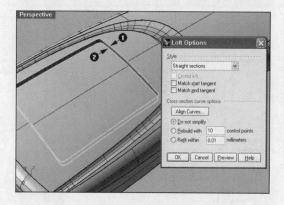

10_ 执行"复制"(, Copy,快捷键 Ctrl + C)与"粘贴"(, Paste, Ctrl + V)命令,在原位置上复制出另一个显示屏曲面。

11_ 执行"挤出曲面"(, Extrude Surface)命令,选中复制出的显示屏(LCD)曲面,在命令窗口中,设置如下参数:挤出距离(Extrusion distance)=1.3,两侧(BothSides)=否,加盖(Cap)=是,向上挤出一个厚度为1.3mm的实体,如图所示。

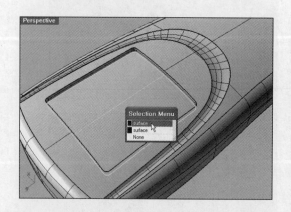

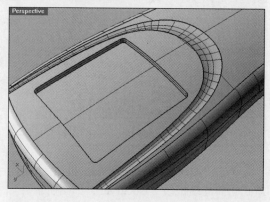

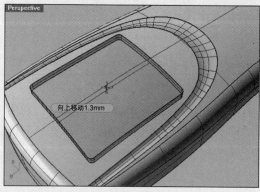

12_ 执行"不等距边缘圆角"(, Variable Radius Fillet)命令,选中刚刚创建的实体的上边缘,设置半径(Radius)为0.2,圆化实体的上边缘,如图所示。

Chapter 01 制作直板手机（Bar Type）

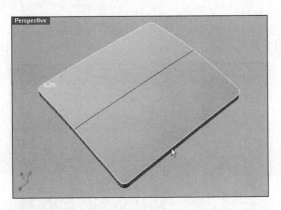
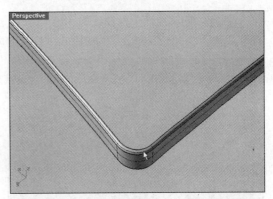

13_ 执行"曲面圆角"（ , Fillet Surface）命令，选中曲面1与曲面2的交接边缘，设置半径（Radius）为0.2，进行圆化操作。

　　执行"组合"（ , Join）命令，将所有对象组合在一起。

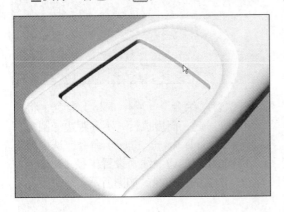

14_ 执行"着色"（ , Shade）或"渲染"（ , Render）命令，观察渲染效果。

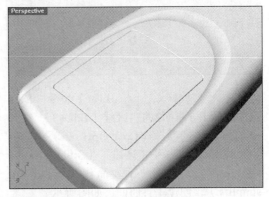

15_ 切换到顶视图中，执行"投影至曲面"（ , Project to Surface）命令，选中功能键轮廓线条1，将其投影到手机曲面上，得到投影曲线2，而后删除功能键轮廓线条1，如图所示。

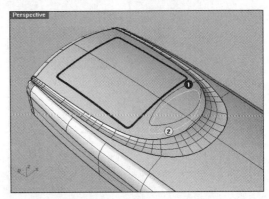

16_执行"偏移曲面上的曲线"（ , Offset curve on surface）命令，选中投影曲线2，设置偏移距离（Offset distance）为0.1mm，将其向内偏移0.1mm，如图所示。

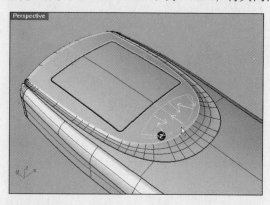
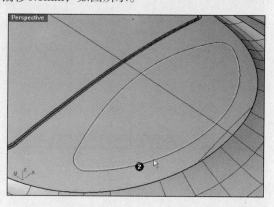

17_选中投影曲线2（功能键的外侧曲线），执行"分割"（ , Split）命令，分割手机曲面。

18_选中分割出的功能键曲面，执行"移动"（ , Move）命令，将其向内移动1.5mm左右（-1.5mm），如图所示。

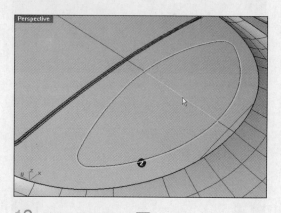
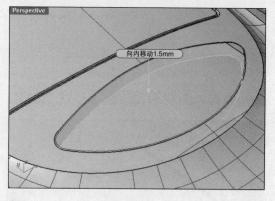

19_执行"放样"（ , Loft）命令，依次选中曲面1与曲面2的边缘线（Edge），在弹出的"放样选项"（Loft Options）对话框中，设置"造型=平直区段"（Style=Straight sections），点选"不要简化"（Do not simplify），创建垂直曲面，如图所示。

20_执行"组合"（ , Join）命令，将曲面组合在一起，而后执行"不等距边缘圆角"（ , Variable Radius Fillet）命令，选中曲面1与曲面2相交的边缘线，设置半径（Radius）为0.2，圆化曲面边缘，如图所示。

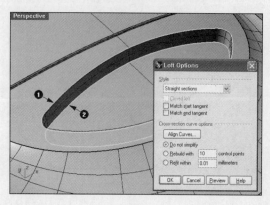
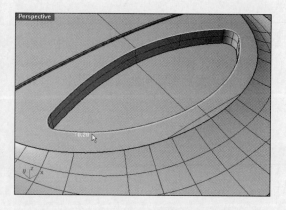

21_ 执行"着色"（ , Shade）命令，观察边缘圆化效果。

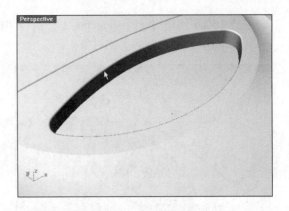

22_ 在透视视图（Perspective View）中，选中功能键的内侧曲线，如图所示。切换至右视图，执行"移动"（ , Move）命令，将其向上移动0.3mm，方便使用"嵌面"（ , Patch）命令制作凸出曲面。

注意偏移的距离不宜过大，否则功能键曲面会向外凸出过度。

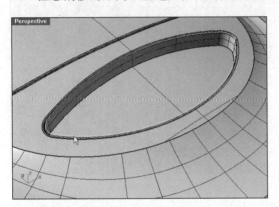 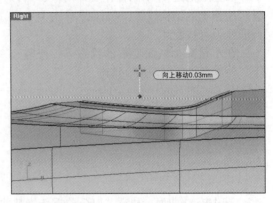

23_ 执行"嵌面"（ , Patch）命令，选择投影曲面2与功能键内侧曲线（向上偏移了0.03mm），在弹出的"嵌面曲面选项"（Patch Surface Options）对话框中，设置U=45，V=45，取消"调整切线"（Adjust tangency），单击"确定"（OK）按钮，创建出一个嵌面，如图所示。

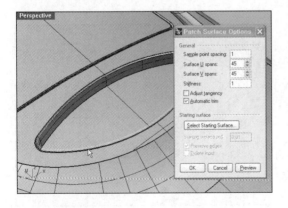 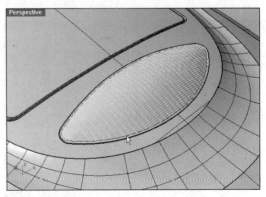

24_ 选中刚刚创建的嵌面（Patch面），执行"挤出曲面"（ , Extrude Surface）命令，向下挤出1.3mm，创建出按钮实体对象。

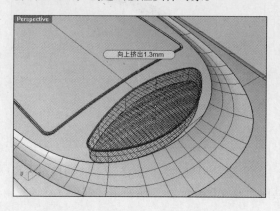
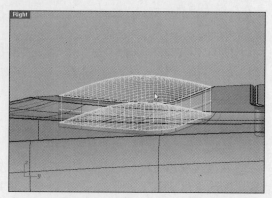

25_ 观察刚刚创建出的按钮实体对象，可以发现按钮上的结构线（Isocurve）十分复杂，曲面显得有些凌乱。

在尽量减少嵌面变形的状态下，修整一下，使其显得更加简洁、清晰。

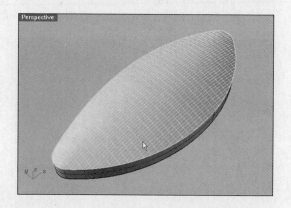

26_ 选中Patch曲面，执行"以公差重新修整曲面"（ , Refit surface to tolerance）命令，在命令窗口中设置如下参数：整修公差（Fitting tolerance）=0.1，删除输入物体（Deleteinput）=是，重新修剪（Retrim）=是，U阶数（UDegree）=5，V阶数（VDegree）=5，按 Enter 键，指定公差整修曲面。而后执行"曲面圆角"（ , Fillet Surface）命令，选择曲面1与曲面2的相交边缘，设置半径（Radius）为0.2，圆化曲面边缘，如图所示。

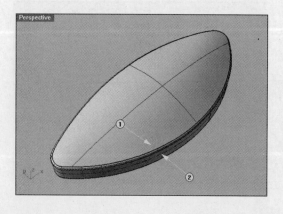
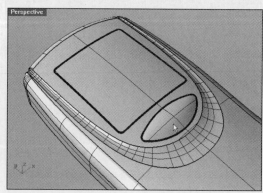

27_执行"着色"(, Shade)命令,观察功能键的渲染效果,如图所示。

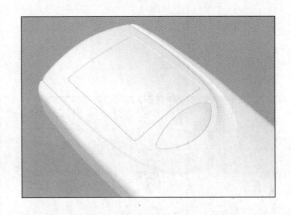

6 制作输入按键与天线

最后,制作手机的输入按键与天线。

01_首先制作手机的输入按键。重新显示出手机输入按键的轮廓线条。

在顶视图中,执行"投影至曲面"(,Project to Surface)命令,选中输入按键的轮廓线条,将它们投影到手机曲面上,如图所示。

02_每组投影按钮由内外两条曲线(外侧曲线1与内侧曲线2)组成,如图所示。

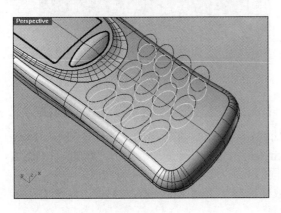

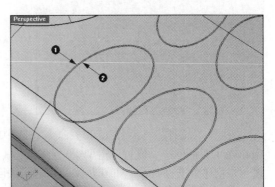

03_执行"调整封闭曲线的接缝"(,Adjust Closed Curve Seam)命令,分别选中外侧曲线1与内侧曲线2,确定曲线接缝(Seam)的位置。

观察曲线接缝,可以发现接缝恰好位于手机的圆化边缘线条上。

此时,若在按键凹陷的边缘上,执行"不等距边缘圆角"(,Variable Radius Fillet)命令,就会出现问题。

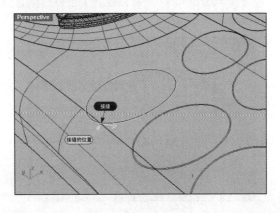

04_ 为了防止出现上面谈及的问题，应当首先移动接缝（Seam）的位置，将其移动影响范围之外，如图所示。

05_ 执行"分割"（Split）命令，利用按键外侧曲线1分割手机曲面。

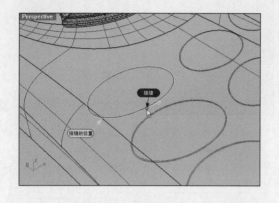
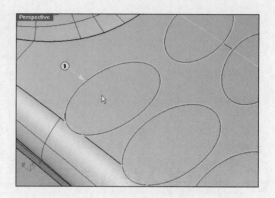

06_ 在右视图中，选中所有分割出的按键曲面，执行"移动"（Move）命令，向下移动1.3mm，如图所示。

07_ 执行"复制边框"（Duplicate Border）命令，选中所有移动之后的按键曲面，复制出曲面边框线条（Border），如图所示。

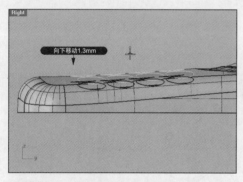
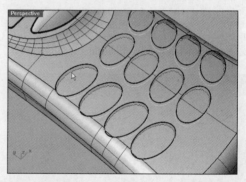

08_ 执行"放样"（Loft）命令，选中曲线1与曲线2，在弹出的"放样选项"（Loft Options）对话框中，设置"造型=平直区段"（Style=Straight sections），单击"确定"（OK）按钮，创建出垂直曲面，如图所示。而后采用相同的方法为其余按键创建垂直曲面。

若在应用圆化命令时出现问题，可以在"放样选项"（Loft Options）对话框中设置"以公差整修 =0.01mm"，重新创建各个按键的垂直曲面。

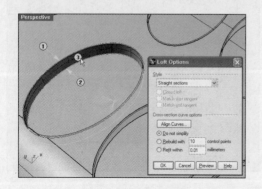
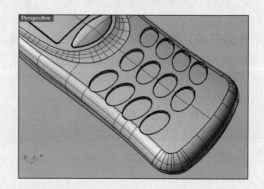

09_执行"组合"（ , Join）命令，将各个曲面组合在一起。

而后选中按键的上边缘线条，执行"不等距边缘圆角"（ , Variable Radius Fillet）命令，设置半径（Radius）为0.2mm，圆化上边缘曲线。

10_执行"着色"（ , Shade）命令，观察圆化结果。

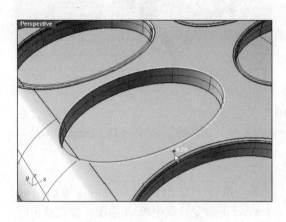

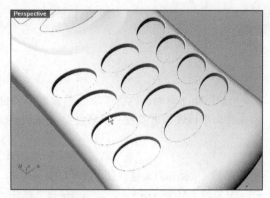

11_接下来制作内侧按键。在右视图中选择按键内侧曲线2，执行"移动"（ , Move）命令，向上移动0.03mm，如图所示。

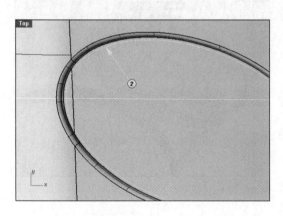

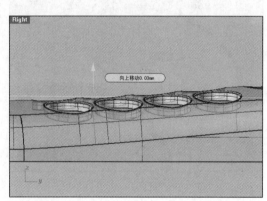

12_执行"嵌面"（ , Patch）命令，选择按键的外侧曲线1与内侧曲线2，弹出"嵌面曲面选项"（Patch Surface Options）对话框。

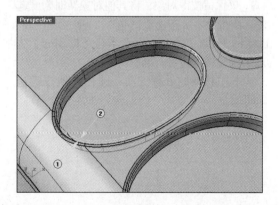

在"嵌面曲面选项"（Patch Surface Options）对话框中，设置如下参数：U=20，V=20，取消"调整切线"（Adjust tangency）项，单击"确定"（OK）按钮，创建出嵌面，如图所示。

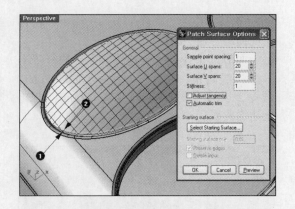

13_ 选中Patch曲面，执行"以公差重新修整曲面"（, Refit surface to tolerance）命令，在命令窗口中设置如下参数：整修公差（Fitting tolerance）=0.1，删除输入物体（Deleteinput）=是，重新修剪（Retrim）=是，U阶数（UDegree）=5，V阶数（VDegree）=5，按 Enter 键，指定公差整修曲面。

14_ 执行"挤出曲面"（, Extrude Surface）命令，选中Patch曲面，设置挤出距离为1.0，向下挤出曲面，如图所示。

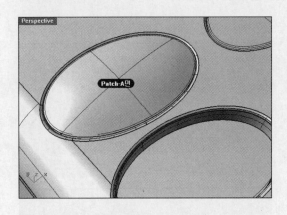

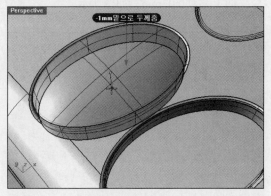

15_ 仅保留按键对象，将其他对象暂时隐藏起来。执行"不等距边缘圆角"（, Variable Radius Fillet）命令，设置半径（Radius）为0.2，圆化按键边缘，如图所示。

采用相同的处理方法，圆化其他按键边缘曲线。

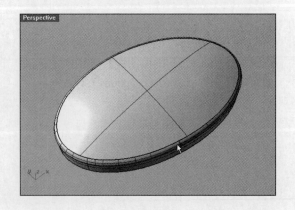

16_ 在工具栏中，单击"着色模式工作视图"图标（ , Shaded Viewport），观察手机建模状态，可以看到结构线非常平滑，有条理。

17_ 执行"着色"（ , Shade）命令，再次确认手机建模效果。

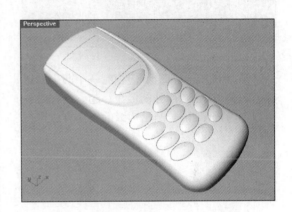

18_ 接下来制作手机的扬声器与话筒部位。首先重新显示出手机的扬声器与话筒的轮廓线条，执行"圆柱体"（ , Cylinder）与"椭圆体：直径"（ , Ellipsoid: By Diameter）命令，绘制出相应几何体，而后执行"布尔运算差集"（ , Boolean Difference）命令进行差集操作制作，手机的扬声器与话筒部位，如图所示。

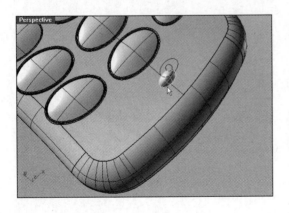 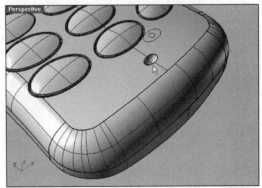

19_ 重新显示手机Part-1部分,执行"分割"（ , Split）命令,利用柱形实体2分割曲面1,如图。

20_ 删除分割出的曲面,执行"组合"（ , Join）命令,将Part-1的各个部分组合在一起。

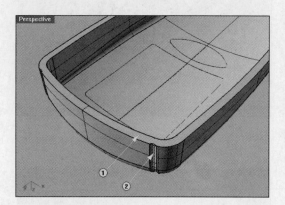

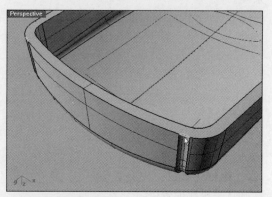

21_ 在手机Part-1部分,应当有一个凸出的边缘,以便与Part-2部分衔接在一起。制作时,可以参考Part-2部分凸出边缘的制作方法进行制作,在此省略。

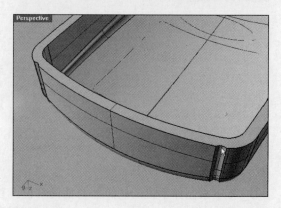

22_ 至此,手机的扬声器与话筒部位制作完毕,制作效果如下图所示。

23_ 最后,制作手机天线。手机天线位于Part-2部分上,首先将Part-2部分显示出来。

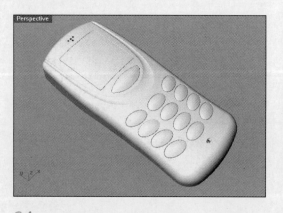

24_ 在右视图中,绘制出天线的轮廓线条,在"物件锁点"（Osnap）中选择"最近点"（Near）选项,执行"旋转成形"（ , Revolve）命令,制作出手机天线。

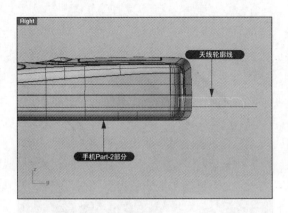
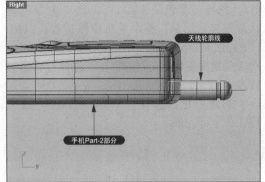

25_ 执行"布尔运算并集"（ , Boolean Union）命令，将手机的Part-2与天线合并在一起。

而后执行"不等距边缘圆角"（ , Variable Radius Fillet）命令，设置恰当的半径，在天线与机身之间创建连接曲面，如图所示。

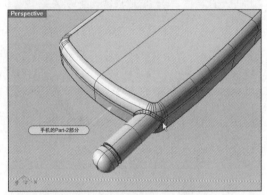

26_ 到此为止，直板手机（Bar Type）的建模工作全部完毕。执行"视图同步化"（ , Synchronize Views）命令，通过各个视图观察最终建模效果。

"视图同步化"（Synchronize Views）命令允许用户以相同尺寸查看手机模型。

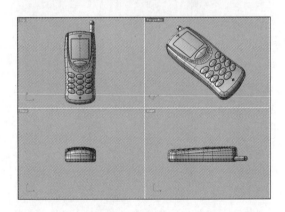
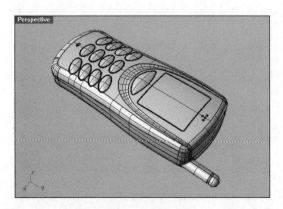

27_执行"着色"(, Shade)命令,确认最终建模结果。整个手机建模过程是以RP(Rapid Prototyping-快速成形)为导向的,对于初次接触Rhino3D的朋友来说具有一定的难度。

到此为止,直板手机(Bar Type)的建模工作全部完成。

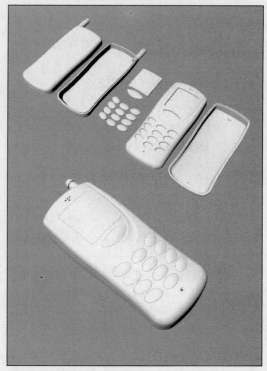

Chapter 02 制作翻盖手机（Folder Type）

Chapter 02 制作翻盖手机（Folder Type）

与其他类型的手机相比，翻盖手机（Folder Type）具有翻盖转轴（Hinge），制作的难度略微大一些。在学习翻盖手机建模的过程中，将学习到Extrude Tapered、Split Edge、Variable Radius Fillet、Boolean Split、Patch、Loft等命令的使用方法。

Rhinoceros *Rendering*

1 绘制翻盖手机轮廓线

Rhinoceros

在日常生活中，我们常常会看到各种各样的手机。在此，我们将学习翻盖手机的制作方法。首先绘制翻盖手机的轮廓线条。

01 在顶视图中，执行"矩形：中心点、角"（ ▢ ，Rectangle: Center, Corner）命令，以坐标原点为中心绘制一个矩形，尺寸如图所示。

02 执行"炸开"（ ✏ ，Explode）命令，炸开矩形的4条边线。在"物件锁点"（Osnap）中选择"中点"（Mid）选项，执行"直线"（ ⁄ ，Line）命令，绘制两条垂直的中心线，如图所示。

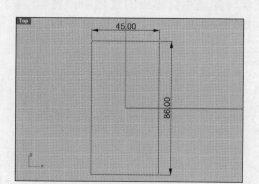

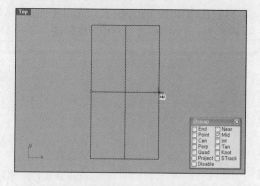

03 执行"偏移曲线"（ ⌒ ，Offset Curve）命令，分别选中矩形的4条边线，向内侧偏移一定的尺寸，如图所示。

04 在"物件锁点"（Osnap）中点选"端点"（End）选项，执行"圆弧：起点、终点、通过点"（ ⌒ ，Arc: Start, End, Point on Arc）命令，在矩形的左右两侧以及底边上分别绘制一条圆弧，如图所示。

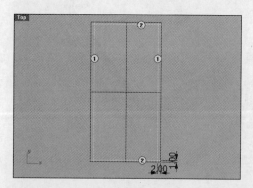

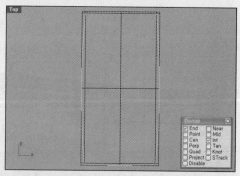

05 执行"隐藏物件"（ ⚆ ，Hide Objects）命令，隐藏不需要的线条，仅保留作业线条，如图所示。

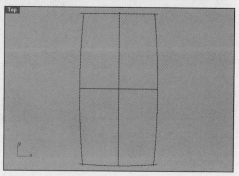

06_执行"曲线圆角"（ ，Fillet Curves）命令，在命令窗口中，设置如下参数：半径（Radius）=17，组合（Join）=是，修剪（Trim）=是，分别选中底部圆弧与左右圆弧，创建曲线圆角，如图所示。

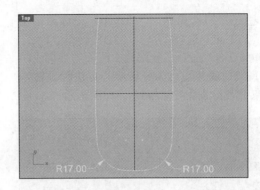

07_执行"挤出成锥状"（ ，Extrude Tapered）命令，选择圆角曲线，在命令窗口中设置如下参数：拔模角度（DraftAngle）=-5°，挤出距离（Extrusion distance）=12mm，创建一个具有5°倾斜角（DraftAngle），高度为12mm的曲面，如图所示。

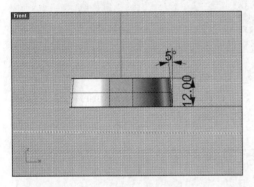 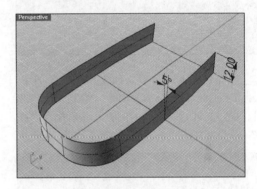

08_在透视视图（Perspective View）中，在"物件锁点"（Osnap）中选择"交点"（Int）选项，执行"直线"（ ，Line）命令，确定直线的起点，如图所示，而后切换到右视图中，绘制一条长度为20mm的垂直线。

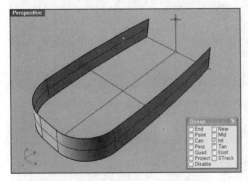 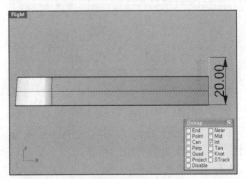

09_执行"偏移曲线"（ ，Offset Curve）命令，选中刚刚绘制的垂直线，将其向左偏移8.5mm左右，得到另外一条垂直直线。

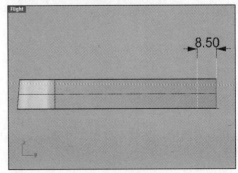

10_ 在"物件锁点"（Osnap）中选择"端点"（End）选项，执行"2D旋转"（ ，Rotate 2-D）命令，分别选中两条垂直直线，以直线的底部端点为旋转中心点进行旋转，旋转角度分别为-5°与5°，如图所示。

11_ 执行"直线"（ ，Line）命令，在距离底平面11mm的位置上绘制一条水平线，如图所示。

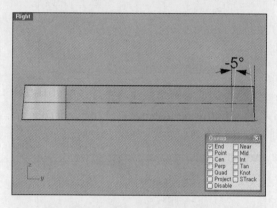

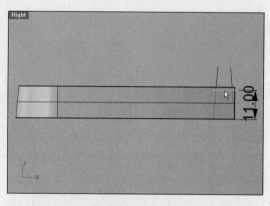

12_ 执行"圆弧：与数条曲线相切"（ ，Arc：Tangency to Curves）命令，绘制一条与曲线1、曲线2、曲线3相切的圆弧，而后执行"修剪"（ ，Trim）命令进行修剪，如图所示。

13_ 在右视图中执行"直线"（ ，Line）命令，在距离底部平面4.3mm的位置上绘制一条水平线，如图所示。

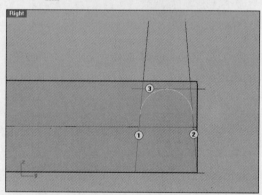

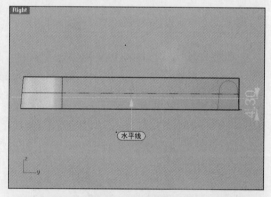

14_ 在右视图（Right View）中执行"修剪"（ ，Trim）命令，同时选中水平线与倾斜线，修剪成如图所示的形状。

　　执行"组合"（ ，Join）命令，将线条组合在一起。

15_ 在右视图中，执行"分割"（ ，Split）命令，利用多重曲线2分割曲面1，删除不需要的部分。

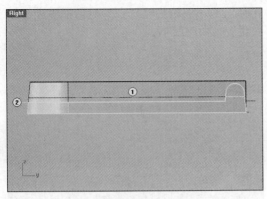 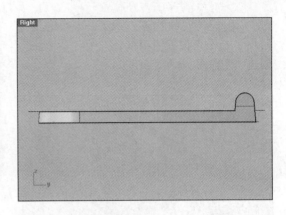

如图所示，删除不需要的部分

16_ 如图所示，选中黄色线条，执行"隐藏物件"（ , Hide Objects）命令，将其隐藏起来，如图所示。

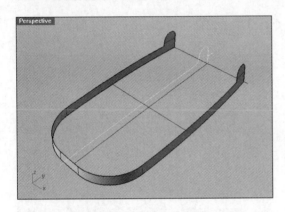 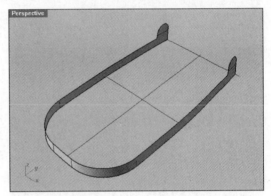

17_ 在"物件锁点"（Osnap）中点选"端点"（End）选项，执行"圆弧：起点、终点、通过点"（ , Arc: Start, End, Point on Arc）命令，在如图所示的位置上绘制一条圆弧。

18_ 删除不需要的直线，仅保留圆弧。
在"物件锁点"（Osnap）中点选"端点"（End）选项，执行"直线"（ , Line）命令，在如图所示的位置上绘制一条直线。

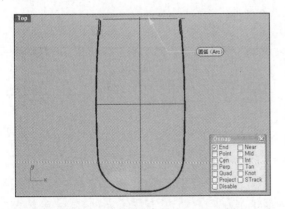 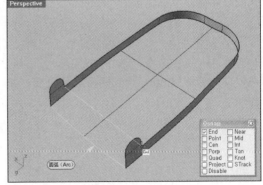

19_ 执行"双轨扫略"（ ），Sweep 2 Rails）命令，依据图示标号选中各条曲线，创建一个曲面。

在弹出的"双轨扫略选项"对话框中进行相关设置，如图所示。

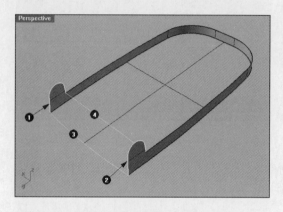
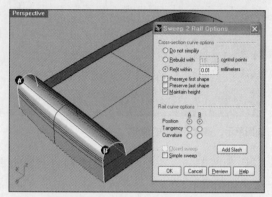

20_ 执行"以平面曲线建立曲面"（ ，）命令，分别单击曲面边缘线条，创建曲面。

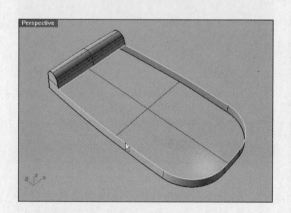
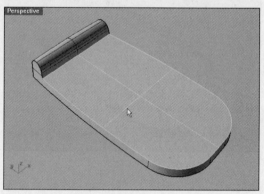

2 制作旋转轴（Hinge）左右两侧的结合部件

下面开始制作手机旋转轴（Hinge）左右两侧的结合部件。

01_ 在顶视图中，执行"偏移曲线"（ ，Offset Curve）命令，选中中心线，分别向左、向右偏移13mm，得到两条对称直线，如图所示。

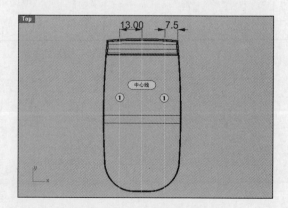

02_执行"分割"（🔲，Split）命令，利用两条对称直线分割曲面A，如图所示。

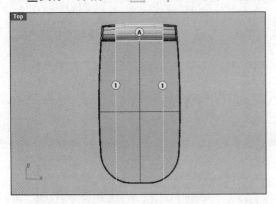
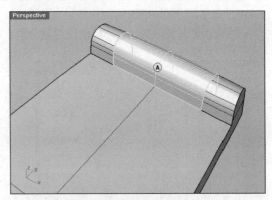

03_在"物件锁点"（Osnap）中选择"端点"（End）选项，切换到右视图中，执行"直线"（✏️，Line）命令，绘制出水平直线1，而后执行"分割"（🔲，Split）命令，利用水平直线1分割曲面A。

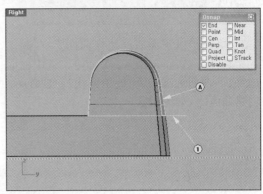

在透视视图（Perspective View）中观察分割结果，而后将曲面删除。

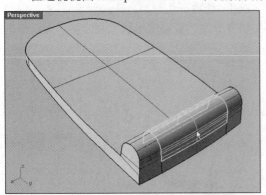
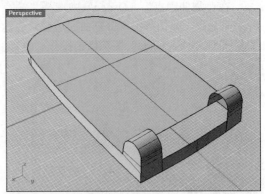

04_在"物件锁点"（Osnap）中选择"端点"（End）选项，执行"直线"（✏️，Line）命令，在如图所示的位置上绘制直线。

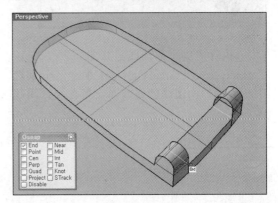

05_ 在"物件锁点"（Osnap）中选择"端点"（End）选项，执行"分割边缘"（ , Split Edge）命令，分割曲面B的边缘线，如图所示。

注意不要重复分割，若不慎出现重复分割，可以单击"复原"（ , Undo）图标撤销操作。

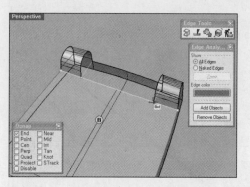
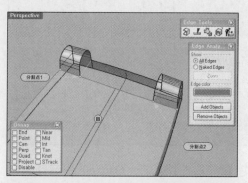

06_ 执行"以平面曲线建立曲面"（ , Surface from Planar Curves）命令，选中曲面边缘1、曲面边缘3，再选中曲线2、曲线4，创建曲面C，如图所示。

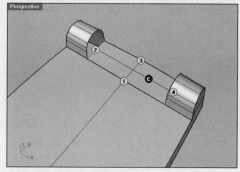

07_ 在"物件锁点"（Osnap）中选择"端点"（End）选项，执行"分割边缘"（ , Split Edge）命令，如图所示，分割曲面边缘。注意不要重复分割，若不慎出现重复分割，可以单击"复原"（ , Undo）图标撤销操作。

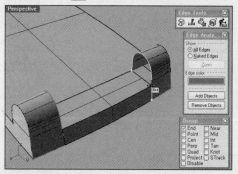
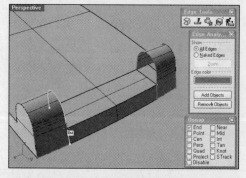

08_ 执行"以平面曲线建立曲面"（ , Surface from Planar Curves）命令，分别选中相应的曲面边缘创建曲面，将孔洞封闭起来。

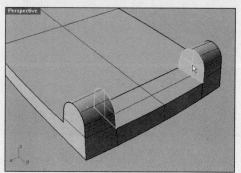

09_执行"组合"（ , Join）命令，选中所有曲面，将它们组合在一起。

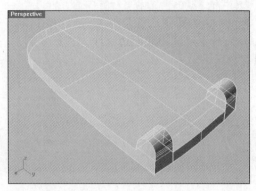

10_执行"合并两个共平面的面"（ , Merge two coplanar faces）命令，如图所示，依次选中曲面1与曲面2，将它们合并成一个曲面。

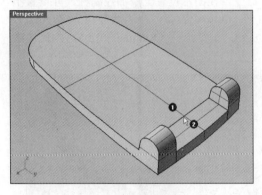
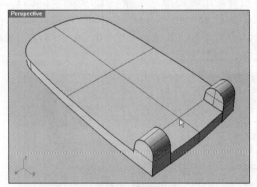

11_选中创建的所有曲面，执行"组合"（ , Join）命令，将它们组合在一起。而后执行"将平面洞加盖"（ , Cap Planar Holes）命令，向开放的底部曲面加盖，创建一个实体对象。

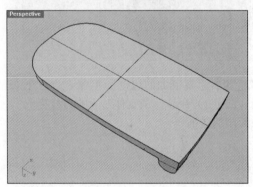

12_执行"不等距边缘圆角"（ , Variable Radius Fillet）命令，选中旋转轴结合部件的两条边缘，如图所示，设置半径（Radius）为1.5mm，进行圆化操作。

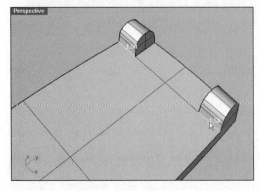
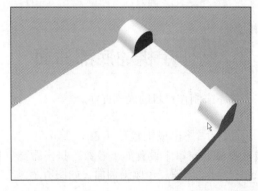

13_ 执行"复制边缘"（ ，Duplicate Edge）命令，选中底面边缘线，进行复制，以备后用。

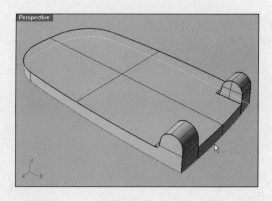

14_ 在"物件锁点"（Osnap）中选择"节点"（Knot）与"四分点"（Quad）选项，执行"不等距边缘圆角"（ , Variable Radius Fillet）命令，在图示位置上添加控制杆，并设置不同的半径值，在"节点"（Knot）处，设置半径（Radius）为1.5，在"四分点"（Quad）处，设置半径（Radius）为2.0，在"端点"（End）处，设置半径（Radius）为2.5，圆化边缘线条，如图所示。

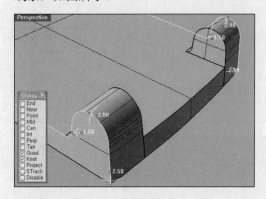
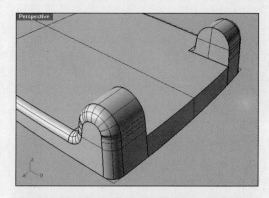

15_ 执行"复制面的边框"（ , Duplicate face border）命令，从实体对象的边缘提取一条封闭的边框线。

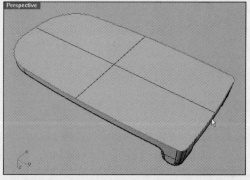

3 制作手机的底部曲面

接下来制作手机的底部曲面。

01_ 执行"挤出成锥状"（ ，Extrude Tapered）命令，选中前面提取的底部曲面的边框线，在命令窗口中设置如下参数：挤出距离（Extrusion distance）=-6mm，拔模角度（Draft Angle）=5，创建一个倾斜曲面，如图所示。

Chapter 02 制作翻盖手机（Folder Type）

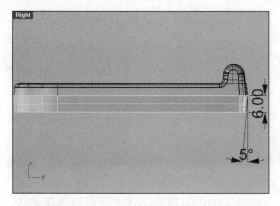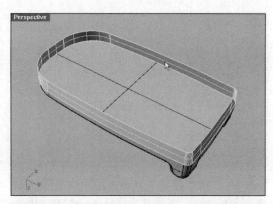

02_ 执行"将平面洞加盖"（Cap Planar Holes）命令，将开放的倾斜面封闭起来。

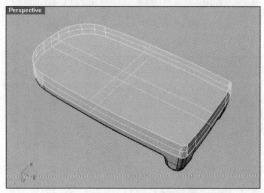

03_ 执行"不等距边缘圆角"（Variable Radius Fillet）命令，设置半径（Radius）为1.5，圆化底部曲面的边缘，如图所示。

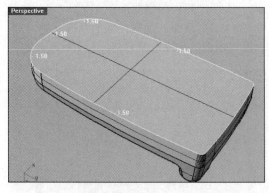

4 制作手机的翻盖部件

下面开始制作手机的翻盖部件，手机的显示屏即位于翻盖部件上。

01_ 在状态栏中，开启"锁定格点"（Grid Snap）功能，切换至前视图，执行"圆弧：起点、终点、通过点"（Arc: Start, End, Point on Arc）命令，在如图所示的位置上绘制一条圆弧。

02_ 在右视图中，执行"内插点曲线"（Curve: Interpolate Points）命令，绘制一条曲线A，确定翻盖部件的侧面形状，如图所示。

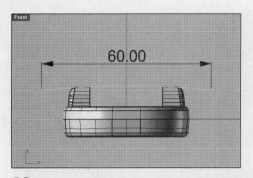

03_ 在"物件锁点"(Osnap)中选择"端点"(End)与"中点"(Mid)选项,执行"移动"(　，Move)命令,将圆弧移动到曲线A的端点处,如图所示。

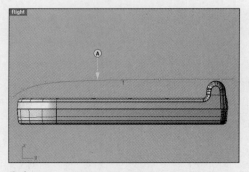

04_ 执行"沿着曲线挤出"(　，Extrude Along Curve)命令,选中圆弧与侧面曲线A,挤出如图所示的曲面。

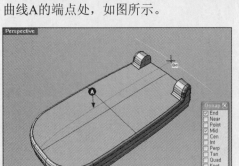

05_ 执行"以公差重新修整曲面"(　，Refit surface to tolerance)命令,减少曲面的结构线(Isocurve)数量,使曲面显得更加自然。

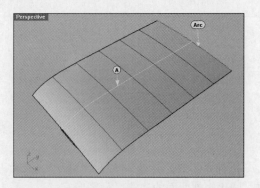

06_ 执行"开启曲率图形"(　，Curvature Graph On)命令,观察曲面的曲率状态,可以发现曲面的曲率非常自然。

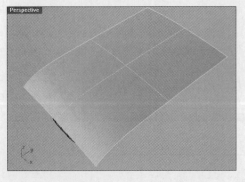

07_ 执行"显示选取的物件"(　，Show Selected Objects)命令,将前面提取的多重曲线(Polyline)重新显示出来,如图所示。

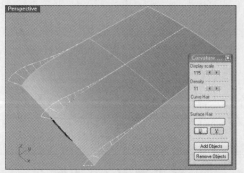

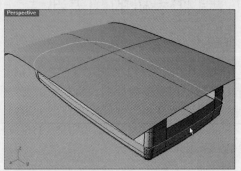

08_ 执行"挤出成锥状"(　, Extrude Tapered)命令,在右视图中选中手机的外轮廓线条,在命令窗口中设置如下参数:挤出距离=14mm,"拔模角度"(Draft Angle)=5°,向上创建出一个倾斜曲面,如图所示。

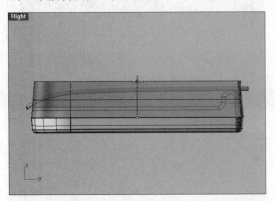

向上挤出曲面

09_ 执行"直线"(　, Line)命令,在如图所示的位置上绘制一条水平直线。绘制出的直线长度要比手机略长一些,高度与手机的输入面板(手机的输入按键面板)保持一致。

10_ 执行"直线挤出"(　, Extrude Straight)命令,选中刚刚绘制出的水平线,在命令窗口中,设置"两侧=是"(BothSides=Yes),创建一个水平面,如图所示。

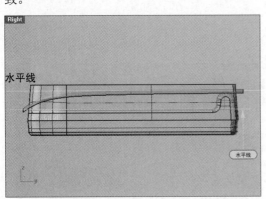

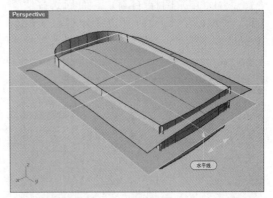

11_ 执行"自动建立实体"(　, Create Solid)命令,依据图示中的标号,选中创建的所有曲面,得到一个实体对象(Solid)。在曲面2中虽存在锐角,但选择时也要一起选中。

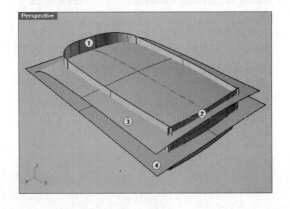

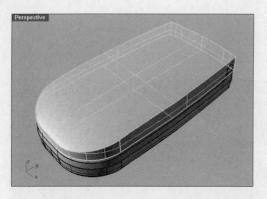

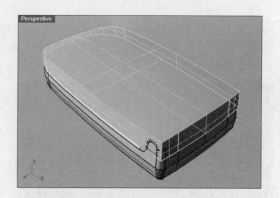

12_ 执行"抽离曲面"(，Extrude Surface)命令，抽离实体对象中的2号曲面，将其删除。由分割曲面形成的曲面在执行圆角操作时会出现问题，因此最好重新创建一个曲面。选中抽离后的对象，执行"显示边缘"(，Show Edges)命令，显示开放的边缘曲线。

在曲面边缘中存在着白色的点，它们是曲面的分割点，应当删除它们。

右键单击"分割边缘/合并边缘"(Split Edge/Merge Edge)图标()，而后选择"全部"(All)，删除所有边缘分割点(Edge Point)。

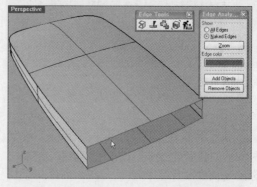

删除所有分割点之后的图如下所示。

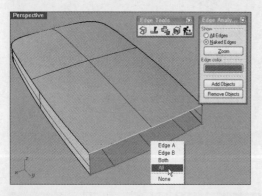

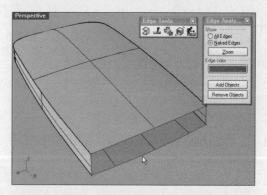

13_ 执行"双轨扫略"(，Sweep 2 Rails)命令，选中路径曲线，在弹出的对话框中进行相应设置，创建曲面，如图所示。

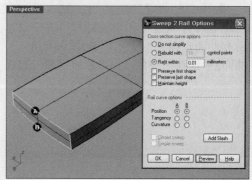

14_ 执行"组合"（🔧，Join）命令，组合所有曲面。而后将隐藏的对象重新显示出来。

15_ 执行"矩形：角对角"（□，Rectangle：Corner to Corner）命令，在如图所示的位置上绘制两个矩形。

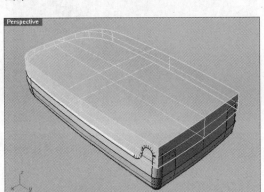
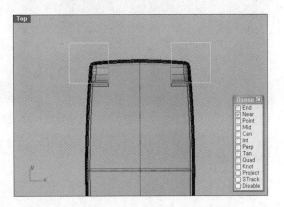

16_ 执行"挤出封闭的平面曲线"（🔲，Extrude closed planar curve）命令，将两个矩形挤成实体对象。而后执行"布尔运算差集"（🔵，Boolean Difference）命令，在手机的翻盖部件上凿去上端两个边角，如图所示。到此为止，翻盖部件的旋转轴部件基本制作完毕。

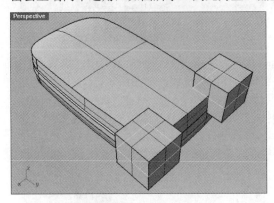
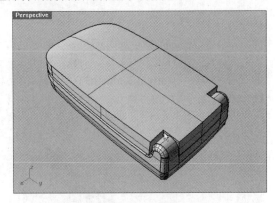

17_ 执行"不等距边缘圆角"（🔲，Variable Radius Fillet）命令，在命令窗口中，设置"目前的半径=7"（Current Radius=7），如图所示，选中手机翻盖部件的上边缘线，接Enter键进行圆化处理。再次设置"目前的半径=3.0"（Current Radius=3.0），圆化处理另外一条边缘线条，如图所示。

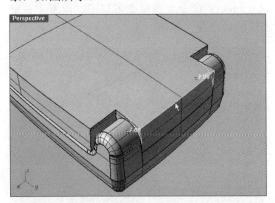
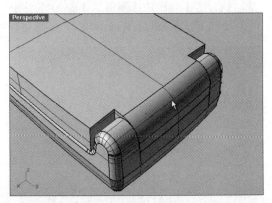

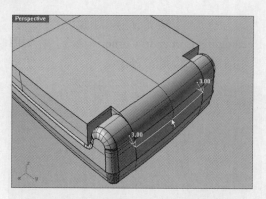
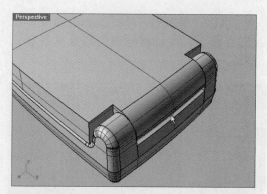

18_ 切换到右视图中,观察转动轴部件,它显得比较自然了。

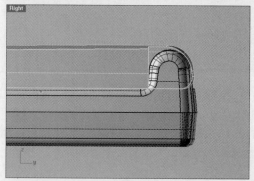

19_ 执行"不等距边缘圆角"(,Variable Radius Fillet)命令,在命令窗口中,设置"目前的半径=3.0"(Current Radius=3.0),圆化翻盖部件的外侧边缘线,如图所示。

20_ 执行"不等距边缘圆角"(,Variable Radius Fillet)命令,在命令窗口中,设置"目前的半径=2.1"(Current Radius=2.1),圆化翻盖部件的边缘线,如图所示。

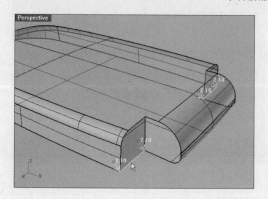
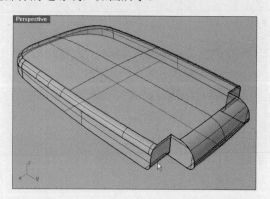

21_ 执行"不等距边缘圆角"（ , Variable Radius Fillet）命令，在命令窗口中，设置"目前的半径=0.5"（Current Radius=0.5），圆化翻盖部件的内侧边缘线，如图所示。

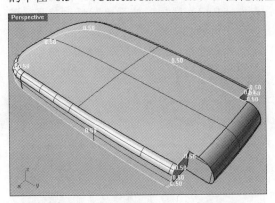
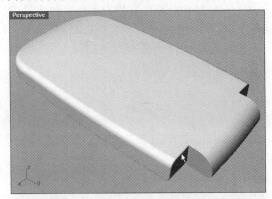

22_ 执行"渲染"（ , Render）命令，将隐藏的所有对象全部显示出来，观察建模效果。

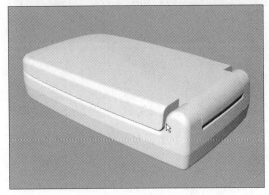

5 在机身两侧设计凹槽

在手机机身两侧应当设计凹槽，以便翻盖时手指获得较好的着力点，使翻盖的开启更加顺手。下面开始在手机机身的两侧制作凹槽。

01_ 在制作机身两侧的凹槽之前，首先隐藏所有无关的对象。而后执行"抽离曲面"（ , Extrude Surface）命令，将机身底板边缘曲面抽离出来。

02_ 执行"抽离结构线"（ , Extract Isocurve）命令，在抽离的边缘曲面上提取一条结构线（Isocurve），如图所示。

提取的结构线（Isocurve）的方向由U, V两个参数决定。

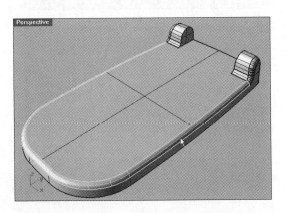
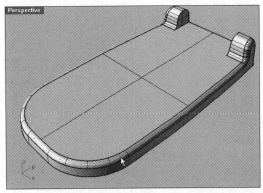

03_在"物件锁点"(Osnap)中选择"最近点"(Near)选项,执行"单点"(⊙,Single Point)命令,在提取的结构线上设置两个单点,如图所示。

而后,执行"分割"(⊞,Split)命令,利用单点分割结构线。

04_暂时隐藏其他无关对象,切换到顶视图中,在"物件锁点"(Osnap)中选择"端点"(End)选项,执行"圆弧:起点、终点、起点的方向"(◢,Arc:Start,End,Direction at Start)命令,按Shift键,分别在线条的两个端点处绘制一条圆弧(Arc),如图所示。

而后执行"组合"命令,将它们组合在一起。

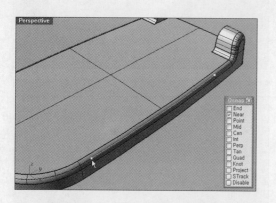

在顶视图中重新显示出手机机身底板部件,如图所示。

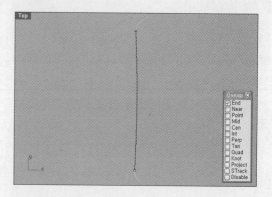

05_在"物件锁点"(Osnap)中选择"中点"(Mid)选项,在前视图中执行"2D旋转"(◢,Rotate 2-D)命令,选中刚刚绘制的线条,将其向上旋转45°,如图所示。

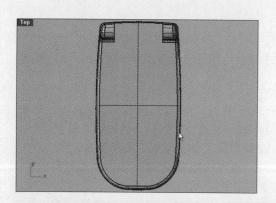

06_在"物件锁点"(Osnap)中选择"中点"(Mid)选项,在前视图中,执行"移动"(◢,Move)命令,按键盘上的Tab键,将倾斜(45度)的曲线略微向内侧移动,如图所示。

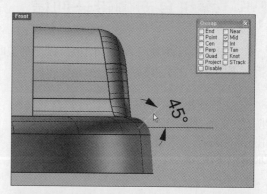

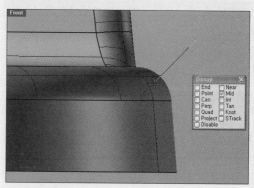

07_在前视图中执行"直线挤出"(, Extrude Straight)命令,沿图示方向挤出曲面。

08_选中挤出的曲面(倾斜面),执行"分析方向"(, Analyze Direction)命令,在命令窗口中,利用"反转"(Flip)参数变更箭头的方向,使其指向内侧,如图所示。

在执行"布尔运算差集"(, Boolean Difference)命令,箭头方向上的对象会被保留下来。

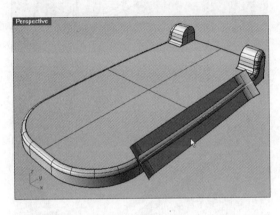

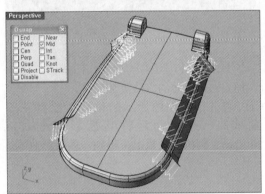

09_在"物件锁点"(Osnap)中,选择"中点"(Mid)选项,执行"镜像"(, Mirror)命令,选中倾斜曲面,以机身底板中心轴为对称轴进行对称复制,如图所示。

10_若想在手机的翻盖上,制作出凹槽,则需要先使用"镜像"(, Mirror)命令,制作出倾斜曲面,用作分割曲面。

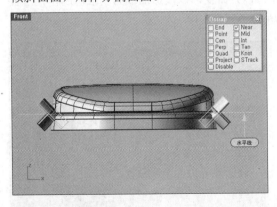

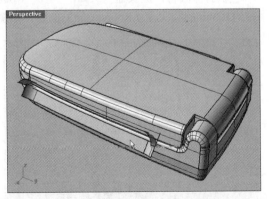

11_执行"布尔运算差集"（ ，Boolean Difference）命令，依次选中机身底板与倾斜曲面，制作出凹槽，如图所示。

注意，需要执行差集运算的对象必须组合成实体（Solid）。

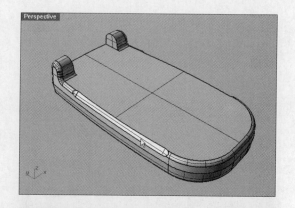

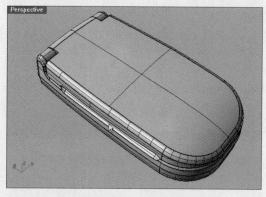

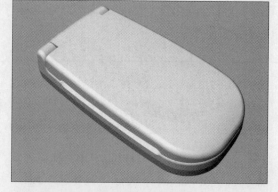

12_除此之外，还有一种制作凹槽的方法，这种方法比上面的方法更加简单。

首先，在如图所示的位置上绘制一条曲线 Curve-A，而后将其投影（Project to Surface）到机身底板上，得到一条投影曲线。

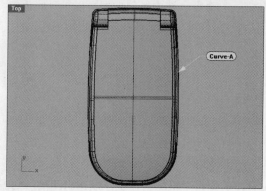

13_执行"圆管：圆头盖"（ ，Pipe：Round Caps）命令，以投影曲线为基准，制作一个直径为1.3mm的圆头盖（Round Cap）圆管，如图所示。

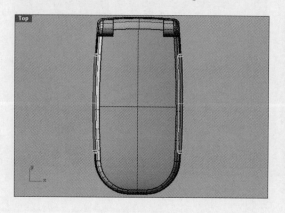

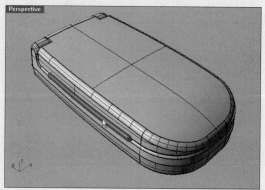

14_ 执行"布尔运算差集"（，Boolean Difference）命令，同时选中翻盖与机身底板，利用圆头盖圆管制作出凹槽，如图所示。

凹槽可以开在两侧，也可以开在任意一侧。

翻盖掀开的效果。

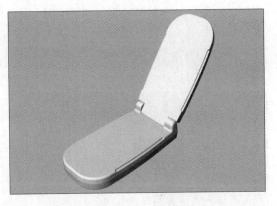

15_ 接下来，马上进入手机按键与显示屏的制作工作中。在开始前，需要先做一些准备工作。

在右视图中，执行"单点"（，Single Point）命令，在翻盖部件的旋转轴的中心位置上设置一个单点，如图所示。

此单点是旋转轴（Hinge）的中心点，在调整翻盖的角度时会用到，不要将其删除了。

16_ 在右视图中，执行"2D旋转"（，Rotate 2-D）命令，选中手机翻盖部件，以旋转轴的中心点为基准，向右旋转180°，如图所示。

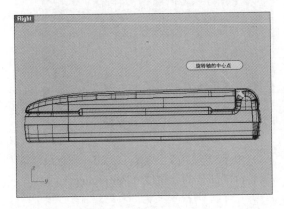

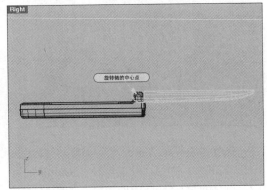

 制作显示屏与扬声器

下面开始制作手机的显示屏与扬声器部件，它们的轮廓线图在附录CD中，请参考。

01_ 在菜单栏中,依次单击"文件"、"导入"(File-Import)菜单,在"导入"对话框中,选中"06-显示屏与按键轮廓图"(附录CD>Rhino文件>06-显示屏与按键轮廓图),将显示屏与按键的轮廓图导入到工作视图中,移动位置,使其恰好位于手机的中心位置,如图所示。在此,最好使用"投影到曲面"(,Project to Surface)命令将其投影到手机曲面上。

02_ 首先制作显示屏(Display)。执行"挤出封闭的平面曲线"(,Extrude closed planar curve)命令,选择显示屏的外侧轮廓线,在命令窗口中设置如下参数:两侧(BothSides)=是(Yes),加盖(Cap)=是(Yes),挤出距离=3mm,挤出一个总厚度为6mm的曲面,如图所示。

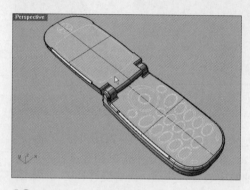

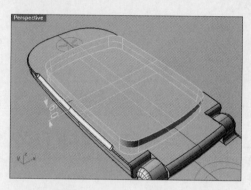

03_ 执行"布尔运算分割"(,Boolean Split)命令,依据图中标号,依次选择对象1与对象2,进行布尔分割计算。

命令执行完毕后,删除2号对象。
对象A以及具有3mm的凹槽被创建,如图所示。

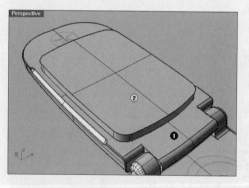

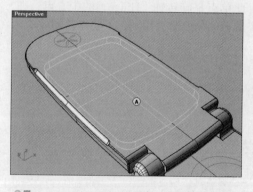

04_ 执行"不等距边缘圆角"(,Variable Radius Fillet)命令,设置半径(Radius)为0.2,圆化对象A与对象B的边缘,如图所示。

05_ 执行"渲染"(,Render)命令,观察显示屏部分的分型线(Partingline)。

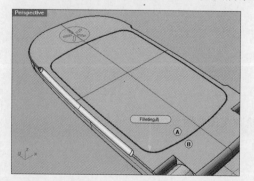

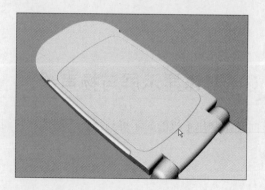

06_执行"圆管:平头盖"（ , Pipe: Flat caps）命令，创建一个直径为1mm的圆管。而后执行"布尔运算差集"（ , Boolean Difference）命令，在翻盖部件的上边缘附近凿出一个圆管形凹陷，如图所示。

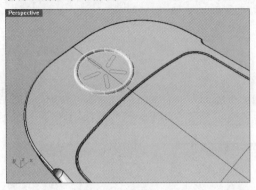
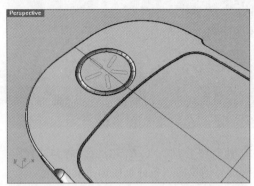

07_执行"挤出封闭的平面曲线"（ , Extrude closed planar curve）命令，选择扬声器内侧轮廓线，在命令窗口中设置如下参数：两侧（BothSides）=是（Yes），挤出距离（Extrude distance）=1.5mm，挤出5个实体对象，如图所示。

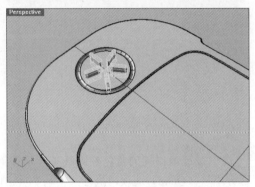

08_执行"布尔运算差集"（ , Boolean Difference）命令，利用刚刚创建的5个实体对象，在翻盖的上边缘附近凿出5个通声孔，如图所示。

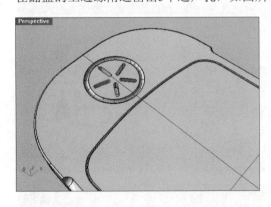
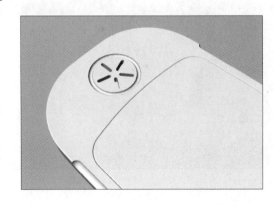

制作手机按键面板

01_在开始制作手机按键面板（Keypad）前，首先更改按键轮廓线条的颜色，将它们分为红色与蓝色，以便区分。

02_执行"抽离曲面"（ , Extrude Surface）命令，将按键面板从机身底板中抽离出来。而后隐藏无关对象，如图所示。

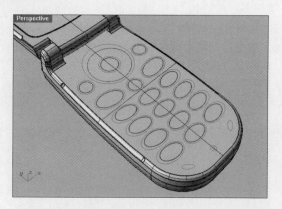
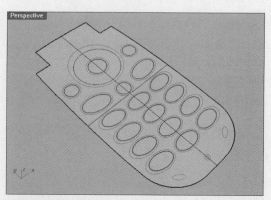

03_ 执行"分割"(, Split)命令,利用按键的外侧轮廓线条分割按键面板曲面C。

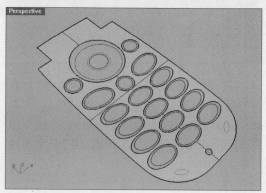

04_ 选中按键最内侧的蓝色椭圆线条,切换到右视图中,在"物件锁点"(Osnap)中选择"四分点"(Quad)选项,执行"移动"(, Move)命令,向上略微移动约0.04mm,如图所示。

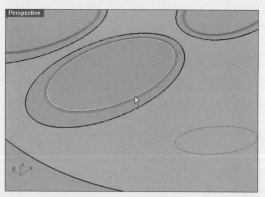
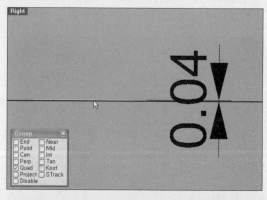

05_ 执行"嵌面"(, Patch)命令,同时选中内侧的两个蓝色椭圆,在打开的"嵌面曲面选项"对话框中进行相关设置,如图所示,创建一个凸出曲面,即按键曲面。

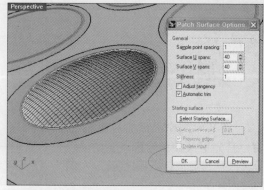

06_执行"直线挤出"（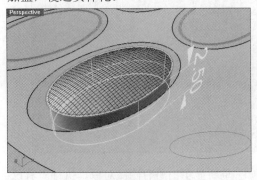, Extrude Straight）命令，选中按键曲面的外侧边缘线，向下挤出一个厚度约2.5mm的曲面，执行"组合"（, Join）命令，将挤出的曲面与按键的顶部曲面组合在一起。而后执行"将平面洞加盖"（, Cap Planar Holes）命令，在挤出的曲面的底部加盖，使之实体化。

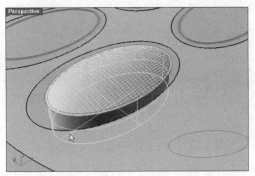

07_选中红色的椭圆曲线A，切换到右视图中，执行"移动"（, Move）命令，将其向下移动0.24mm，如图所示。

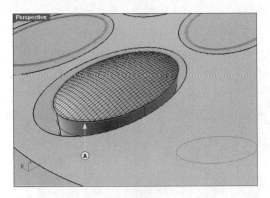
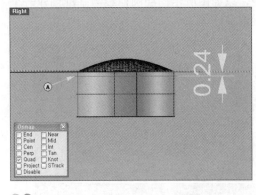

08_执行"放样"（, Loft）命令，选中刚刚移动（向下移动距离为0.24mm）的红色椭圆线与按键外侧曲面的边缘线，在弹出的"放样选项"对话框中进行相关设置，创建一个倾斜的曲面。

09_执行"直线挤出"（, Extrude Straight）命令，选中倾斜曲面的内侧边缘线，向下挤出2.4mm，创建一个曲面，如图所示。

而后执行"以平面曲线建立曲面"（, Surface from Planar Curves）命令，在刚刚挤出的曲面的底部加盖，执行"组合"（, Join）命令，将它们组合在一起。

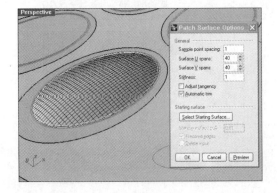
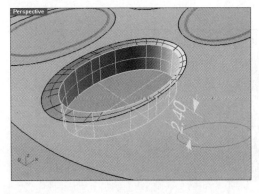

请看右图,是一个制作好的按键。

采用相同的处理方法处理其余按键,最终制作好所有输入按键。

10_ 执行"渲染"(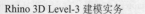,Render)命令,观察制作出的按键效果。

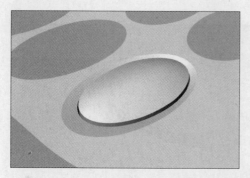

11_ 在"物件锁点"(Osnap)中,选择"四分点"(Quad)选项,执行"椭圆体:直径"(,Ellipsoid: By Diameter)命令,以如图所示的椭圆曲线为基准创建一个椭圆实体。

12_ 重新显示出所有隐藏对象,执行"着色/着色全部工作视图"(,Shade/Shade All Viewport)命令,观察整体建模效果。

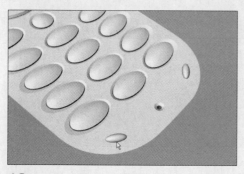

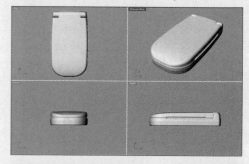

13_ 执行"渲染"(,Render)命令,观察手机各部分的细节特征。到此为止,翻盖手机的建模工作全部完毕。

Chapter 03 制作安全帽（Helmet）

安全帽是一个椭圆形凸圆实体对象，在本章中，我们将学习这类实体对象的建模方法。在建模学习过程中，您将进一步学习Curve from 2 Views、Match Curve、Network Surface、Curve from Cross Section Profiles、Make Periodic、Remove Knot、Edge Tools、Match Surface、Mesh变换、Offset Mesh等知识。

Part 04　Rhino 3D Level-3 建模实务

1　绘制安全帽轮廓线图

Rhinoceros

首先绘制安全帽的轮廓线图，确定安全帽的基本形态。

01＿在状态栏（Status bar）中，开启"锁定格点"（Snap）、"正交"（Ortho）功能，进入顶视图，执行"直线"（, Line）命令，以坐标轴为基准绘制一条长度为255mm的水平直线1，其中Y轴左侧长度为149mm，Y轴右侧长度为106mm，如图所示。

02＿在"物件锁点"（Osnap）中选择"端点"（End）选项，执行"内插点曲线"（, Curve: Interpolate Points）命令，绘制出安全帽的外侧轮廓曲线2，如图所示。

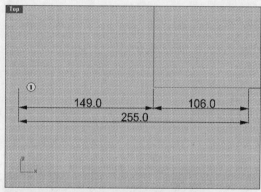

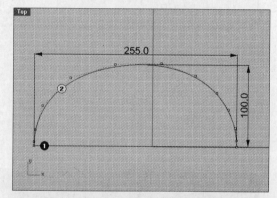

03＿执行"开启曲率图形"（, Curvature Graph On）命令，选中曲线2，分析曲线的曲率。观察曲线的曲率，可以发现存在的问题不大，只是某些节点（Knot）的区间段的曲率略微有些凹凸不平。

　　总体来说，曲线的连续性状态良好，但是曲线显得不太自然。

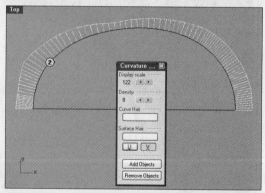

04＿执行"重建"（, Rebuild）命令，选中曲线，在"重建曲线"对话框中，设置"点数"（Point Count）为45，重建曲线。

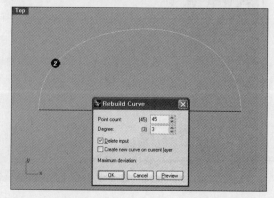

05_ 曲线重建完成后，曲线上的控制点数量大增，在执行整平曲线命令时，能够保证处理后的曲线与原曲线的偏离率（偏差）最小化。执行"开启曲率图形"（, Curvature Graph On）命令，再次观察曲线的曲率，发现曲率图形的形状变化不大。

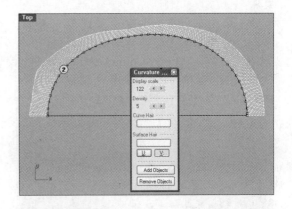

06_ 在"物件锁点"（Osnap）中选择"端点"（End）选项，执行"整平曲线"（, Fair Curve）命令，选中曲线2，而后在曲线A的左右两个端点处单击鼠标，将曲线整平。

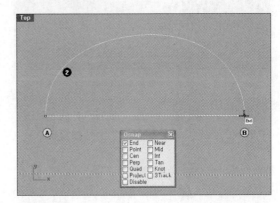

07_ 执行"开启曲率图形"（, Curvature Graph On）命令，选中整平后的曲线，观察曲线的曲率，可以看到曲线变得非常平滑。

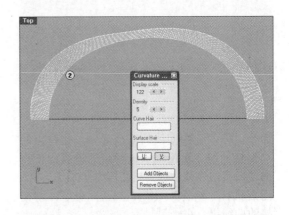

同时，也可以看到曲线上的控制点变得非常多。

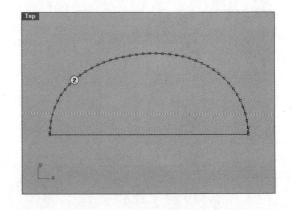

08_ 选中曲线2，执行"重建"（ , Rebuild）命令，在"重建曲线"对话框中，设置"点数"（Point Count）为15，将曲线上的控制点减少为15个，如图所示。

09_ 再次执行"开启曲率图形"（ , Curvature Graph On）命令，观察曲线的曲率，可以发现曲线的曲率比起初好很多。

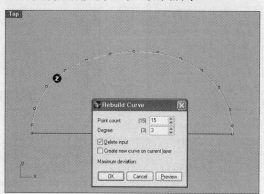

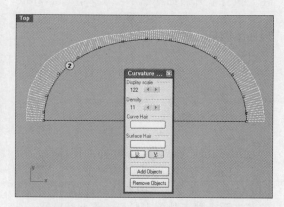

10_ 执行"镜像"（ , Mirror）命令，选中曲线2，以水平线为基准进行对称复制。

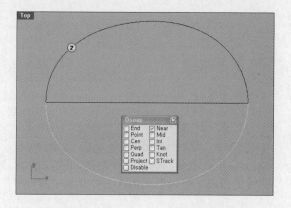

11_ 执行"衔接曲线"（ , Match Curve）命令，依次选中曲线的衔接部分，在弹出的"衔接曲线"对话框中进行相关设置，使得曲线衔接的连续性达到相切连续（G1）。而后执行"组合"（ , Join）命令，将衔接的曲线组合在一起。

12_ 切换到前视图中，执行"内插点曲线"（ , Curve: Interpolate Points）命令，以水平直线1的端点为起点绘制出安全帽的侧面曲线A与曲线B，如图所示。

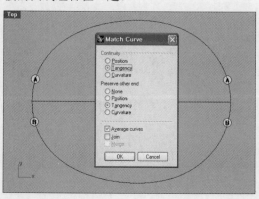

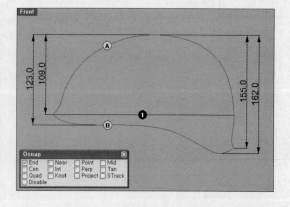

13_ 执行"从两个视图的曲线"（ , Curve from 2 Views）命令，依次选中曲线B与椭圆2，如图所示。

命令执行完毕后，椭圆会依据曲线B的形状进行弯曲，生成另一条曲线（红色），如图所示。选中无关线条，将它们暂时隐藏起来。

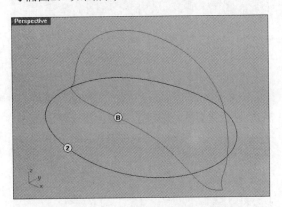
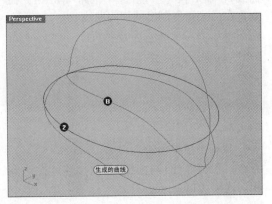

14_ 选中显示的所有曲线，执行"切割用平面"（ , Cutting Plane）命令，在前视图中，沿Z轴单击鼠标，确定切割平面的起点与终点，创建切割平面，如图所示。

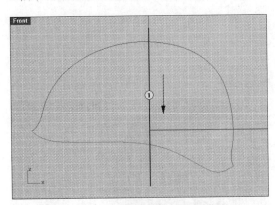
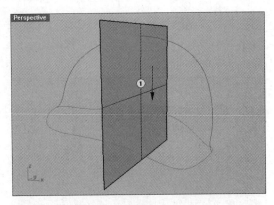

15_ 执行"物件交集"（ , Object Intersection）命令，单击1、2、3三个对象，在对象的相交处创建交点（Point），如图所示。

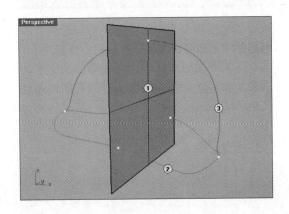

16_ 执行"内插点曲线"（ , Curve: Interpolate Points）命令，在右视图中绘制出曲线1，而后执行"镜像"（ , Mirror）命令，在另一侧复制出同样的曲线。

17_ 执行"衔接曲线"（ , Match Curve）命令，保证曲线1与曲线2的衔接连续性达到相切连续（Tangency G1）。

18_ 执行"从网线建立曲面"（ , Surface from Network of Curves）命令，依据图示标号，点选各条曲线。

在弹出的"以网线建立曲面"对话框中进行相关设置，如图所示。

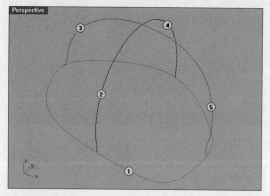

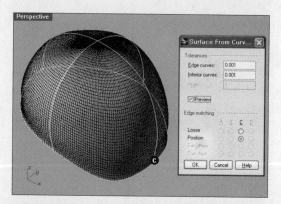

观察创建出的安全帽的曲面，可以看到在安全帽的顶部部分出现了严重的扭曲现象。

同时周围的曲面上也存在着凹凸不平的现象。按 Ctrl + Z 快捷键，返回到曲面创建之前的状态。

上述曲面扭曲现象在使用"从网线建立曲面"（Network Surface）命令时经常会出现。在制作安全帽这类对象时，通常采用"双轨扫略"（ Sweep 2 Rails）命令，或者其他一些命令。下面我们将学习创建安全帽曲面的另外一种方法。

19_ 执行"从断面轮廓线建立曲线"（ ，Curve from Cross Section profiles）命令，依据图示标号选中各条曲线。

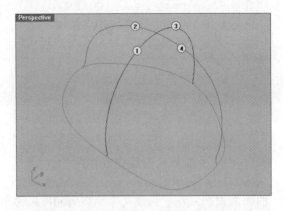

切换到前视图，在如图所示的位置上，从左到右依次单击鼠标，创建出椭圆形断面曲线。

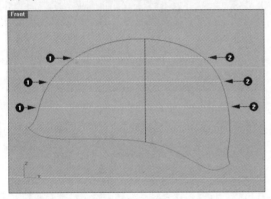

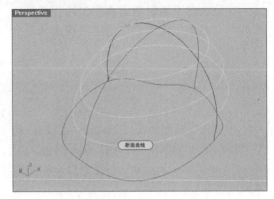

20_ 执行"从网线建立曲面"（ ，Surface from Network of Curves）命令，同时选中所有相关曲线，在"以网线建立曲面"对话框中，设置"公差"（Tolerances）为0.001，创建网线曲面，如图所示。

21_ "从网线建立曲面"（ ，Surface from Network of Curves）命令执行完毕后，创建的网线曲面如下图所示。观察创建的网线曲面，曲面状态良好，但是在箭头的指示位置上仍然存在着褶皱纹。

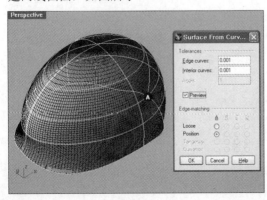

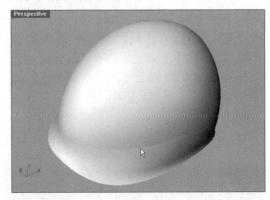

在顶视图中，转换到"着色模式"下，观察安全帽曲面，如图所示，在黄色箭头指示的位置上，曲面显得过分凸出，不够光滑平整。

这是由"从断面轮廓线建立曲线"（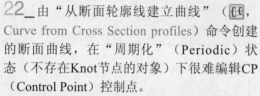, Curve from Cross Section profiles）命令形成的断面曲线所导致的。

下面我们来修复这个问题。

首先删除生成的网线曲面。

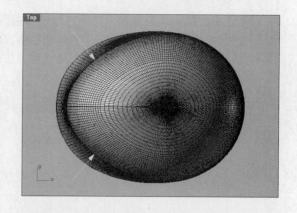

22_ 由"从断面轮廓线建立曲线"（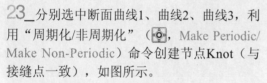, Curve from Cross Section profiles）命令创建的断面曲线，在"周期化"（Periodic）状态（不存在Knot节点的对象）下很难编辑CP（Control Point）控制点。

在此状态下编辑断面曲线，往往会导致曲线与交点发生偏离，在创建网线曲面时会出现问题。

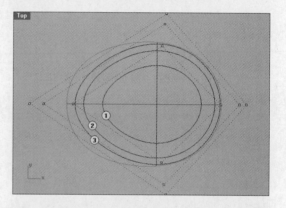

23_ 分别选中断面曲线1、曲线2、曲线3，利用"周期化/非周期化"（ , Make Periodic/Make Non-Periodic）命令创建节点Knot（与接缝点一致），如图所示。

具有操作方法以断面曲线1为例：右键单击"周期化/非周期化"（Make Periodic/Make Non-Periodic）图标（ ），按 Enter 键，选中断面曲线1，再次按 Enter 键，即可创建节点Knot（与接缝点一致）。

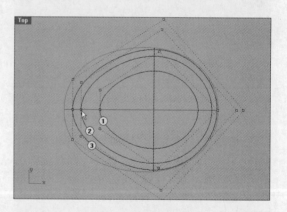

24_ 在"物件锁点"（Osnap）中，选择"交点"（Int）选项，执行"插入锐角点"（ , Insert Kink）命令，在断面曲线1与侧面曲线的交点上插入一个锐角点，如图所示。

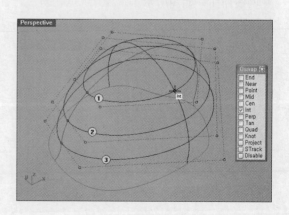

如图所示，一个锐角点（Kink）被插入到指定的位置上。在编辑断面时，锐角点保持不动，即在编辑相交的线条时不会出现脱离的情况。

采用相同的方法，分别在断面曲线2、曲线3与相交曲线上插入锐角点（Kink），如图所示。

所有锐角点（Kink）插入完成后，在顶视图中观察插入的各个锐角点。

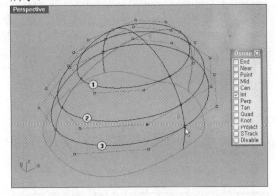
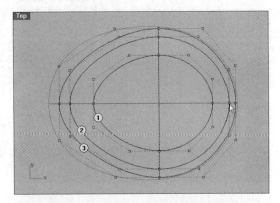

25_ 在"物件锁点"（Osnap）中选择"点"（Point）选项，在顶视图中执行"移动"（, Move）命令，选中断面曲面的相关CP控制点，如图所示，以中心点为基准上下移动，如图所示。

注意移动时应当小心，不要使断面曲线中出现锐角。

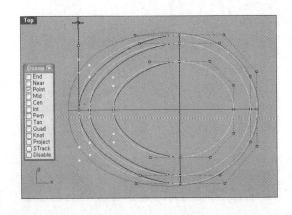
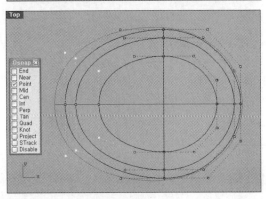

26_ 执行"从网线建立曲面"（, Surface from Network of Curves）命令，同时选中所有相关曲线，在"以网线建立曲面"对话框中进行相应设置，创建网线曲面，如图所示。

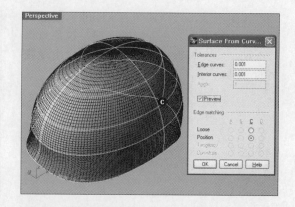

27_ 执行"渲染"（, Render）命令，观察曲面效果，可以看到创建出的曲面形态更加平滑、柔和。但是再仔细看一下，就会发现在箭头指示的位置上仍然存在着褶皱纹。

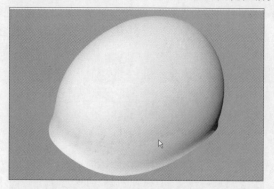
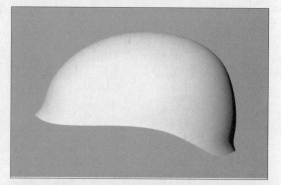

28_ 接下来，我们想办法解决这个问题。执行"移除节点"（, Remove Knot）命令，在褶皱严重的部位选中横向（U方向）结构线，将其删除。执行删除操作时，应当隔一条结构线删除一条结构线。

在删除结构线时，若删除得过多，曲面仍然会出现扭曲现象。并且利用U、V、Both选项能够删除不同方向上的结构线。在此，我们只要删除U方向上的结构，就能够得到令人满意的曲面。

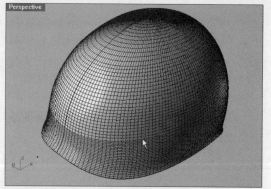
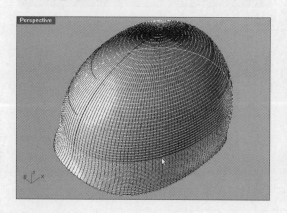
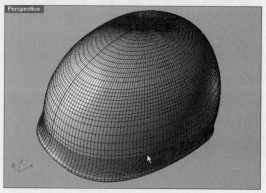

29_ 处理完成后,执行"渲染"(, Render)命令,观察处理结果,可以发现曲面上的褶皱纹已经消失,曲面变得非常光滑。

30_ 执行"斑马纹分析"(, Zebra Analysis)命令,借助斑马条纹观察曲面的状态,可以发现曲面状态良好,表面十分光滑。

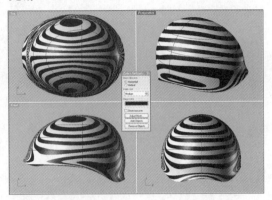

② 编辑安全帽的基本曲面

下面开始编辑安全帽的曲面,添加更多的设计元素,增加其实用性。

01_ 右键单击"分割/以结构线分割曲面"(Split/Split Surface by Isocurve)图标(），选中安全帽曲面,在命令窗口中设置如下参数:方向(Direction)=U,切换(Toggle),缩回(Shrink)=是(Yes),在距离安全帽顶端30mm左右的位置上分割曲面,如图所示。

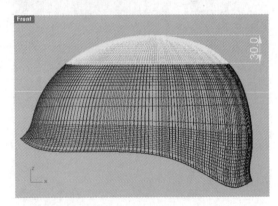

02_ 选中分割得到的下半部分,将其暂时隐藏起来。观察上半部分,可以发现曲面上的结构线十分复杂,在公差允许的范围内需要修整一下。执行"以公差重新修整曲面"(, Refit surface to tolerance)命令,选中需要修整的曲面,在命令窗口中设置如下参数:修整公差(Fitting Tolerance)=0.01,删除输入物体(DeleteInput)=是,重新修剪(Retrim)=是,U阶数(UDegree)=5,V阶数(VDegree)=5,修整选中的曲面。

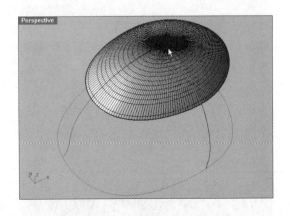

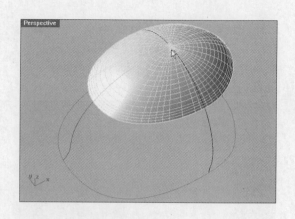

03_ 执行"椭圆：直径"（ , Ellipse: Diameter）命令，在如图所示的位置上绘制一个椭圆。

04_ 执行"直线"（ , Line）命令，分别在1号与2号位置绘制一条直线，如图所示。

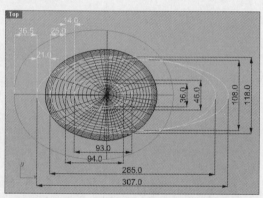
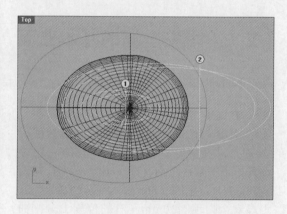

05_ 执行"修剪"（ , Trim）命令，删除不需要的曲线。

06_ 执行"显示选中的物件"（ , Show Selected Objects）命令，将安全帽的下半部分重新显示出来。

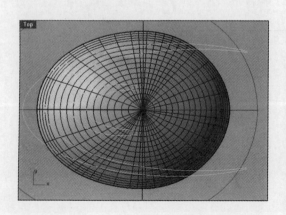
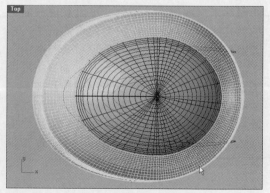

07_执行"移动"（, Move）命令，略微编辑一下内侧半椭圆线条，如图所示。

08_在"物件锁点"（Osnap）中选择"端点"（End）选项，执行"直线"（, Line）命令，绘制一条直线1，而后执行"组合"（, Join）命令，将各条曲线组合在一起。

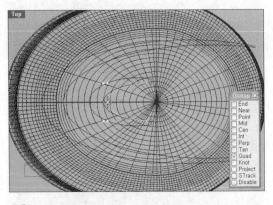
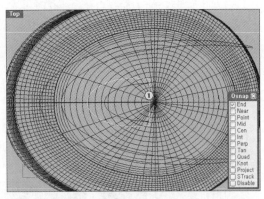

09_在顶视图中，执行"投影至曲面"（, Project to Surface）命令，将绘制出的曲线投影到曲面A与曲面B上，如图所示。

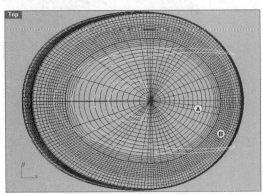
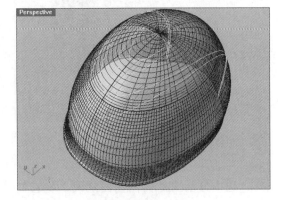

10_执行"组合"（, Join）命令，将投影到曲面上的曲线组合在一起。

11_在"物件锁点"（Osnap）中选择"最近点"（Near）选项，执行"单点"（, Single Point）命令，在投影曲线上创建两个单点，而后执行"镜像"（, Mirror）命令，进行对称复制，如图所示。

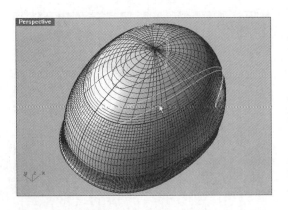
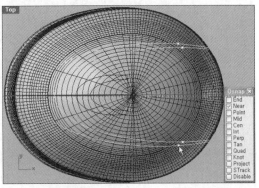

12_ 执行"修剪"(	, Trim)命令,利用单点修剪投影曲线,删除不需要的部分,如图所示。

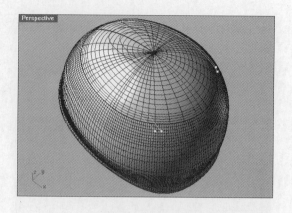

13_ 执行"分割"(	, Split)命令,利用投影曲线分割安全帽的上下两个曲面,如图所示。

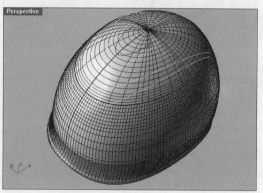

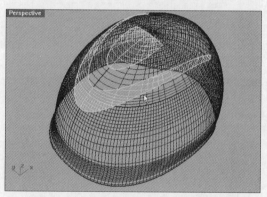

14_ 选中分割出的内侧曲面片段,将它们删除。

15_ 切换到前视图,在"物件锁点"(Osnap)中选择"端点"(End)与"四分点"(Quad)选项,执行"圆弧:起点、终点、半径"(	, Arc: Start, End, Radius)命令,设置半径(Radius)为27.6,绘制一条圆弧,如图所示。

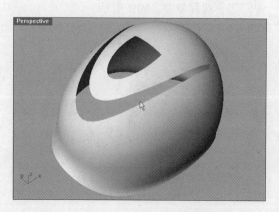

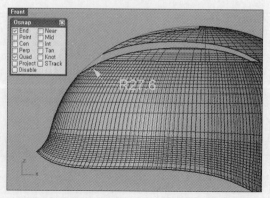

16_ 执行"双轨扫略"（ , Sweep 2 Rails）命令，依据图中的标号，依次选中曲线1、曲线2、圆弧4、曲面边缘线3与曲面边缘线5，创建一个曲面，如图所示。

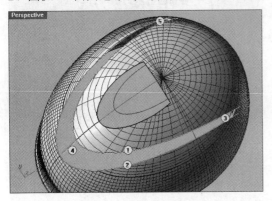
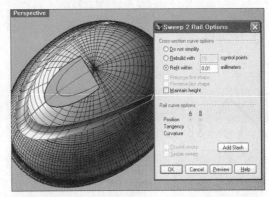

17_ 执行"渲染"（ , Render）命令，观察创建的曲面，曲面具有渐变特征，由近及远逐渐隐去。
但是曲面的边缘比较尖锐，需要进行一下柔和处理。

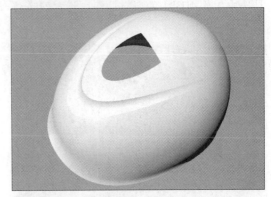

18_ 执行"圆管：平头盖"（ , Pipe: Flat caps）命令，沿投影曲线创建一个直径为3mm的圆管。在执行命令时，设置如下参数：有厚度（Thick）=否，加盖（Cap）=无。

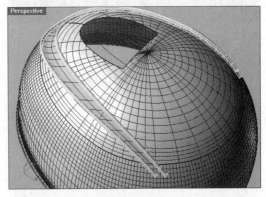

19_ 执行"分割"（ , Split）命令，利用刚刚创建的圆管分割边缘处的曲面，如图所示。而后选中分割的片段，将它们删除。

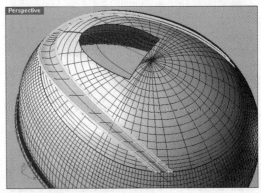

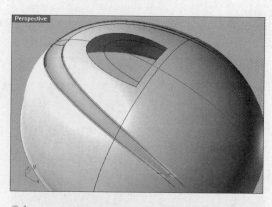

20_ 接下来"缝合"分割的缝隙。利用"选取曲线"（ , Select Curves）工具选中工作视图中的所有曲线，将它们隐藏起来。

21_ 执行"显示边缘"（ , Show Edges）命令，选中所有曲面，所有曲面的边缘以红色线条显示出来，如图所示。

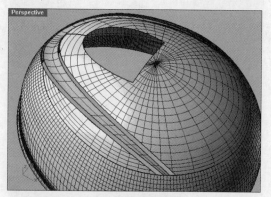

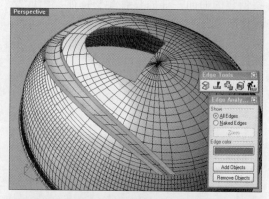

22_ 执行"分割边缘/合并边缘"（ , Split Edge/Merge Edge）命令，删除箭头指示的分割点，合并曲面边缘，如图所示。

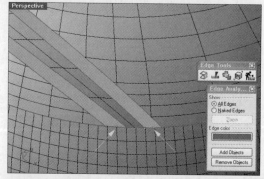

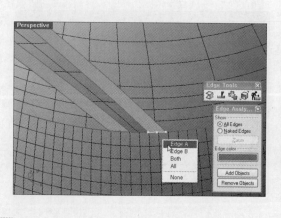

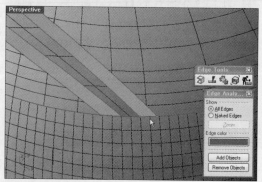

23_ 执行"分割边缘/合并边缘"（![], Split Edge/Merge Edge）命令，将左右两侧箭头指示的分割点删除，合并曲面边缘，如图所示。

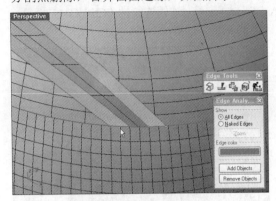 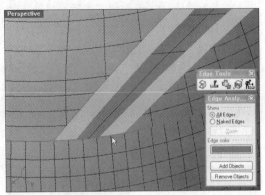

24_ 在"物件锁点"（Osnap）中，选择"节点"（Knot）选项，执行"分割边缘"（![], Split Edge）命令，分割曲面边缘线，如图所示。

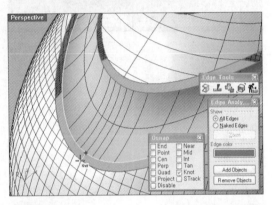

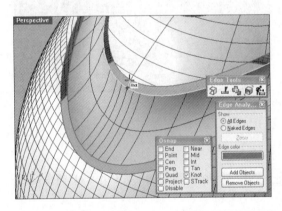 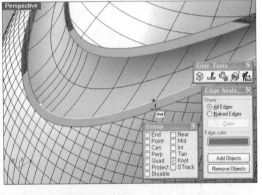

利用同样的方法，在图示的位置上，继续分割曲面边缘，同另一侧也进行同样分割，两侧对称与否没有关系。

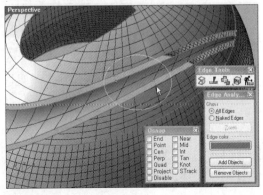

25_执行"混接曲面"（ , Blend Surface）命令，分别选中分割出的曲面边缘（Edge），如图所示，创建出混接曲面。

在执行命令时，设置如下参数：自动连锁（AutoChain）=否，连锁连续性（ChainContinuity）=相切（Tangency）。

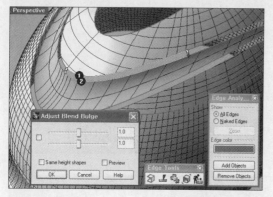
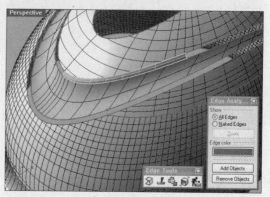

采用同样的方法处理"缝合"下面的缝隙，如图所示。

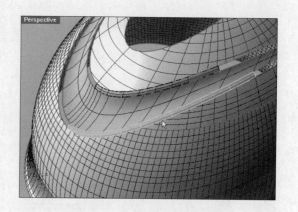

26_在缝隙末端，执行"从网线建立曲面"（ , Surface from Network of Curves）命令，创建曲面，填充完缝隙，如图所示。

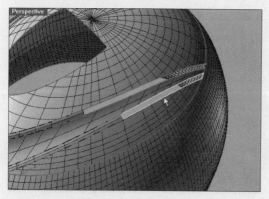
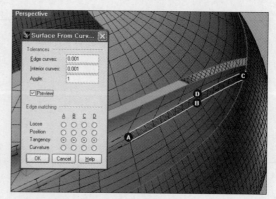

采用相同的方法填充上面缝隙，如图所示。

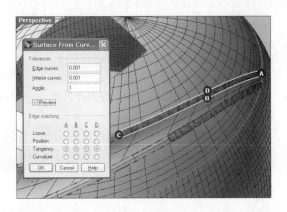

27_执行"组合"（🖇️, Join）命令，暂时将相关对象组合起来，如图所示。而后执行"渲染"（🔘, Render）命令，观察曲面的状态。

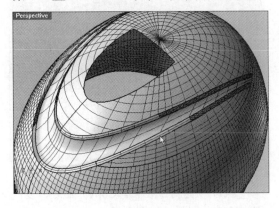
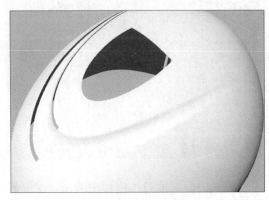

采用相同的处理方法处理另一侧的缝隙，如图所示。

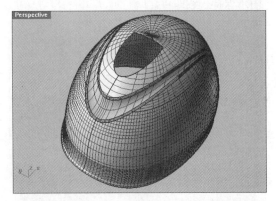

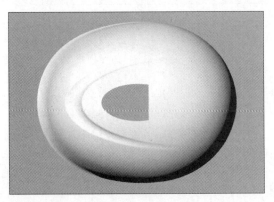
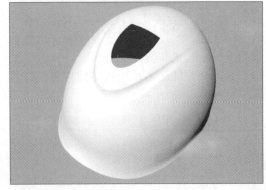

3 制作渐隐曲面

下面开始制作逐渐隐去的曲面，使安全帽曲面更加自然、平滑。

01_ 开始在安全帽的顶部制作渐隐曲面。隐藏其他无关曲面，仅保留投影曲线与顶部曲面，如图所示。

02_ 在"物件锁点"（Osnap）中选择"端点"（End）选项，执行"圆弧：起点、终点、通过点"（ , Arc: Start, End, Point on Arc）命令，在如图所示的位置上绘制一条圆弧。

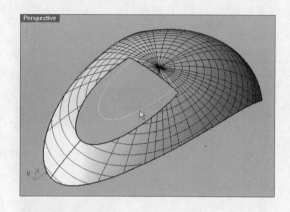

圆弧的倾斜度与长度如图所示。深度与图示保持一致即可。

03_ 执行"复制"（ , Copy）命令，复制刚刚绘制的圆弧，如图所示。

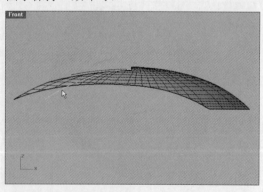

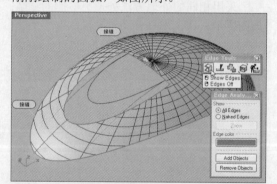

04_ 为了方便后续处理，执行"显示边缘"（ , Show Edges）命令，如图所示，查找接缝（Seam）的位置。

执行命令即可显示出接缝的位置，在右图中已标出。

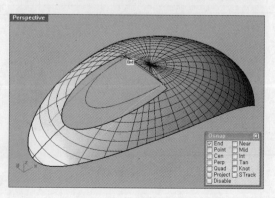

05_ 选中曲面的接缝（Seam），执行"调整封闭曲面的接缝"（图，Adjust Closed Surface Seam）命令，移动接缝的位置，如图所示。若不移动接缝的位置，则在执行"衔接曲面"（图，Match Surface）命令时，曲面会出现断裂的现象。

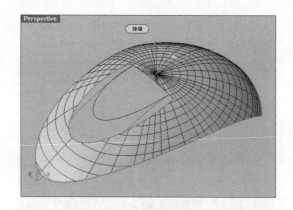

06_ 右键单击"分割边缘/合并边缘"（Split Edge/Merge Edge）图标（图），执行"合并边缘"命令，删除分割点，合并曲面边缘。

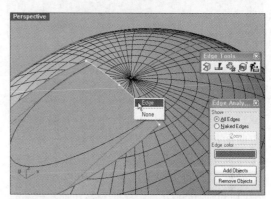

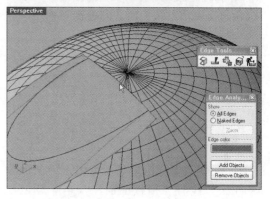

继续删除分割点，合并曲面边缘线。

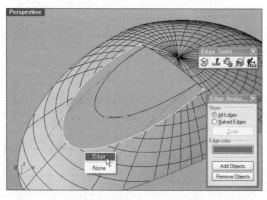
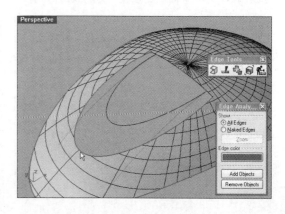

07_执行"双轨扫略"（，Sweep 2 Rails）命令，依据图中的标号，选中三条曲线，沿前面绘制的两条弧线（Arc）创建曲面，如图所示。

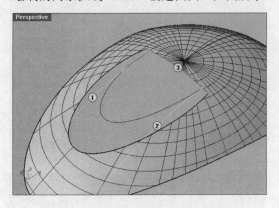

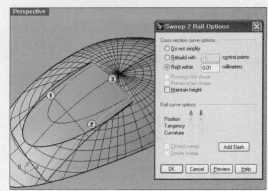

08_执行"组合"（Join）命令，暂时把生成的曲面与安全帽顶部曲面组合起来。而后执行"斑马纹分析"（，Zebra Analysis）命令，观察曲面衔接的连续性，可以发现在两个曲面的衔接部分上出现断裂或扭曲现象。这表明在两个连接曲面之间存在着锐角，需要处理一下。

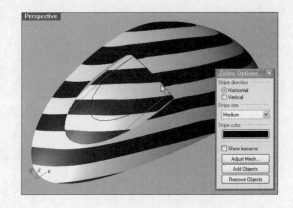

09_执行"炸开"命令，将组合的曲面分离开来。执行"衔接曲面"（，Match Surface）命令，分别单击曲面A与曲面B的衔接边缘，将两个曲面衔接在一起，如图所示。

在弹出的"衔接曲面"对话框中进行相关设置，如图所示。

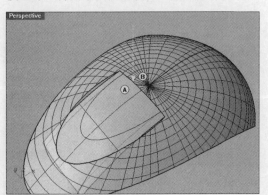

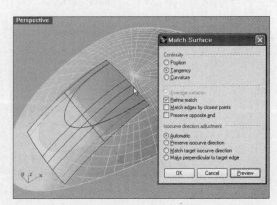

10_ 执行"组合"(Join)命令，暂时把生成的曲面与安全帽顶部曲面组合起来。而后执行"斑马纹分析"（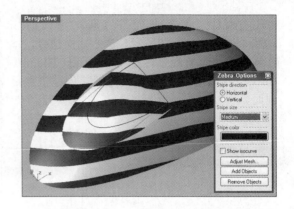，Zebra Analysis）命令，观察曲面衔接的连续性可以发现，斑马纹比较自然，没有出现断裂现象，表明两个曲面的衔接连续性已达到相切连续（Tangency G1）。

11_ 切换到顶视图，先把组合后的曲面炸开，分离出各个曲面，执行"分割"（，Split）命令，利用曲线1分割曲面A，删除不需要的曲面片段，如图所示。

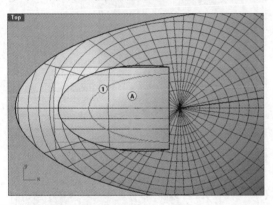
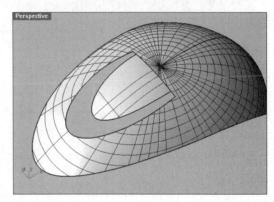

12_ 在"物件锁点"(Osnap)中选择"交点"(Int)选项，执行"分割边缘"（，Split Edge）命令，在如图所示的位置上创建分割点，分割曲面边缘线。

13_ 继续执行"分割边缘"（，Split Edge）命令，在图中黄色圆圈标注的位置上设置分割点，分割边缘线条。

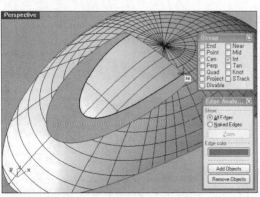
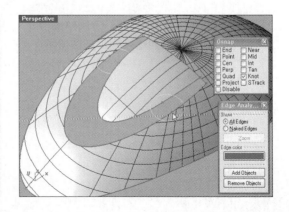

14_ 执行"混接曲面"（ ，Blend Surface）命令，如图所示，选中曲面边缘，在弹出的"调整混接转折"（Adjust Blend Bulge）对话框中进行相关设置，创建混接曲面。

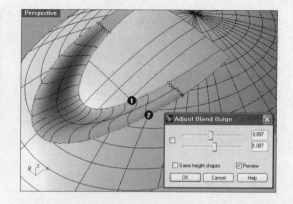

15_ 执行"从网线建立曲面"（ ，Surface from Network of Curves）命令，在其他曲面边缘间创建曲面，如图所示。

　　执行命令时，相关设置如下图。

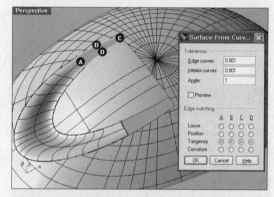

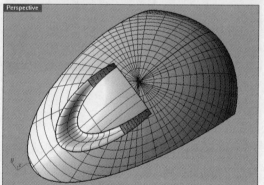

16_ 执行"斑马纹分析"（ ，Zebra Analysis）命令，观察曲面衔接的连续性，如图所示。

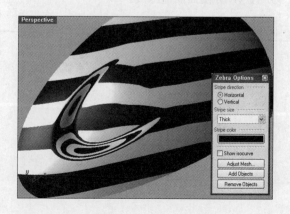

17_ 显示出其他部分,执行"渲染"(　,Render)命令,观察渲染效果。

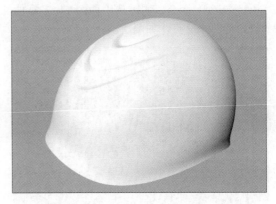

4 制作侧面及后面的曲折面

Rhinoceros

下面开始制作安全帽的侧面以及后面的曲折面。

01_ 在前视图中,利用"直线"(Line)与"内插点曲线"(Curve:Interpolate Points)命令绘制出曲线1、曲线2、曲线3,如图所示。

02_ 执行"修剪"(　,Trim)命令,修剪曲线,删除不需要的曲线。而后执行"组合"(　,Join)命令,将曲线组合在一起,如图所示。

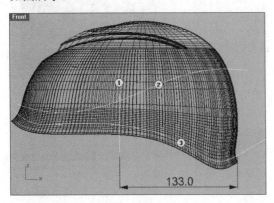
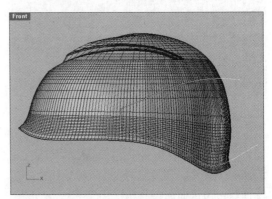

03_ 执行"分割"(　,Split)命令,利用多重曲线(Polyline)1,分割曲面A,而后删除分割出的曲面片段,如图所示。

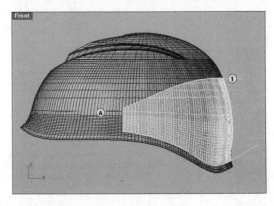

379

04_ 执行"物件交集"（ , Object Intersection）命令，同时选中曲面A与多重曲线1，计算出交点，如图所示。

05_ 执行"内插点曲线"（ Curve: Interpolate Points）命令，在两个交点之间绘制出曲线C。

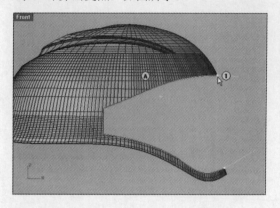
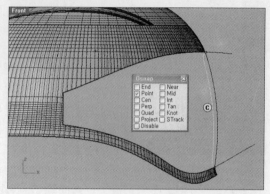

06_ 执行"双轨扫略"（ , Sweep 2 Rails）命令，依据图中标号，选中各条曲线，创建曲面，如图所示。

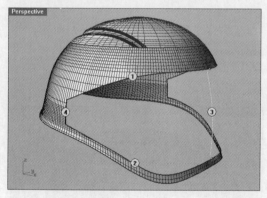
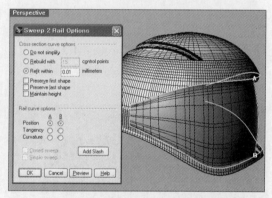

07_ 执行"衔接曲面"（ , Match Surface）命令，重复选择曲面A与曲面B的边缘曲线，衔接曲面。

在弹出的"衔接曲面"（Match Surface）对话框中进行如下设置。

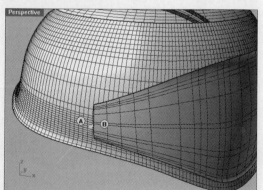
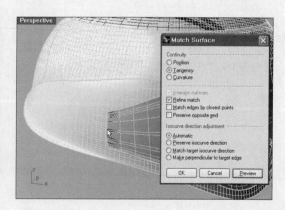

08_执行"渲染"（ , Render）命令，观察创建的曲面，可以看到创建的曲面的边缘比较锐利，即图中箭头指示的位置，需要进行柔化处理。

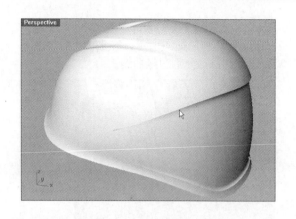

09_右键单击"分割/以结构线分割曲面"（Split /Split Surface by Isocurve）图标（ ），执行"以结构线分割曲面"命令，分割曲面B，如图所示。

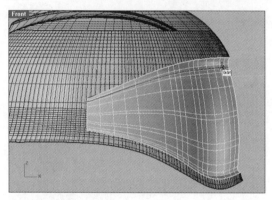
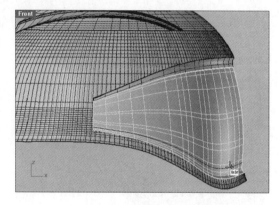

删除分割出的曲面片段，如图所示。

10_执行"显示边缘"（ ，Show Edges）命令，显示曲面的所有边缘线，而后执行"分割边缘"（ ，Split Edge）命令，在黄色圆圈内设置分割点，分割曲面边缘。

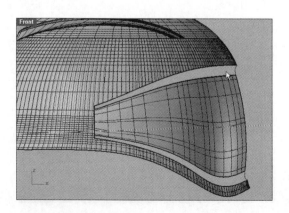
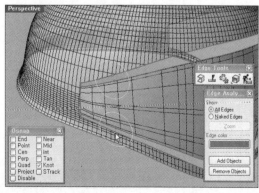

在"物件锁点"（Osnap）中选择"端点"（End）选项，如图所示，在曲面A的边缘上设置分割点，分割边缘曲线。

保持"物件锁点"（Osnap）中的"端点"（End）选项处于选中状态，在图中的1与2位置设置分割点，分割边缘曲线。

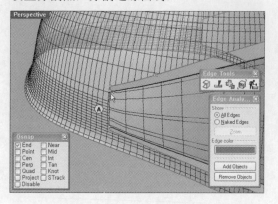
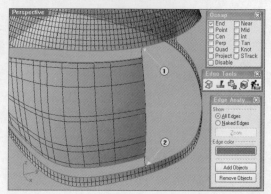

11_执行"混接曲面"（ , Blend Surface）命令，选中分割出的曲面边缘，创建混接曲面，如图所示。

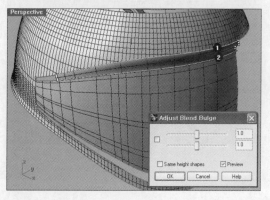
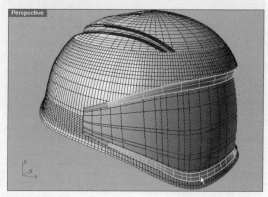

12_执行"从网线建立曲面"（ , Surface from Network of Curves）命令，在其余的边缘线条之间创建曲面，如图所示，在弹出的对话框中进行相应设置。

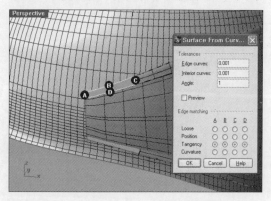
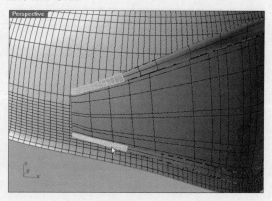

13_ 至此，安全帽后面左侧部分曲面制作完毕，执行"镜像"（ , Mirror）命令，复制出右侧部分曲面，如图所示。

14_ 执行"渲染"（ , Render）命令，观察安全帽后面曲面的制作效果。

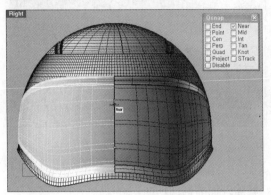
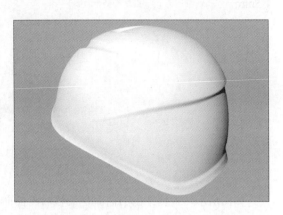

 制作通风孔

下面开始在安全帽顶部的左右两侧上制作通风孔，增强其实用功能。

01_ 制作安全帽的通风孔与安全绳孔洞。在前视图中，利用"椭圆：直径"（ , Ellipse：Diameter）与"圆：中心点、半径"（ Circle：Center，Radius）命令，在如图所示的位置上绘制一系列曲线。

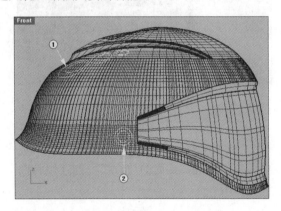

02_ 执行"投影至曲面"（ , Project to Surface）命令，将刚刚绘制的一系列曲线投影到安全帽曲面上。

03_ 执行"分割"（ , Split）命令，利用椭圆与圆形曲线分割曲面，而后删除分割出的曲面片段，如图所示。

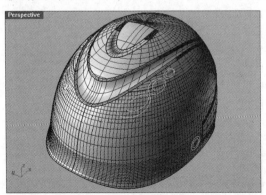
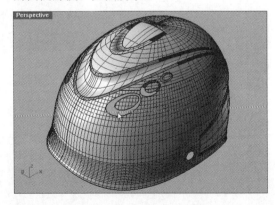

04_ 执行"偏移曲面"（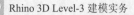，Offset Surface）命令，将内侧椭圆曲面向内偏移1.5mm。

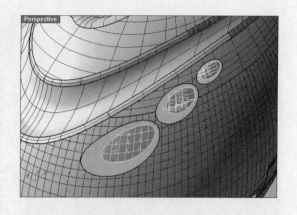

如图所示，内侧红色的曲面是偏移后的曲面，删除外侧的椭圆曲面。

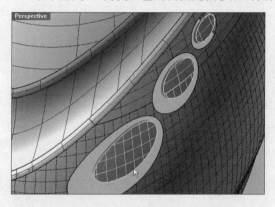

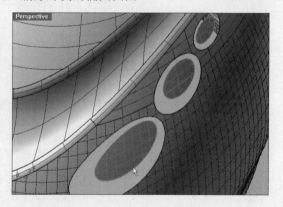

05_ 执行"放样"（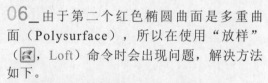，Loft）命令，选中偏移后的椭圆曲面的边缘线，创建倾斜曲面，如图所示。

06_ 由于第二个红色椭圆曲面是多重曲面（Polysurface），所以在使用"放样"（，Loft）命令时会出现问题，解决方法如下。

首先执行"复制边框"（，Duplicate Border）命令，从椭圆曲面中提取出边框曲线。

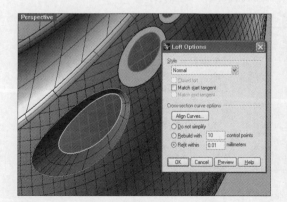

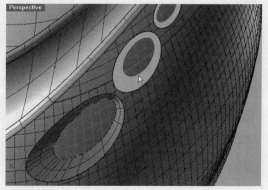

07_执行"放样"（, Loft）命令，选中提取的边框曲线与外侧椭圆边缘线，创建如图所示的倾斜曲面。

若创建出的曲面出现扭曲，可以采用"四分点"（Qaud）捕获的方法进行放样处理，这样得到的曲面会更加自然、平滑。采用相同的方法处理安全帽的另一侧，创建好通气孔，如图所示。

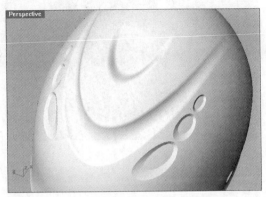

08_执行"偏移曲面"（, Offset Surface）命令，将安全绳孔的内侧椭圆曲面向内偏移1.5mm。

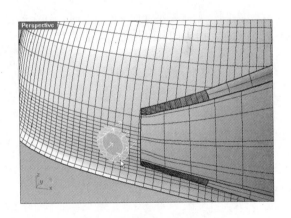

09_执行"放样"（, Loft）命令制作一个曲面，如图所示。

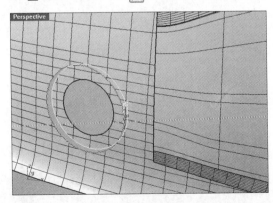
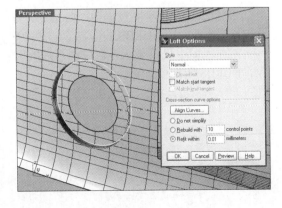

Rhino 3D Level-3 建模实务

10_ 如图所示,删除通气孔内侧的椭圆曲面,而后选中所有曲面,执行"组合"(　, Join)命令,将所有曲面组合在一起。

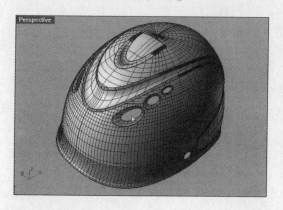

6 转换成网格对象,并向安全帽添加厚度

在制作实体模型(Mock-up)时,安全帽必须具有一定厚度。首先将 NURBS 曲面转换成网格曲面,而后向其添加厚度特征。

01_ 首先将曲面转换为网格。执行"转换曲面/多重曲面为网格"(, Mesh from Surface/Polysurface)命令,在"网格高级选项"对话框中进行相应设置,如图所示,将曲面转换成网格数据。

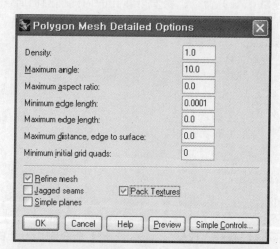

将曲面转换成网格数据后,Rhino3D 仍然保持着作业中的 NURBS 数据。

工作视图中仅仅显示转换成网格后的对象,NURBS 数据被隐藏起来。

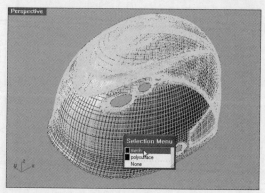

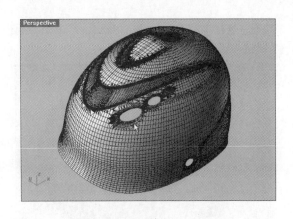

02_执行"偏移网格"（ ），"网格"[Mesh]-"网格工具"[Mesh Tools]-"偏移网格"[Offset Mesh]）命令，选中网格对象，在弹出的"偏移网格"对话框中，设置"偏移距离"（Offset distance）为2.4mm，点选"实体化"（Solidify），单击"全部反转"（FlipAll）按钮，使安全帽厚度为2.4mm，如图所示。

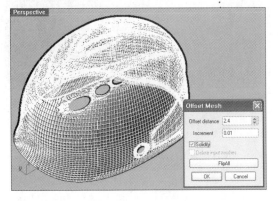 

03_执行"着色/着色全部工作视图"（ ），Shade/Shade All Viewport）命令，观察整体建模效果。

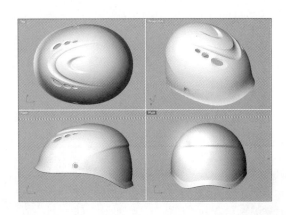

04_执行"渲染"(, Render)命令,观察安全帽各部分的细节。到此为止,安全帽的全部建模工作处理完毕。

顶视图

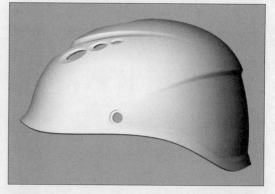
侧视图

透视图

透视图